XINZHI

Seven Flowers and
How They Shaped Our World

# 改变世界的七种花

[英] 珍妮弗·波特 著　赵丽洁 刘佳 译

生活·讀書·新知 三联书店

图书在版编目（CIP）数据

改变世界的七种花 /（英）珍妮弗 · 波特（Jennifer Potter）著；赵丽洁，刘佳译. —北京：生活 · 读书 · 新知三联书店，2018.8 （2019.7 重印）
（新知文库）
ISBN 978－7－108－06267－3

Ⅰ. ①改… Ⅱ. ①珍… ②赵… ③刘… Ⅲ. ①花卉－介绍－世界 Ⅳ. ① S68

中国版本图书馆 CIP 数据核字（2018）第 069723 号

责任编辑　李　佳
装帧设计　陆智昌　刘　洋
责任印制　徐　方
出版发行　生活 · 讀書 · 新知 三联书店
（北京市东城区美术馆东街 22 号 100010）
网　　址　www.sdxjpc.com
图　　字　01-2018-3041
经　　销　新华书店
印　　刷　河北鹏润印刷有限公司
版　　次　2018 年 8 月北京第 1 版
2019 年 7 月北京第 3 次印刷
开　　本　635 毫米 × 965 毫米　1/16　印张 20
字　　数　240 千字　图 41 幅
印　　数　13,001－17,000 册
定　　价　48.00 元
（印装查询：01064002715；邮购查询：01084010542）

罗伯特·弗伯创作的《十二个月的花朵》（1730）中六月的花卉包括一株向日葵、头巾百合、蜂兰以及大量玫瑰

由清代画家恽寿平创作的《夏夜清荷图》( 1684 )

皮埃尔－约瑟夫·雷杜德笔下的尼罗河蓝莲花，出自《花卉圣经》(巴黎，1827—1833)

印度的一幅画作（约 1820—1830）中，印度教之神奎师那的化身毗湿奴顽皮地偷走了正在莲花池中沐浴的挤奶女工的衣服

桑德罗·波提切利的《天使报喜》（约 1490）中挥舞在天使加百列手中的圣母百合象征着马利亚的纯洁和处女之身

猪鼻蛇与欧洲百合，作者英国博物学家马克·凯茨比，出自《卡罗莱纳、佛罗里达和巴哈马群岛自然史》(伦敦，1731—1743)

雕刻向日葵，手工上色，出自巴西利乌斯・贝斯莱尔 1613 年创作的《艾希施泰特的花园》，该作品记录了他的赞助人艾希施泰特采邑主教的花园中的植物

《向日葵》(1887)，文森特·凡·高

罂粟（*Papaver somniferum*），出自《英国显花植物》（记录英国的开花植物，1834—1843），作者为苏格兰人威廉·巴克斯特，牛津植物园园长

《贝娅塔·贝娅特丽斯》(约1864—1879),但丁·加百利·罗塞蒂将他的亡妻莉齐·西德尔刻画成了贝娅特丽斯·波尔蒂纳里:鬼魅般的鸦片暗示着西德尔死于过量服用鸦片酊

马丁·施恩告尔的作品《玫瑰亭中的圣母》(1473,为阿尔萨斯科尔马的教堂所创作),画中白玫瑰和红玫瑰精细入微,一朵红色的牡丹很是显眼

《一束玫瑰》(1805)，由罗伯特·约翰·桑顿所画、理查德·厄勒姆雕刻，这是桑顿为他那华丽的《花之神殿》(又称《自然之园》)创作的唯一作品

莫卧儿时期细密画中绘制了一名女子手捧一钵玫瑰花（约 1700—1740），出自赠予印度克莱夫勋爵的画册

五株开有碗状花朵的郁金香，这样的花朵深受欧洲人喜爱，该画作出自巴西利乌斯·贝斯莱尔于1613年创作的《艾希施泰特的花园》

五株开有碗状花朵的郁金香，这样的花朵深受欧洲人喜爱，该画作出自巴西利乌斯·贝斯莱尔于1613年创作的《艾希施泰特的花园》

一朵“伊斯坦布尔郁金香”，长于一般郁金香，画工精细，出自 1725 年的一本奥斯曼画册，那时土耳其郁金香狂热正风靡一时

皮埃尔－约瑟夫·雷杜德画笔下的仙履兰，有着招牌特色的兜状唇瓣，该作品出自雷杜德的不朽著作《百合圣经》(1802—1816)

《卡特兰与三只巴西蜂鸟》(1871)，出自马丁·约翰逊·赫德的画笔之下——这正是马塞尔·普鲁斯特的《追忆似水年华》中奥黛特·德克雷西佩戴的兰花

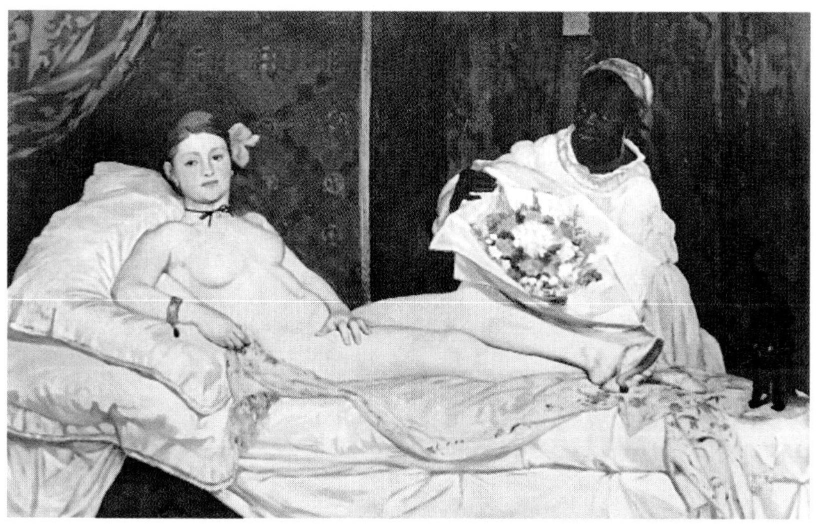

爱德华·马奈的《奥林匹亚》中的风尘女子头戴兰花，向世界宣布着自己的职业，这一画作1865年在巴黎沙龙首次亮相便引起了很大争议

新知文库

# 出版说明

在今天三联书店的前身——生活书店、读书出版社和新知书店的出版史上，介绍新知识和新观念的图书曾占有很大比重。熟悉三联的读者也都会记得，20世纪80年代后期，我们曾以“新知文库”的名义，出版过一批译介西方现代人文社会科学知识的图书。今年是生活·读书·新知三联书店恢复独立建制20周年，我们再次推出“新知文库”，正是为了接续这一传统。

近半个世纪以来，无论在自然科学方面，还是在人文社会科学方面，知识都在以前所未有的速度更新。涉及自然环境、社会文化等领域的新发现、新探索和新成果层出不穷，并以同样前所未有的深度和广度影响人类的社会和生活。了解这种知识成果的内容，思考其与我们生活的关系，固然是明了社会变迁趋势的必需，但更为重要的，乃是通过知识演进的背景和过程，领悟和体会隐藏其中的理性精神和科学规律。

“新知文库”拟选编一些介绍人文社会科学和自然科学新知识及其如何被发现和传播的图书，陆续出版。希望读者能在愉悦的阅读中获取新知，开阔视野，启迪思维，激发好奇心和想象力。

生活·讀書·新知三联书店

2006年3月

致罗斯

一颗沙里看出一个世界，
一朵野花里一座天堂；
把无限放在你的手掌上，
永恒在一刹那里收藏。

威廉·布莱克《天真的预言》
梁宗岱　译

# 目　录

# 前　言

我这一生在不知不觉中与花结缘。

奇怪的是，我童年时代的早期对花并无太多印象，只记得在外公的锡尔弗代尔（Silverdale）花园中编织雏菊花环，还有去看当地的演出时，别在我的仙女服装上的山梅花属（*Philadelphus*）植物花朵柠檬味的甜香。在我八岁那年，我的全家移居到了马来半岛，那里的花自然使我震惊不小：鸡蛋花、嫣红的美人蕉、木槿、午夜绽放的昙花、蜘蛛兰以及凤凰花，这些花肆意盛开，我却从未予以珍惜。它们就这样存在着，是生活的一部分，如同榴梿的臭味和印度教排灯节时摇曳的灯光一样，那时我不会料到日后花会主宰我的人生。

回到英格兰的湖区（Lake District）后，我开始更加注意花。那时我的母亲已变身成为一名勤劳的园丁，她决心改造安布赛德镇（Ambleside）高处的一座废弃的花园，这座位于山坡上的花园还曾经是流亡艺术家库尔特·施维特斯（Kurt Schwitters）在“二战”临近结束时的庇护之所。春季在我的记忆中最为清晰，那时的花园中花处处盛放，那是些仍然会让我想起我在坎布里亚（Cumbrian）的家的花：小小的野生水仙花、喜马拉雅的杜鹃花，还有夏末时布满河岸的引自南非的橘红色的观音兰，现在它们已不知所终了。

20世纪60年代末，我进入了大学校园，一切在那时发生了改变。花成为我的徽章，花的力量则成为我的祷语。与我的许多同龄人一样，那时的我对东方宗教魂牵梦绕。毕业后，我一路向西周游世界，旧金山的嬉皮区是必到之处，在那里依然可以隐约听到"权利归花"一代人微弱的心跳。虽然我从来没有将花戴在头上，但是我曾在别人家的地板上过夜，吃过糙米加赤豆的长寿饭，也曾想象着——与其他所有人一样——自己正在改变世界。回顾当初，自然不免嘲笑如此唾手可得的乐观主义，但是我们所信奉的花却代表着那诚恳的信念——只要我们能尽弃前嫌、用街头流动戏剧对抗枪支、让更多的花盛放，和平就会到来。

离开大学校园十年之后，我有了自己的花园。寻求庇护之所是首要任务，于是我打造了一处郁郁葱葱的都市丛林。在那里，我可以假想自己置身他处；在那里，我只种白百合和烟草，因为它们在夜幕降临后会散发出怡人的芬芳。这处狭小空间只有不到十平方米，作为对异世界的幻想空间，它一直倔强地存在着，直到邻居砍掉了疯长的藤蔓，暴露出了我那一文不值的伊甸园。

继丛林之后，我的兴趣转向了风景园林，我先是用想象力将其再现于小说中，然后在伦敦的建筑联盟学院学习研究，之后便转向了与花园相关的作品，包括遗失的花园，也包括秘密的花园。随后便是记载英国最初的知名园艺师们——约翰·特雷德斯坎特（John Treadescants）家族的传记。最近关于玫瑰的文化历史的作品，让我又一次想起了花表达我们内心深处自我的力量。

在长达五年的时间里，我跟踪记录了作为花的玫瑰以及作为概念的玫瑰的发展史，这让我猛然意识到玫瑰一直以来都在世界上如此多的文化中居于如此核心的地位。我的结论简单得让人释然：你真正的自我决定了你如何看待玫瑰；每个时代、每个社会都是按照自己的形象去对玫瑰进行再造的。我们通过玫瑰来讲述个人的或集体的故事，我试想：如果玫瑰能做到这一点，那其他的花呢？它们是不是也能告诉我们，我们真正的面目如何以及我们来自哪里？它们能否成全我们的愿望、消除我们的恐惧呢？换句话说，它们能否与我们畅谈与花无关的事情呢？

有了这些问题就有了这本书。虽然它在广泛性方面比不上只探究了一种花儿的《玫瑰》（*The Rose*），但是这本书却以相同的方式探究了七种花；无论是在宗教、精神、政治、社会、经济、美学或药理方面，这些花都具有这样或那样的力量或影响。我所精挑细选的七种花是：莲花、百合、向日葵、罂粟、玫瑰、郁金香和兰花。从苏格兰边地藏传佛教寺院中非写实的莲花到我儿时的热带蜘蛛兰，无论是好是坏，每一种花都以某种方式塑造了我们的生活，而且每一种花都与我的人生有着某种联系。我想知道我的花们起源于何处，它们在何时以及如何获得了力量，人们在花园中如何应用它们，以及它们的力量如何——或者更应该说是为什么——转变成为艺术。

尽管这本书的构思和写作都完成于欧洲，但是只要有可能，我就会向远处眺望。例如，为了找到“阿兹特克”与“印加”的向日葵，我寻遍了中南美洲；为了追踪郁金香的狂热，我踏入了郁金香的土耳其腹地，在那里，郁金香狂热的后果尤为残酷。对于一些花我不得不忍痛割爱；如果篇幅允许，我会写西方的康乃馨、东方的牡丹和菊花，以及南半球特有的植物，例如佛塔花、山龙眼和特洛皮。

在《玫瑰》一书中，我意欲通过平常的故事来厘清花的植物以及文化发展的历程。写作于我而言是一种探究的方式；我喜欢出乎意料的收获。兰花是我不太喜欢的花，但它最吸引我，而所有这七种花都将我带到了意想不到之处。这些是治疗、谵妄与死亡的花；是纯洁与激情的花；是贪婪、嫉妒与美德的花；是希望与慰藉的花；是美丽得让人不安分的花。只要我们肯倾听，所有这七种花都彰显了它们能用隐喻的方式言说的力量。让花盛开是远远不够的；我们还必须要解读它们的花语。

珍妮弗·波特，2013 年于伦敦

“夏日花园”，由小克里斯平・德帕斯绘制并雕刻，《花园》

# 第一章
# 莲　花

唵嘛呢叭咪吽

藏传佛教的六字大明咒，传统上译为“莲花中心的宝石”

在推动人类社会情感波澜的所有花中，莲花当居首位。真正的莲花（*Nelumbo nucifera*）生于热带和亚热带，不会在英国的户外开花。第一次见到它们时确实让我大开眼界。为了观赏哈得孙河谷沿线的花园，我从宾夕法尼亚州一路驱车到达纽约州，其中一站就是位于纽约市北部米尔布鲁克（Millbrook）的颇具中国风的因尼斯弗里花园（Innisfree Garden）。我记得爬过了入口处的一座小山后便看到了这些奇特的花，它们绵延入湖，如同飘浮在空中的睡莲，丰满的粉色花蕾和星形的花朵从向上翘的叶裙中笔直地伸出头来，高悬于水面之上。

在这之前，我一直认为莲花是佛教冥想之花，年轻时游览苏格兰边地洛克比（Lockerbie）附近的藏传佛教寺院时对它有所了解，但是那时的我心不在焉，甚至几乎没有把它当作花。而这座花园中充斥着成千上万朵莲花，我想更多地了解它们。这些造型完美却长着怪异的、巨型三裂植物一般的莲蓬的花来自哪里？它们为什么会出现在美国画家沃尔特·贝克（Walter Beck）和他的妻子玛丽昂（Marion，其父是19世纪的一位钢铁大亨）在20世纪30年代创造的观赏园林中呢?

我的研究之路首先将我带到了古埃及，原因是我在因尼斯弗里花园的湖中所看到的绽放的粉色莲花并不是唯一一种被称作“莲花”的花。埃及古物学者将古埃及的睡莲称为“莲花”(lotus)，但是它却属于一种完全不同的科：热带的蓝莲花（*Nymphaea caerulea*）和白莲花（*Nymphaea lotus*)，原产于中非和北非。五千年前，睡莲和莲花在大致相同的时间名声大振，并且都表现出了花在帮助早期文明去掌握和表达周围的世界时那不可或缺的力量。

试想，黎明时分，尼罗河一片静谧。蓝莲花铺满河面，卵形的叶子闪闪发光，从中伸出圆锥形的花蕾，高出水面20—30厘米。当太阳爬上天空时，花蕾绽放，变成了有着尖角的星星，花瓣——可多达二十瓣——顶端鲜亮的蓝紫色向基部逐渐变淡，最终在一簇金黄的雄蕊处变为白色。盛开的蓝莲花散发的清香飘溢至午时花瓣闭合、潜回水中后才会散去。这样的花开花合会再持续两天，每次开花的时间都略长于第一天。果实也会被托举在水面上直到成熟为止，然后便会沉入尼罗河中。而夜间开花的白莲花在傍晚时分绽放，在上午或稍晚时闭合，这样的花开花合会持续四天。白莲花也有清香淡雅的气味，叶缘更加粗糙，花瓣也更为圆润——三千五百多年前的古墓装饰者就已经刻画出了这些细节 。

与本书中所有其他的花一样，古埃及睡莲的美实为世间难得——蓝莲花尤为如此——但是让它们散发持久魅力的绝不仅仅是它们的美。尼罗河一年一度的泛滥使得古埃及的土地特别肥沃，而肥沃的土地串联起了蓝莲花在尼罗河畔的生存环境，蓝莲花也成为上埃及的标志，与下埃及尼罗河三角洲地区的纸莎草（它简化的形状与三角洲地区的形状相似）形成了对比。当上下埃及在公元前3000年左右统一时，莲花和纸莎草也合二为一，狮身人面像附近法老哈夫拉的河谷神庙中用于葬礼的巨大黑色宝座上雕刻着互相缠绕的莲花和纸莎草，庆祝了这一政治上的统一。与莲花的政治影响力相比，它与古埃及最强大的两位神明（太阳神拉和冥王俄赛里斯）之间的紧密联系更为显著，这使得莲花在造物的奥秘中起了重要作用。

在古埃及早期的宇宙演化论中，出现在创世之初的自然是白天开花的蓝莲花，产生于黑暗的混沌之水中，在世界第一天的早晨诞生了太阳神拉，或称阿托姆。白昼时分，拉横跨天空，赋予众生生命，落日时象征性地死去，重返冥府，破晓时再跃出地平线——如同蓝莲花一样。

埃及王朝时期之初的另一位神也赫赫有名：猎鹰何露斯，天空之神，早期宇宙进化论中的幼年太阳，世人眼中的他现身于盛开的莲花中，烈日高悬于顶。后期的记载认为何露斯是伊西斯与俄赛里斯之子，俄赛里斯是盖布（大地）与努特（苍穹）的长子，是伊西斯的兄弟。俄赛里斯掌管大地，却被他的兄弟赛特背信弃义地杀害，肢解的尸体被投入尼罗河中。时隔不久，伊西斯用魔咒使他起死回生。在他重新掌管冥府之前，得子何露斯。就这样，蓝莲花在结籽并返回深海之前于尼罗河波澜不惊的水面上一闪而过，俄赛里斯就此化身。

蓝莲花顺理成章地出现在了献给冥王俄赛里斯的祭祀品中，之后在埃及的咒语合集《亡灵书》中大放异彩；富有的上层人士会委托抄写员为自己誊写一本《亡灵书》，旨在赋予他们力量、保护他们、指引他们完成通向来世的凶险之旅。得以保存下来的《亡灵书》中描述了这一路上可能会遭遇的许多莲花，让人可望而不可即——有作为祭祀品摆放在俄赛里斯和其他神灵面前的莲花；有表现何露斯四个儿子的莲花台；有用作女人发饰的莲花（有时男人也

图 1：用尼罗河莲花覆盖的葬礼祭品，出自埃及的《亡灵书》（约公元前 1070– 前 945）

会佩戴）。书中的变形咒语可以使你能够像俄赛里斯一样在宇宙中自由穿梭、从冥府全身而归，通过这些咒语，你甚至可以选择将自己变为一株莲花——或者猎鹰、鹭、燕子、蛇、鳄鱼、神或其他神秘生物。莲花与轮回和重生之间的联系使得它尤其适合这一角色。

第十八王朝（约公元前 1400）的官员努就是选择将自己变为莲花的人之一，他还选择了蛇和神话中的太阳鸟；抄写员阿尼也是其中之一，在他的莲花咒语中，盛开的蓝莲花中露出一个人头，莲花的两侧是花蕾。附文这样写道："我就是纯洁的莲花，拉神气息中的阳光给予我生命。""我来了，追寻着何露斯，只因我就是那生于沼泽的纯洁的莲花。"

埃及的上层人士还将莲花带进了他们的墓室中。他们在墓室里面塞满了各式物品，打算用这些物品来调剂他们去往来世的旅途。其中最著名的当数位于底比斯西部帝王谷中图坦卡蒙的墓室。1922年11月，英格兰的埃及古物学者霍华德·卡特（Howard Carter）和他的团队发现了这处墓室，此后它便一直以所有法老墓室中保存最好、最完整的墓室而闻名遐迩。雕刻着怪物的镀金卧榻和真人大小的法老塑像四周满满地堆着绘有精致图案的镶嵌箱子、雪花石膏花瓶、奇特的黑色神龛、几束叶子、床、法杖、椅子、翻倒在地的战车。就在通往墓室的过道处竖立着一座美丽、洁白的半透明雪花石膏杯，杯身雕有夜间开花的白莲花的圆形花瓣，莲花形状的手柄支撑着屈膝而跪的代表永生的塑像。

图坦卡门是一名痴心的莲花热爱者，他让人在他的凉鞋上绣了蓝莲花和洋甘菊。在墓室中陪伴他的有一盏雕工精致的灯，上面的雕刻将白莲花圆形的花瓣与蓝莲花光滑的叶片集于一身；还有两把非常特别的银质小号，制成了长茎莲花的样子，类似维多利亚时代的驿车号。三千五百多年后的今天，当一位军乐队的成员在开罗的埃及博物馆中吹响这两把小号时，它们依然风采不减，据说只是音色变得更柔和了。

放置在这位年轻法老黄金木乃伊棺材上的葬礼花圈使用了更多的莲花花瓣——这回是真花花瓣，水分全无，呈松脆状——与橄榄叶和矢车菊一起来做装饰。另外，最里层的棺材中戴在图坦卡蒙脸旁的花卉项圈中也使用了莲花花瓣。纸莎草和枣椰树的树条固定住了花卉项圈中的九排装饰物，它们是蓝绿色的陶土珠子、印度参的浆果、柳树和石榴树的叶子、蓝莲花的花瓣、矢车菊、刺缘毛连菜以及鳄梨果；当时在祭司手中的火炬摇曳的火光照耀下，这一绝美的颜色组合定是绚丽夺目。

无论是平民百姓还是王公贵族，他们的生活都同样因为有了白莲花或蓝莲花而华丽。谷仓抄写员内巴蒙在他的花园池塘中除了养鱼、养鹅之外，还种植了漂浮的莲花；公元前1500年，法老图特摩斯三世下令在卡纳克神庙的墙上创造了名为“植物园”的浮雕，浮雕赞美了图特摩斯从他在叙利亚和巴勒斯坦的战事中带回来的珍奇植物，其中就包括双季开花和三季开花的睡莲。图特摩斯的维齐尔莱克米尔在他的果园中央设计了一处莲花池；在位于尼罗河西河畔卢克索的德尔-麦地那村落中，雕刻师艾帕在他的神殿旁边的水槽中种满了白莲花和蓝莲花。清晨时，白莲花还没有闭合，就在那一丛丛的纸莎草和成荫的果树旁，蓝莲花和白莲花同时开放。神殿入口处立柱的柱顶处用莲花花蕾修饰，是变为石雕的花的一个早期例子。

莲花也是埃及待客中的一大特点。仆人为到场的每位客人清洗手足，将油涂在客人的头上，并给每位客人分发一朵莲花以供欣赏，随赠的还有莲花项链和花环或者是单独一支莲花作为发饰。莲花由花园持续供应，鲜花保存在装着水的罐子里，用的时候再取出来。

如此细致的记录均来自于埃及陵墓壁画；有时是蓝色的莲花，代表了清晨的娱乐活动，有时是白色的莲花。尽管装饰酒具通常多用的是夜间开花的白莲花，仪式中多用的是白天开花的蓝莲花，但是这个区别也不是绝对的。例如，在王子塔胡提-赫泰普位于埃尔-博尔塞的陵墓壁画中，他的一个女儿头戴一顶白莲花的花冠，另外一个女儿则戴着一顶蓝莲花的花冠。两个女儿拿在手中并放在她们面前的长茎莲花很明显的都是在仪式中使用的花瓣尖尖的蓝莲花，这使得一些民族植物学家认为蓝莲花与玛雅的美洲白睡莲（*Nymphaea ampla*）类似，拥有萨满的力量。但是，这似乎也不太可能，因为对蓝莲花的分析中并未发现其中含有生物碱。蓝莲花中

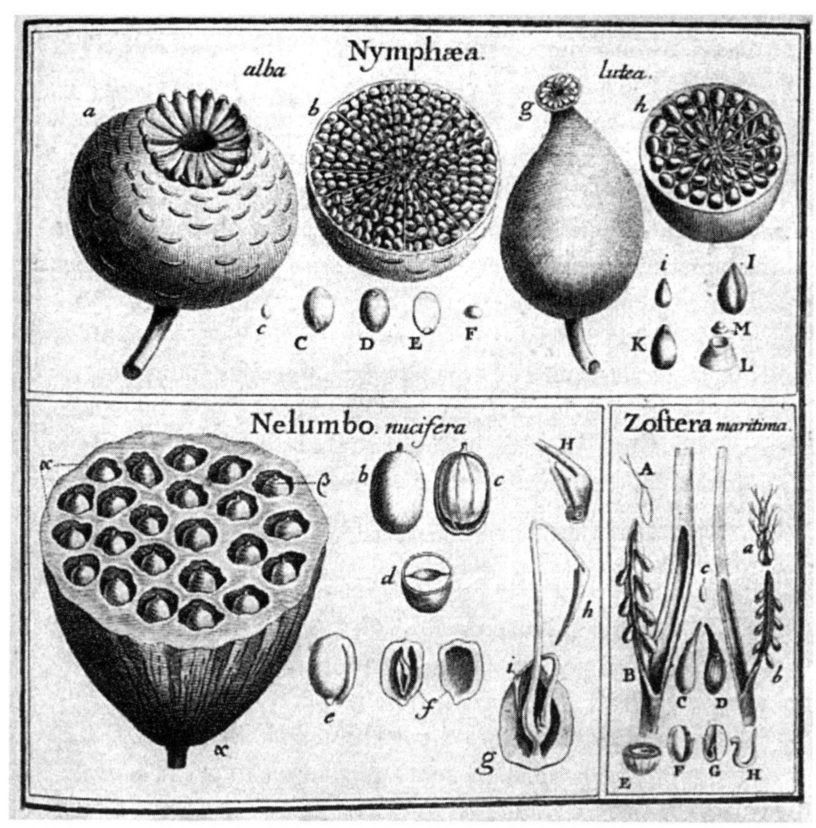


图 2：睡莲种子头和莲花莲蓬，出自约瑟夫·格特纳《植物的果实与种子》(*De fructibus et seminibus plantarum*，斯图加特，1788)

确实含有的物质为类黄酮，这种物质从化学的角度来看并不是一种迷幻剂，其浓度与银杏中类黄酮的含量相当。几千年以来，中国中医使用银杏来延缓衰老、提神以及增强性功能。尽管蓝莲花的确切作用还不明确，但是其无论是作为芳香植物还是酿酒材料，都毫无疑问地为埃及的上层人士增添了生活乐趣。

公元前 1 世纪中叶，东方真正的莲花（亦称神圣之莲花，古希腊人和古罗马人称其为埃及豆）在埃及出现，而埃及对莲花的记载正是从那时开始变得有些混乱不清了。将莲花引入古埃及的功劳通常认为应归属于波斯人，认为可能是他们在公元前525年征服古埃及时将莲花带入的。在近一个世纪之后，古希腊历史学家希罗多德描述了生长在埃及沼泽中的两种“莲花”。第一种是埃及本土的睡莲，“当尼罗河水涨满泛滥至周边的平地时，这种睡莲就会大量生长”。人们将收获的睡莲在太阳下晒干，然后从每个花朵中挑出结有果实的顶部，它看起来与罂粟头相似，再将这部分磨成粉，烘焙成面包。根据希罗多德的记载，圆形的根部“大小与苹果类似”，也可食用，味甘甜。接着他概述了尼罗河中的第二种莲花：“这种花的外形与玫瑰相似，果实结在与花柄分开的柄上，看起来非常像黄蜂窝。果实中的籽很多，大小接近橄榄核，新鲜的或晒干的吃起来味道都不错。”

希罗多德应该没有亲眼看见过神圣之莲花，因为莲花的果实从它的花朵中长出，而不是长在花朵的旁边。但是，当亚历山大大帝在公元前4世纪征服埃及并建立了亚历山大城的时候，他一定是见过莲花的。这给他留下了十分深刻的印象，在他一路东征所向披靡横扫叙利亚、美索不达米亚以及波斯帝国，翻过兴都库什山脉进入旁遮普的印度河流域之后，杰赫勒姆河（Jelum）中的鳄鱼和杰纳布河（Chenab）中的“埃及豆”让他大惑不解。古代杰出的地理学家斯特拉博（Strabo）这样描述道：“他认为自己发现了尼罗河的源头，并打算组建一支船队，意欲沿着这条河航行至埃及；但是他很快便发现他的计划无法实现，‘沿途洪流甚多，湖沼恐怖，最主要的是居然还碰上了大海’。”

古希腊植物学之父、亚历山大的老师亚里士多德的衣钵继承人特奥夫拉斯图斯（Theophrastus）在他所著的现存世界上最古老的植物专著中介绍了这两种莲花，他一丝不苟的描述中没有再犯上文提到的类似的错误。他首先介绍了印度的莲花，与希罗多德一样，他将这种莲花称为埃及豆，认为它主要生长在下埃及的沼泽和湖水中。他的描述体现出了一位植物学家的风范。他这样写道，最长的茎长约 4 腕尺（约为 2 米），“与人的手指一样粗”，像没有节的柔韧的芦苇；每一根茎都包含清楚的管状结构，“像蜂巢一样”，莲蓬由茎高举在空中，“像圆形的黄蜂窝”，每个孔洞中都有“豆子”探出头来，最多可达 30 个。花朵的大小为罂粟花的两倍，“颜色与玫瑰花相似，偏深；‘顶部’位于水面之上。这种植物的侧面长有巨大的叶子，大小与色萨利式的帽子相当”。

印度的莲花显然在当时已经成为一道经济的主食，被收割来取其根部，沼泽地的人们拿来生吃，或者煮着吃、烤着吃。尽管莲花多为自己生长，但是也可以种植在准备好的豆田里，“而且一旦这种植物扎下根来，便能长久存活。因为莲花的根不同于芦苇的根，它非常强壮，不过二者的相同之处是均多刺。也正是因为如此，视力不佳的鳄鱼总是对它避而远之，以免戳到眼睛。”特奥夫拉斯图斯记录道，这种莲花还生长在叙利亚和奇里乞亚（Cilicia，土耳其东南部的沿海地带）的部分地区，它们的莲蓬在那里无法成熟；马其顿中部的小湖中也生长着莲花，它们可以在那里成熟到极致。

随后，特奥夫拉斯图斯接着描述了尼罗河中的睡莲，称其为“莲”，认为其主要生长在下埃及尼罗河畔的泛滥平原中。他将莲花的茎和叶子比作埃及豆的茎和叶子，只是更小、更细长，但是他对花朵的描述中却出现了白莲花和蓝莲花的奇特混合物，似乎为他提供信息的人认为埃及白莲花具有白天开花的习性：

> 花朵白色，花瓣细窄，与百合的花瓣相似，但是莲花的许多花瓣紧挨在一起，层叠生长。当夕阳西下时，花瓣闭合，将“顶部”覆盖，而当太阳升起时，它们又重新开放，现身于水

面之上。这种植物一直重复着这样的花开花合，直到“顶部”成熟，而后花朵便会凋谢……

幼发拉底河流域的人们描述道，“顶部”和花朵在夜晚时开始下沉入水直至午夜时分，那时已下沉到相当深的位置；即使人将手猛伸入水中也触及不到它们；此后，当黎明来临，它们随着天空泛白而上升，直至日出，此时便可在水面上看到它们；那时花朵绽放，花开之后，它们继续上升；最后很大一段植物都会探出水面。

尽管特奥夫拉斯图斯将莲花的习性与太阳联系起来，但是他对莲花与宗教和神话之间的相似之处却闭口不提，而是集中介绍了睡莲对埃及饮食的贡献。他解释说，在收获之后，成堆的莲蓬被留在了河边，任其腐烂，莲子被取出晾干，捣碎后制作成一种面包。被称作“korsion”的圆形根部也可食用——生吃、煮着吃或烤着吃（更好）皆可，当果实里面的颜色由白色变为蛋黄的颜色时，“口感甘甜”。

古罗马著名的自然哲学家老普林尼（Pliny the Elder）于公元前1世纪编撰的大百科全书《自然史》（*Natural History*）中，对莲花的记载更是混乱，他似乎记录了特奥夫拉斯图斯介绍的内容，但后来却没有能够记清他是在描述哪种莲花。他在描述一种生长在沼泽的莲花时加上了一条“奇特的事实”——来自传闻——即“当太阳落山时，这些罂粟一般的种子头闭合并用叶子把自己覆盖起来，当太阳升起时，它们再次开放；如此交替直至果实完全成熟，届时白色的花朵便会凋谢”。他声称，对太阳的这般敏感程度在幼发拉底河流域的莲花中表现得更为明显，几乎将它描述成了一个不同的种类；之后在一本关于豆科植物的书中，他将特奥夫拉斯图斯所说的长在埃及豆根部的可以驱逐鳄鱼的刺转移到了莲花的茎上。

抛开文字描述方面的混乱不谈，事实情况倒是清楚得很。截至罗马时代，生长在埃及的两种不同的“莲花”中，从东方引入的莲花取得了优势地位，跨越地中海地区一路向北传播，从事实上来讲，它们在花园中留下了倩影，从比喻上来说，它们是埃及奇异事物的象征。古罗马的花园作家科卢梅拉（Columella）大致与普林尼处于同一时代，他推荐农民们在他们的鸭子池塘中央种上一丛丛的埃及豆——不是用来装饰，而是为了让鸭子们乘凉。不过，他们应该保证池塘的外围没有植物，以便在阳光明媚的日子让“水禽之间相互竞争，看谁游得最快”。

在两幅著名的描绘充满异域风情的尼罗河景色的罗马镶嵌画中——一幅是帕莱斯特里纳（Palestrina）的尼罗河镶嵌画，另一幅是庞贝农牧神宅中的地板镶嵌画——东方神圣之莲花再次篡夺了真正土生土长于埃及的睡莲的地位。在两幅镶嵌画中，莲花的花朵、花蕾、莲蓬和叶子都相似地得到了真实的再现，这意味着两幅画有可能出于同一家工坊的巡回工匠之手，这些工匠们应该确实曾经亲眼见过真正的莲花。几乎可以肯定的是帕莱斯特里纳的镶嵌画创作在先，在公元前 120 年到公元前 110 年之间为一处地下的石窟水道口而作。画中有一处发生在格子藤架之下的聚会场景，藤架弯曲呈圆拱状，架上爬满了葡萄藤，这处场景中的莲花尤为醒目。藤架的那一边，两只巨大的鳄鱼和一头河马藏在了芦苇间。

另外一幅位于奢华的庞贝农牧神宅中的地板镶嵌画创作于大约公元前 90 年，画中没有出现人物形象，但是却有不少野生生物：鳄鱼、蛇、河马、尖鼻子的猫鼬，还有各种各样的鸭子和小鸟。画中优美地描绘了神圣之莲花从开花到结果的各个阶段，还刻画了一只坐在两片睡莲叶子上的肥硕的青蛙，由此可见埃及本地的“莲花”并没有完全消失不见。边缘光滑的叶子表明这是蓝莲花而不是白莲花，但是因缺少花朵，此处并无法定论。

尼罗河的睡莲悄悄地淡出了人们的视线，直到18世纪末期，拿破仑·波拿巴远征埃及才重新点燃了人们对埃及古文明的兴趣。这些原产于非洲北部和热带地区的睡莲无法在气候更具北方特色的户外环境中存活下来，本质上与欧洲的睡莲并无不同。因此，莲花自然在欧洲人的想象中证明了自己更为耐寒，而旅行者讲述的故事和蜡叶标本也激起了早期园艺师和学者的好奇心，这其中包括16世纪佛兰德杰出的植物学家卡罗勒斯·克鲁修斯（Carolus Clusius），他曾经一度是神圣罗马帝国皇帝马克西米利安二世（Maximilian II）的园艺师。

在英国，来自东方的真正的粉色莲花奇特的莲蓬引起了王室药剂师约翰·帕金森（John Parkinson）的注意，将它收录在了他于1640年所作的献给国王查理一世的草药志《植物剧场》（*Theatrum Botanicum*）中。帕金森首先对意大利植物学家马蒂奥利（Matthiolus）将“埃及豆”称为“塑造于他自己的想象”的言论表示不屑一顾，然后在他的“新奇事物或称奇特事物的书”中陈述了源自克鲁修斯的仔细的描述。莲蓬（想必是干燥的）被荷兰的水手带到了阿姆斯特丹；它的来源在那时无从得知，不过，后来被确定为东印度群岛中的爪哇岛。克鲁修斯显然对特奥夫拉斯图斯和希罗多德之前对莲花的描述了如指掌，尽管如此，亲眼见过莲蓬的他称其看起来像“被切掉顶部的非常之大的罂粟头；质地粗糙或有褶皱、干瘦；颜色棕色略浅，顶部的周长为9英寸，向茎部递减”。帕金森还描述道，莲蓬有24个孔洞或隔间，“以特定的方式排列，类似黄蜂蜂巢”，每个孔洞中都有一枚坚果，他将其比作橡子。

接下来帕金森收录了目击者的描述：首先是来自两位好友的描述，他们分别是胡格诺派的丹尼尔·赫林胡克（Daniel

Heringhooke）博士和威廉·帕金斯（William Parkins）博士，二者都曾经读过一本有关爪哇岛植物的书籍，这本书由“一位名为于斯特斯·赫尔尼俄斯博士的医生兼牧师”从那里的荷兰工厂带到了荷兰。该书保存在莱顿大学图书馆的玻璃罩下面，展示的正是莲花那一页，可以看到页面上的文字描述莲花生长在“沼泽之地及河岸处：叶子大小非同寻常，似睡莲的叶子，花朵气味浓郁，似八角茴香油的味道”。帕金森的书中第二处目击者的描述出自《珀切斯的朝圣》（*Purchas his Pilgrimes*，英国旅行者塞缪尔·珀切斯编纂的旅行记合集）中英国商人威廉·芬奇或称芬彻姆先生的报告，他曾亲眼见过生长在印度北部阿格兰（Agra）附近法塔赫布尔西格里西北边大湖中的莲花。

帕金森记录道，“在过去的很长一段时间里”，从未有人在埃及见过粉色的莲花，但是他却乐观地相信勤劳博学的人们依然可能觅得芳踪。当1798年拿破仑·波拿巴率军远征埃及时，又一大批科学家、学者和艺术家——包括亨利－约瑟夫·雷杜德（Henri-Joseph Redouté），他的哥哥是更为知名的花卉画家皮埃尔－约瑟夫·雷杜德（Pierre-Joseph Redouté）——纷至沓来，神圣之莲花已然消失殆尽，它娇嫩的根最终还是无法与尼罗河周而复始的干旱和洪水抗衡。至少拿破仑的科学家们正确地将莲花的起源确定为亚洲，而不是非洲，并且仔细研究了由法国博物学家雅克－朱利安·拉比亚迪埃从东印度群岛带回来的莲花花朵和叶子的标本以及画面中包含莲藕的中国画。

跟随拿破仑的科学家们发现，在下埃及的河流、沟渠以及河道内，埃及本地的睡莲依然生机勃勃，杜姆亚特的集市上也在售卖煮熟的莲藕。实际上，蓝色的睡莲的拉丁名称 *Nymphaea caerulea* 在1803年才出现，得名于拿破仑远征军中的成员之一、法国博物学家萨维尼（M. J. C. L. Savigny）；它的身姿出现在皮埃尔 - 约瑟夫·雷杜德的《花卉圣经》（*Choix des Plus Belles Fleurs*）中，这部画集没有配说明文字，是他晚年经济拮据时的作品。

在罗伯特·约翰·桑顿（Robert John Thornton）的皇皇巨著《花之神殿》（*Temple of Flora*）中，莲花（*Nelumbo*）和睡莲（*Nymphaea*）同为主角，作品中甜腻腻的文字兴致勃勃地叙述道，当拿破仑倾听着萨维尼把神圣之莲花娓娓道来时，英国舰队正在尼罗河海战中歼灭法国的军队。尽管桑顿精心安排了《花之神殿》中的插图，其中东方莲花的插图（出自画家彼得·亨德森之手）从植物学的角度来看却有些无厘头，插图将莲花粉色的花朵与北美洲的一种花朵为黄色的品种相结合，并声称不同的莲花品种可以呈现三原色中的任一颜色："或天蓝，或艳红，或浅黄……还有让人目眩的白色，与我们那低眉顺眼的水生植物不同的是，所有这些颜色都雄伟地与叶片一起挺拔于洪水之上，奢华的叶子筑成了拱形的天堂"。他在描述蓝莲花时稍微准确了一点，将尼罗河中的蓝莲花置于阿布基尔（Aboukir）的背景之下，那里正是尼罗河战役的战场，然后此时的他却也是在爱国主义的光环下用花卉改写历史。他纵然野心勃勃，但是这一事业却在经济上一败涂地，就连那场植物学艺术真品的抽奖活动也没能让他摆脱困境，而他"此后也沦落到穷困潦倒"。

神圣之莲花的真实故事并不存在于像桑顿一样的人们的过热的头脑中，而是远在东方旁遮普省的印度河流域，亚历山大大帝错误却先知般地将那里与古埃及联系在了一起。如今，人们认为莲属是亚洲东部和东南部、澳大利亚北部以及里海伏尔加河三角洲的大部分地区的本土植物，认为其发源地在印度以及有着悠久的莲花种植历史的中国。有报告表明，早在公元前7000年以前，长江和黄河这两条中国最长的江河的沿岸就大量生长着莲花，此外，中国新石器时代遗址还出土了已经碳化的莲子，距今有五千年。

然而，莲花的神话力量最初归属于印度，它在那里的发展方式与尼罗河的蓝莲花在古埃及的发展方式惊人地相似。这株东方的莲花还出现在了印度教古时的教义《吠陀》（一些学者认为《吠陀》可以追溯到公元前1400年之久）中的宇宙肇始之际。其中一组教义《推提利耶梵书》将莲花与梵天联系在了一起。梵天是印度教三位一体的神之一，主管创造，其他两位神分别主管保护（毗湿奴）和毁灭（湿婆）。为了在宇宙洪荒中创造世界，梵天造出一片莲花叶，从海中浮现，叶片展开便成纯金莲花，花瓣千朵，如红日般光芒四射，而莲花即是直达宇宙中心的传送门。在一些版本的创世故事中，梵天在绽放的莲花中现身；在其他一些版本中，梵天则降生于从毗湿奴肚脐处长出的莲花中。

毗湿奴的神妃也与莲花联系紧密。被称为斯里、拉克希米，甚至是贝玛（梵语中表示莲花的词之一）的她出现在吠陀经文中的时间相对较晚，是在后来版本的《梨俱吠陀》中的一首圣歌中。纵然如此，她却仿佛在顷刻间成为一朵盛放的莲花，溢美之词铺天盖地："莲花生""莲花色""莲花腿""莲花眼""富产莲花"以及"莲花花环的打扮"。作为一位典型的母性女神以及健康、长寿、财富、富饶和名誉的赐予者，她几乎总是坐在或站在莲花花朵之中，两只手中各拿一朵莲花。

无论这位莲花女神在《吠陀》中出现的时间有多晚，早在来自北方的严格遵循父系制度的勇士兼牧人的雅利安人到达并取代高度发展的印度河流域文明之前，她就在印度次大陆占据了统治地位。旁遮普省的哈拉帕市和摩亨佐达罗市的发展在公元前2500年达到了顶峰，考古学家从这两座城市的遗址中出土了印章宝库、碑文以及崇拜对象，包括代表天地万物中男性生殖力量的阳具以及头戴莲花、上身袒露的女神。在印度河流域文明瓦解之后，古老的女神一直延存下来，再次出现时则被称为拉伽·高利或阿底提，是一位奇特的、以莲花为头部的女神，她总是双膝向上屈起，双腿向两侧分开，摆出分娩或接受性行为的姿势。从 2 世纪到 11 世纪，对她的崇拜遍及印度中部，到处都竖立起她的石像；时至今日，这位女神的一些圣像依然受到人们的崇拜。

在其他一些被印度教徒视为神圣的教义中，拉伽·高利与更具宗教意义的莲花同时存在。其中包括早期的《奥义书》，被认为产生于公元前 7 世纪或公元前 6 世纪，这是在佛教作为印度又一大宗教出现的约一个世纪之前。在《广林奥义书》中，宇宙之灵

图 3：印度教的创造之神梵天出现在从毗湿奴（吠陀的至高神）肚脐处长出的莲花中；为毗湿奴按摩双腿与脚的是他的神妃拉克希米

大梵的可见之躯“如黄衣，如白羊毛，如赤甲虫，如火焰，如白莲花，如电光突闪”。书中建议，如果想要成为伟大之人，则需要去收集各种草药和水果，然后将它们一起放入碗中，在随后的祭祀仪式和咒语之后，人躺于火旁，头向东方。清晨时分，人向太阳礼拜，并说：“诸方中汝是唯一白莲花！愿我为诸人中唯一白莲花！”当男人的妻子即将分娩时，他需要在妻子身上洒水，并重复以下内容：

如柔风四方动莲池，在汝身激扰良若斯。
愿来下随裹胞胎衣，于是生出之中藏儿。

另外一本是佛教传入前的《歌者奥义书》，书中的莲花是冥想的核心，是心中可包容万物的一处空间：

此刻，在这大梵的城堡之中，有一座莲花小屋，居身之所，内有空间一处。这处空间中存在着什么——那正是你应该试图去发现、设法去感知的……

这处内心的空间宽广如我们周围的世界，包容天，包容地；包容火，包容风；包容烈日，包容柔月；包容闪电，包容星辰。我们周围属于以及不属于这处空间的万物都已包容其中。

还是这株莲花，它在不久之后便怒放成为佛教的核心隐喻。佛教起源于历史上佛陀释迦牟尼（乔达摩·悉达多王子）的教诲，佛陀释迦牟尼生活在公元前6—前5世纪时，曾为人师。佛教基本思想认为，由于欲望和自执，我们身陷苦难和重生的轮回中。在觉悟者菩萨的帮助下，我们要克己，要超脱人世束缚，以踏上觉悟之路，打破这种循环往复，菩萨的慈悲之心促使他们去普度众生。

尼罗河中的蓝莲花通过暗指重生和转变、通过与太阳神拉的联系获得了它的力量，而佛教的莲花表达的是纯洁和灵性发展。每种文化都依据自身的特色打造了各自的花，但是每种文化却又都是仔仔细细地观察了真实的花，继而才产生了表达和反应花之本质的暗喻。白天开花的莲花将根深深扎于湖床的淤泥之中，傲然盛开，即使常有野生动物惊扰，它们依然力推叶片，然后是花蕾，直到二者都高悬在水面之上。就在高处，粉色的花朵出淤泥而不染，含香怒放。芬芳的香气在第一天和第二天的时候格外浓郁。

尼泊尔的蓝毗尼圣园是纪念悉达多王子的诞生宝地，园中没有活莲花，但是传说中莲花与王子的诞生以及童年早期却是联系在一起的，正如在佛陀释迦牟尼的神话传记《普曜经》中描述的那样。该传记最初用梵文写成，后译成了中文和藏文。佛陀释迦牟尼的母亲摩耶夫人做了一个预示着佛陀释迦牟尼降生的梦，并向她的丈夫、喜马拉雅山脚下迦毗罗卫国的净饭王讲述了这个梦。梦中，一头尊贵的白象进入她的腹中（另有记录称白象的象鼻卷着一朵白色的莲花）。在未来的佛陀入胎的那一夜，“[应时其夜] 下方水界六百六十万由旬 。生大莲花上彻梵天永无见者。”在佛陀释迦牟尼奇迹般地出世、降落凡尘时，伴有更多的莲花，当他在人间迈出最初的几步时，“步步生莲花”。

在佛教的图像学研究中，莲花是八吉祥之一，而且每位重要的佛或菩萨或者身坐莲花之上，或者站于莲花之上，或以观世音菩萨（或称莲花手菩萨、“执莲花”）的形象用一只手或双手拿着莲花。一些绘画和小塑像综合了这三种姿势，例如印度东部的一尊袖珍的观世音菩萨铜像，铜像中的菩萨坐在开放的莲花中间，两侧各有一株莲花，其中一株轻绕于他的左手之中，他的右脚放在了铜像底部边缘处的一朵小莲花上。同样，西藏的艺术中也随处可见莲花的身影，那漂浮在淤泥之上的莲花，象征着最初的肉体、言语和心灵的纯净。在藏传佛教中，莲花的颜色也是各有寓意：白色的莲花代表精神的纯净；红色的莲花代表爱、慈悲和热情，以及内心的所有良好品质；蓝色的莲花代表精神战胜了感官；而粉色的莲花则具有绝对优势，一般专属最高的神。

因为莲花是中国土生土长的植物，所以中国人对莲花之美的欣赏不需要等到佛教在公元 1 世纪（一些学者认为要远远早于这一时间）传入中国。无论是在道教还是佛教古老的哲学和伦理传统中，莲花都备受尊敬。它是何仙姑挚爱的花——何仙姑是道教八仙中唯一的一位女性； 在儒家思想中，莲花象征的是君子之风——这一美誉一直延伸到 20 世纪。每位在校学生都需要会背诵由中国著名的哲学家和宇宙学家周敦颐所作的散文：

> [莲花] 出淤泥而不染，濯清涟而不妖，中通外直，不蔓不枝，香远益清，亭亭净植，可远观而不可亵玩焉。

莲花是中国诗歌中的常客，例如一首创作于公元前 4 世纪左右的楚国诗歌中描述了虚构的游乐园中的莲花。在这首诗中，莲花是自然之乐，是生命之乐，巫师希望借此种欢愉为国王还魂，凉亭中，步履轻盈的列国公主们在候驾，微风吹过长廊，萦绕着莲花的香气，从凉亭望去，可见弯弯曲曲的池塘。“芙蓉始发，杂芰荷些。紫茎屏风，文缘波些。”与大部分中国的早期诗歌一样，该诗词句凄婉，不需任何解释，便流露出自然之美。自然随其性，人当独修行。《折杨柳》是梁元帝萧绎在 5—6 世纪南北朝混战时期创作的一首词。梁元帝看到垂柳就想起了自己的家乡和爱人，还有分别时被赠予的柳枝。但是那“同心”的柳枝却会像心一般被折断——“莲”是表示同情或爱的词（怜）的谐音字。

山似莲花艳，流如明月光。
寒夜猿声彻，游子泪沾裳。

诗歌中的大自然是恒久定格的画面，而中国花园的季节性转型的重要表现之一却非莲花莫属：它是“夏日慵懒之花，正如牡丹代言初夏的富足”。冬季，结冰的湖水可供滑冰，而夏季则变成了“莲花的海洋，微风轻拂杯状的叶片时，海面上荡起了奇特而不可言喻的黄绿色阴影”。在20世纪30年代的一次北京湖水之旅让美国花园作家洛兰·库克（Loraine Kuck）颇为着迷，她写道：“要穿过水生植物的丛林，必须乘坐小船在特意保留的幽暗、青葱的水道内蜿蜒前进，否则船只寸步难行。森林一般高耸的叶片和茎杆使得视线无法触及两岸的任何存在。”在早些时候的中国，每家每户的院子里都会有一两个大瓷缸，季节一到，里面就会种上优美的莲花，“观者尽享莲花代表的喜悦”。

秦始皇于公元前221年统一了中国。尽管在此之前，莲花并不是中式装饰的主要特征，但是此后的莲花渐渐渗入中国人生活和艺术的每一个角落，“画在瓷器上，雕在玉器、象牙制品、木质物品以及石器上，铸在青铜器上，绣在丝绸上，莲花的形象高度格式化……是木质面板或漆面板装饰边框中十分常见的装饰纹样”。受到佛教声望的推动，莲花花瓣曾一度被用来装饰中国的陶瓷制品；在北宋的一段时期内，莲花取代了牡丹，成为瓷器上的核心装饰纹样，在14世纪时亦是如此。在纺织艺术中，牡丹大放异彩，菊花也是再占上风，莲花仅仅在明朝拔得头筹。在大约同一时期，被认为起源于公元前7世纪亚述尼姆鲁德以及尼尼微的皇家宫殿石刻地板以及覆盖物中非写实装饰纹样的莲花装饰，与莫卧儿人一起从中国回到了波斯大规模的地毯制造中心，再次出现在以16世纪晚期、17世纪早期波斯伟大的萨非统治者命名的“阿巴西棕榈叶装饰”中。莲花传播的路径清楚地表明花卉如何随着人类的征战和迁徙从一个大陆来到另一个大陆，而它们也在适应当地的新文化、新文明的时候发生了微妙的转变。

打着莲花旗号的影响力也有不太光鲜的一面，例如盛行于中国12世纪，直到20世纪才被完全废除的古老的裹脚习俗；女性从少女时期便开始用布紧裹双足，目的是要把脚变成代表富足、性感的小“金莲”。美国历史学家霍华德·S.利维（Howard S. Levy）将这一做法追溯到了李煜统治的时期，李煜既是诗人，也是在10世纪末期统治着未统一的中国部分国土的一国之君。窅娘是他十分欣赏的一位嫔妃，善舞。为了窅娘，他建造了一座6英尺高的金色莲花台，深红色的心皮位于正中央。窅娘用白帛裹住双脚，使其看起来好像弯弯的月亮。之后她便在莲花台的中心翩翩起舞，“舞姿婆娑，轻盈如云”。由窅娘依然能舞的事实可知，她并没有把脚裹得非常紧，但是当这一做法慢慢在中国南方各地传播开来之后，愈演愈烈，女性的脚弯曲变形，小得不能再小。元代的歌曲、诗歌和戏剧中称其为“三寸金莲”。

很难在束缚女性的莲花与东方冥想中更为柔和的六字大明咒唵嘛呢叭咪吽（莲花中心的宝石）之间画上等号，而后者也随着人们对东方宗教的广泛关注一路向西，重新出现在了20世纪精神分析学伟大的先驱之一卡尔·荣格（Carl Jung）的作品中。汉学家卫礼贤（Richard Wilhelm）所译的《金花的秘密：中国生命之书》（*The*

*Secret of the Golden Flower: A Chinese Book of Life*）中的序出自荣格笔下，序中提到了一份冥想指南，该指南最初只是口口相传，后来由中国安徽省双莲寺的僧人柳华阳将其记录了下来。其中的莲花也展现出了在冥想中那颗熠熠闪光的心："千叶莲花由炁化，百光景耀假神凝。"

在荣格的眼中，古老的中国思想中的"金花"就是象征着宇宙的曼荼罗，他认为曼荼罗与他的病人画的画之间有相似之处，那些以几何图案装饰的画既像莲花，又像玫瑰，或是植物开出的花朵。尽管他越来越将曼荼罗视为基督教化的西方传统中的玫瑰花（见第五章），他却认为其起源于东方的莲花。他在《心理学与炼金术》（*Psychology and Alchemy*）中这样写道：

> 曼荼罗的中心相当于印度莲花的花萼，是诸神所坐之位、出生之地。梵语中称莲花为padma，具有女性气息。炼金术中的细颈瓶（vas，炼金术所用容器）常被理解为是子宫，是孕育"孩子"之处。在洛雷托祷文中，马利亚三次被称作这种容器（"神灵之器"、"可崇之器"以及"虔诚之器"），另外，她在中世纪诗歌中被称作"海中花"，为基督提供庇护。

在流行文化中得以保存下来的还有莲花的另外一个特别的角色——制作于美国的一部十分流行的动画电视连续剧《降世神通》（*Avatar*）中的白莲教，动画片中河南少林寺的武术僧人兼英雄们一路将莲花的血统追溯到佛教的白莲教（该教于13世纪末期蒙古人入主中原时被迫转入地下）。莲花可以在乱世中稳定人们的思绪，也可以点燃反抗与改变之火，或摇身一变成为具备高度创新特性的赛车和跑车的品牌名称，这就是在莲花身上集聚的联想的力量。

20世纪初，观赏莲花最好的去处之一莫过于8月潮湿闷热的日本：天刚刚破晓，蝉便开始吟唱，真正的莲花热爱者们夜不能寐，迫不及待地想要去聆听莲花花蕾“随着黎明倏忽之间的抚摸”而开放的声音。四处游览的杜凯恩（Du Cane）姐妹在她们以日本花卉、花园为主题的书中用热情的画作向我们展示了盛放的莲花，书中的水彩画由埃拉（Ella）所作，而在弗洛伦丝（Florence）所写的画作描述中，我们似乎能够听见她的呼吸声。她笔下的莲花花蕾在开放时的声响“无法向未曾听过这种声响的人作出描述”，她写道：

> 娇嫩的粉色或白色的花瓣在转瞬间开放，仿佛等不及最大限度地去利用它们短暂的生命，因为在8月午时的热浪袭来之前，花瓣就会闭合，待次日再次开放后便会优雅地死去；花瓣片片凋落，但颜色依旧生动，之后便一切皆无，只留下很大的莲蓬，美丽依然，只是稍逊色于镶满露珠的蓝绿色叶片，那些叶片似乎可以反射路过的每一片浮云。

尽管人们通常并不认为莲花是日本本土的植物，但是莲花却早早地就踏足日本——或许早在公元前2000年时，莲花就与杏树和碧桃花一起进入了日本。6世纪中叶，更多的莲花随着佛教一同到达，有记录描述了平安时代（794—1192）奈良的贵族们庆祝莲花的节日（该节日来自中国）的景况。莲花的种类也在稳步增长，从1688年开始的一百多年间，增长到了30种，而后到19世纪中叶为止增长到近100种。莲花的大多数部位都是很受欢迎的食物，叶子也可以用来包裹其他食物；通过含义的延展，“莲叶”开始被用来表示善变的女人。莲花还受到了武士阶级和鉴赏家们的赞赏，于是到了江户时代末期，日本种植的装饰性莲花的品种已经超过了中国。

本书后面几章介绍了日本——这个相对封闭的国家——如何被迫向西方各国打开了它的国门（始于美国海军准将马修·佩里1853年的使命）。然而，正当明治维新带来翻天覆地的变化使得莲花的人气开始在日本国内减弱之时，莲花却吸引了西方来客的注意，他们或是前来帮助日本实现社会现代化，或仅仅是来欣赏莲花不同的异域情调。在东方莲花和埃及莲花奇特的融合中，设计师克里斯托弗·德雷瑟（Christopher Dresser）在19世纪80年代早期时对他在日本艺术、建筑和人工制品中所观察到的与古埃及的诸多相似之处而惊叹不已。他精挑细选出东京一处寺庙祭坛上雕刻的佛教莲花的茎和花朵，并在此处雕刻的死板中发现了“简单却尽现尊严的雕刻方式，以及作画人的恪守常规之处，这几乎可以让我们相信它创作于法老的命令之下”。让他感到惊奇的还有日本式的对花卉的热爱，尤其是那些需要你仰视的花，例如樱花。在德雷瑟的眼中，杏树是主宰春天的花，莲花是主宰夏天的花，菊花——日本的皇室专用花卉，其与日本的关系相当于玫瑰与英格兰的关系——是主宰秋天的花。

另外一位笔下时常流露出对日本的欣赏之情的西方人是年轻的英国建筑师乔赛亚·康德尔（Josiah Conder），他在19世纪80年代受雇于明治政府，帮助日本实现建筑的现代化。康德尔的著作使得日本的花园在西方名噪一时，日式花园中的花卉难得一见，例如种植在花园四周的小溪和沼泽边上的菖蒲和其他鸢尾属植物，一些花园的湖中种植的夏日的莲花，以及少数被精选的花和夏末时节的青草。康德尔作为第一位描写日式插花艺术的西方人而被人们记住。日式插花中的莲花是夏季的代言花卉之一，但是莲花与精神和宗教的联系使它被排除在了更具非宗教特征的节日场合之外。

他这样描述莲花：

> 即使莲花从最泥泞、最污浊的水中生长而出，它的叶片和花朵却总是清新无尘；然而，它十分敏感，若是接触到任何难闻的肥料，尽管其他植物以此汲取营养，但是莲花则会因此迅速凋谢。莲花之所以和宗教生活相关联就是因为莲花在周遭的污秽中恪守的纯洁；一本著名的佛教箴言集中这样写道："若出身贫贱，却具智慧，便能如莲花般破淤泥而出！"

在康德尔推荐用于插花的莲花中，香气最为浓郁的要属白色莲花，虽然红色莲花更为美丽，但是基本没有香味。其他的品种包括"金线莲花"，其红色的花朵上标记着黄色的线条；还有一种深红色的莲花；有时还有印度莲花，它大大的红色花朵在开放五六天后凋谢，但是开花期间花朵从不闭合（普通的莲花花朵一般在午时闭合）。同莲花的花朵一样，莲花的叶子也备受尊重，康德尔认为它们被选择用来代表佛教中对过去、现在和将来时间的划分：部分腐烂或被虫子蚕食的叶子代表过去；美观、舒展的叶子（也称作"镜叶"）代表现在；即将展开的叶子代表将来。

并不是所有欧洲人都能如此平静地看待变幻的莲花。维多利亚时代的艺术家、花园设计师艾尔弗雷德·帕森斯（Alfred Parsons）在 19 世纪 90 年代初造访日本，他发现画日本的莲花很是令人烦恼，因为"昨天还是花蕾，今天就开花了，等到了明天，昔日的美化为乌有"。他第一次看到莲花是在去东京的路上，觉得莲花尤为棘手，并将它说成是"我要去画的植物中最伤脑筋的一种；花朵只有在清晨的时候状态最佳，然后每朵花朵都会在开花当天的正午时分闭合，第二天，它的花瓣就凋谢了”。那大大的蓝绿色的叶子也没好到哪里去，映着天空中飘过的阴影，而且“造型如此丰富，绘画时不能将它们一概而论；每一片叶子都需要仔细研究，而每一丝微风都会破坏它们脆弱的平衡，会完全改变它们的样子”。

日本有一座不大的弁天庙，旁边的池塘（东京上野公园的不忍池）中种着莲花，帕森斯在池边支起了画架，他在那里从早到晚被人围观，大多数是背上背着婴儿的儿童。尽管巡警竭尽全力驱散人群，但另一拨人还是很快就围聚上来。帕森斯评论说：“观众总是很礼貌，也尽量不挡在你和你作画的对象之间；但是他们挤得太近都到胳膊肘了，即使没有在践踏你的随身物品，也是在践踏你的耐心。”

帕森斯说道，尽管莲花被佛教徒收入门下，但是并没有因此让日本神道教的信徒们对莲花产生任何敌意，当佛堂被拆毁时，莲花池却毫发无损。他所见过的最大的莲花池与镰仓气派的八幡神社相连，雪白、亮玫瑰红、贝壳粉色的莲花在池中无拘无束地生长。日莲宗的信徒们十分喜爱白莲花，这是“一个很吵闹的教派，在长达数小时的祈祷中鼓声不断”；这种莲花还作为食物作物被种植在稻田里。尝起来没有什么味道，只有煮的时候加入的糖的甜味，“但是它们口感松脆，很有嚼劲”。特奥夫拉斯图斯把莲蓬比作色萨利式的帽子，帕森斯称其“像极了浇水壶的喷嘴”。

帕森斯对待莲花的态度一直很矛盾，将它不言自明的美与日本夏天的不适联系在了一起，而其他的西方作家和艺术家却欣然接受了作为彰显日本“不同的”异域情调的一种方式的莲花。生于美国的艺术家詹姆斯·麦克尼尔·惠斯勒（James McNeill Whistler）在英国掀起了一场哈日风潮，诱惑了一批品位颇高的西方游客前往日本，其中包括“格拉斯哥的宠儿”、画家乔治·亨利（George Henry）和他的朋友爱德华·阿特金森·霍内尔（Edward Atkinson

Hornel)。《莲花》(*The Lotus Flower*)是霍内尔在1984年创作的一幅作品，他在画作的前景中画上了巨大的粉色莲花和白色莲花，莲花的上方漂浮着穿着华丽的花魁（妓女），正在让人为她以传统的方式梳起头发。霍内尔无疑就是要展现异国当代的耽于声色与佛教的神圣之花之间的碰撞。

皮埃尔·落蒂（Pierre Loti）的《菊子夫人》(*Madame Chrysanthème*)的最后几页充满了莲花花期末期那柔和“却让人觉得腻味”的香气，普契尼（Puccini）的歌剧《蝴蝶夫人》(*Madame Butterfly*)借用了这部作品的东方氛围和部分故事情节。当时《菊子夫人》的读者众多，而在今天的读者看来，书中主人公的文化傲慢成了这部作品的污点。它的主人公是一位“高高在上的”外国人，以纯粹商业交易的方式得到了他暂时的妻子。尽管时常被她激怒，他却十分欣赏她的日式插花，尤其是她对莲花的运用，“大枝的神圣之花，或是温柔的、有纹理的玫瑰红，或是可见于瓷器上的泛白的玫瑰红；盛放时，它们类似较大的睡莲，含苞时，它们可能会被认为是长长的、浅浅的郁金香”。他在准备离开日本时举办了一场告别茶会，席间燃烧的油灯和妻子身上微微潮湿的气息烘托出了莲花的香气，女人们发丝间山茶花油的味道重重地弥漫在空气中，与莲花的香气混合在了一起；当他乘坐的船驶离长崎时，他将最后一支已经凋谢的莲花扔入海中，为自己“将他们，那些日本人的这片海变成了一个如此阴郁、如此浩瀚的坟墓”而深表歉意。

19世纪晚期的艺术和文学中的莲花证明了花卉身上如何能够积累含义并将其转化成为隐喻。东方的异域诱惑就是这样的一种莲花的抽象。再有就是莲花和梦之间的联系，这一观点早已体现在古希腊的“莲花”(“lotos”）中；特奥夫拉斯图斯用这个名称命名了至少六种不同的植物：两种尼罗河睡莲（蓝莲花和白莲花）、地中海地区的荨麻树［南欧朴（*Celtis australis*）］、一种多年生三叶草［草莓车轴草（*Trifolium fragiferum*）］、葫芦巴（*Trigonella foenum-graecum*），以及北非的枣树［鼠李科的枣莲（*Ziziphus lotus*）］。传统上认为最后一种是奥德修斯从特洛伊回家的路上偶然来到的食莲人之岛上所产的诱人的果实。根据希罗多德的描述，这种莲花的果实香甜如枣，大小如乳香黄连木的浆果，这种果实可以用来制成极为醉人的美酒；在荷马笔下，任何品尝过这种“蜂蜜般香甜的水果”的船员都会不思返乡：

> 他们只愿与“食莲者”同住岛上，
> 以莲为食，而返乡思绪烟消云散。

尽管从植物学的角度看来，这种奇怪的北非水果与古埃及的尼罗河睡莲以及东方神圣之莲花毫不相干，但是它“懒洋洋甜蜜蜜的极乐”却感染着莲的历史；在长达两个半世纪之后，枣莲再次出现在了艾尔弗雷德·洛德·丁尼生（Alfred Lord Tennyson）《食莲人》（*The Lotos-Eaters*）慵懒的诗歌韵律中，其中的莲花风采依旧：

> 枣莲在光秃秃的山峰下绽放，
> 枣莲开在条条蜿蜒的溪流旁。
>
> （黄杲炘 译）

丁尼生诗中的氛围让人流连忘返，为此助了一臂之力的花卉还包括：没药树丛（可能是一种金合欢植物）、不凋花、魔草、老鼠簕、罂粟以及日光兰，在合唱咒语部分一开始这样唱道：

> 这里有甜美的音乐轻轻飘降，
> 轻过那玫瑰花瓣飘落在草地。
>
> （黄杲炘 译）

但是，留在记忆中久久不肯离去的花还是莲花。

同样慵懒颓废的莲花在法国诗人夏尔·波德莱尔（Charles Baudelaire）的《旅行》（*Le Voyage*）中再次露面，这首诗是1861年出版的《恶之花》（*Les Fleurs du Mal*）第二版的结尾作品。然而，今天的旅行者几乎肯定会去吃飘香的莲花，这些"神奇的果实让你只想大快朵颐"，从而心甘情愿地被降服，尽享"这个午后奇特且永恒的温柔"。只有饮下这致命毒药，旅行者才能坠入万丈深渊，以超越未知，邂逅新生。

这种无法改变的万劫不复笼罩着约翰·威廉·沃特豪斯（John William Waterhouse）梦幻般令人心醉的画作《许拉斯与水仙女》（*Hylas and the Nymphs*），画家笔下的水泽仙女正在引诱许拉斯进入她们被睡莲蜿蜒缠绕的水世界，仙女恳求的眼神和温柔的抚摸让他无法抗拒。这些画中的世界与克劳德·莫奈在他位于吉维尼的花园中所画的平静安详、洒满阳光的睡莲截然不同。那时莫奈的视力已经开始减退。他用其一生的时间致力描绘着透过光的空气氛围，此时莫奈则努力去展现渗透在水中的光线，这具有更大的挑战性；这面"魔镜"的表面反射着片片云彩，他笔下的睡莲似乎就飘浮在这些云彩之上。

与睡莲和日本的莲花相比，印度莲花在西方艺术和诗歌中留下的印记较弱，但是有一种莲花却从未离去。让人印象尤其深刻的是霍华德·霍奇金（Howard Hodgkin）笔下的水彩画莲花；画作创作于20世纪80年代，他当时作为客人住在艾哈迈达巴德的工厂主萨拉巴伊家的“海关关税员”卢梭花园中心一间白色的平房里。霍奇金对印度的艺术着迷已久，画作中尽是他周围的日常所见：一面挂着花环的水泥墙壁；地平线与天空的景色；远处风景中路过的火车。这家的主人偶尔会通过屋子的窗户观察他，“好像是英国18世纪的绅士们看着他们的寄居蟹一样”。霍奇金在安排自己的水彩画时，把较大的莲花放在了最后，象征着“所有艰难终结时的成就感或完美的快乐”。

一种类似的“莲花”出现在了艾略特（T. S. Eliot）所作的《四个四重奏》（*Four Quartets*）开篇诗歌《烧毁的诺顿》中那曾经干涸的水池里，它的花朵从深埋在淤泥中的根部悄然升起，冲破水面而获得新生。就这样，这位生于美国的诗人将东方的莲花带入了一首让人联想起西方玫瑰的诗歌中，带入了时间已停止流动的玫瑰园中那些依稀记得的时刻。

如今，你可以在专业种植者那里订购热带的尼罗河蓝莲花，其中包括法国的拉图尔－马利亚克（Latour-Marliac），他曾经为莫奈供应睡莲，而拉图尔－马利亚克苗圃最近的产品目录更是自豪地炫耀了白色、红色、粉色以及粉红丁香色的九种莲属植物。日本有更多真正的莲花，至少300种，其中三分之二都保存在东京大学的绿地植物实验场。想要一睹尼罗河睡莲盛放的风采，你肯定还是要去参观设有热带睡莲温室的植物园，但是地处美国气候较为温暖地区的许多花园中都展出有神圣之莲花漂亮的花坛，例如加利福尼亚州的亨廷顿植物园，那里的莲花花期始于7月中旬；还有哈得孙河谷的玛丽昂·贝克的因尼斯弗里花园，我的莲花探寻之旅就是从那里开始的。

像艾略特一样，贝克夫妇在西方的背景中赋予了东方的想法以生命，他们建造花园的灵感来自于一座受中国诗人、画家兼园艺家王维的启发、建造于18世纪的中国风园林，他们在去往伦敦的一次调研之旅中发现了这座园林。沃尔特·贝克解释道，王维以一系列“杯子”或三维图像的方式呈现了他的辋川别业，位于空阔的湖水中心，群山环绕。1945年，因尼斯弗里花园最初的莲花池中种有不同种类的白色莲花，废弃之后在“踮脚岩”（Tiptoe Rock）的东部又开辟了一处新湖。现在的莲花是那座大型沼泽园的组成部分；沼泽园从草地开始向北延伸，白色和粉色的莲花不声不响地潜入湖中，仲夏时节现身，花期一月有余。

莲花，魅力永恒。近13个世纪前，王维受到隐居山林的生活的启发而创作的诗集中有一首诗这样描写莲花：

轻舸迎上客，悠悠湖上来。
当轩对尊酒，四面芙蓉开。

因尼斯弗里花园的莲花将我带回到了那座坐落在苏格兰的山谷中藏传佛教寺院桑耶寺中抽象的莲花，那里的莲花咒语及其对异度空间的暗示都曾经是我每日生活的一部分。莲花是明喻，是暗喻，是观点，是芬芳，是花园里的花，是药物，或仅仅是食物，无论是哪种莲花都能在随后花的故事中找到共鸣，而莲花——至少对我来说——则是花之力量的源头。

## 第二章
# 百　合

你的额角白似百合
垂挂着热病的露珠，
你的面颊像是玫瑰，
正在很快地凋枯。

——济慈《无情的妖女》
（查良铮　译）

白色的圣母百合（*Lilium candidum*）可以看作“欧洲版”的莲花。三千五百多年前，人们就开始在花园中种植百合，“它的美丽和勇敢甚至超越了无所不能的所罗门王”，伊丽莎白时期的草药商约翰·杰勒德（John Gerard）这样写道。作此评价的他无疑是受到了白百合与圣母马利亚之间联系的影响，将白百合变成了基督教世界最强有力的象征之一。但是百合与宗教之间的渊源远早于圣经时代，可追溯到克里特岛的米诺斯文明以及地中海东部，当时他们在壁画和手工制品上描绘出百合各种世俗和象征性的美丽，留给后人当年有关百合神奇魅力的蛛丝马迹。

如今的园艺家们更喜欢种植更大、更张扬的亚洲种类或杂交品种。因此，当你邂逅一处圣母百合的苗圃时，它们白色的花簇可能比你想象中的小一些，喇叭形状的花朵也没有那么明显。尽管在我的第一座花园中的城市丛林里，由欧内斯特·威尔逊（Ernest Wilson）引进欧洲的白色帝王百合（*Lilium regale*）是被我许可种植的少数几种花之一，但我从未亲自种植过这类植物。我爱它们那天上才有的暗夜芬芳，爱它们那与兰波之间若即若离的联系，兰波是我心目中并不完美的英雄之一，他曾在献给高蹈派诗人泰奥多尔·德邦维尔（Théodore de Banville）的超现实的、难登大雅之堂的《与诗人谈花》一诗中描绘了瑟瑟发抖的白百合。（他在诗中还提到了许多其他的花，包括玫瑰、蓝莲花和向日葵。）

与本书中其他的花相同的是，百合也有着复杂而矛盾的历史。自从被用来象征玛丽亚的纯洁之后，它在基督教绘画中的地位渐渐输于玫瑰，正如花园中的百合不敌一些美国以及亚洲的品种一样，最终，在19世纪末、20世纪初发生的一系列将艺术提升至与宗教同等地位的艺术运动中，百合将自己变身成了衰败萧条的花的形象。在西方，来自日本南部和中国台湾的麝香百合（*Lilium longiflorum*）是葬礼和复活节时常用的花，然而，杰出的英国女园艺师格特鲁德·杰基尔（Gertrude Jekyll）非常珍视亚洲的虎皮百合（*Lilium. lancifolium*），甚至将它视为英国本土的花种。花永远能够超越这样或那样的界限，百合的故事就清楚地表现了这一点。

玫瑰用了几个世纪甚至是千年的时间才出落成为花园中的美人，百合则与玫瑰不同，它第一次进入公众视野时就已经姿态完美。首先记录下其美丽的是青铜时代地中海东部克里特以及锡拉（圣托里尼）的米诺斯人，公元前2000年中期左右，他们的文明灾难般地戛然而止。在他们留下的遗物中，就有一些发现于克诺索斯（Knossos）及其东部阿穆尼索斯（Amnisos）港口处的克里特宫殿群中壮丽的壁画。锡拉的百合绘画作品或许略显粗糙，但却洋溢着生命力和魅力，彰显了米诺斯人对这种最为芬芳的栽培花卉的钟爱。百合花和藏红花一样，在花的神殿中都是最受米诺斯人尊崇的花。

克里特百合壁画的发现要归功于富有的英国考古学家阿瑟·埃文斯（Arthur Evans）爵士，他于1900年买下了克诺索斯的整座考古遗址，而他破坏性的挖掘和“修复”却改变了壁画的原本面貌。在一幅创作于公元前1700年到前1600年之间的壁画中，一大簇白百合及其橙色的花药和绿色的叶片在深灰色背景的衬托下美丽动人，然而他的发掘对这幅壁画造成的破坏却永远无法修复。该壁画颇具自然主义的手法，其中一朵花的花瓣仿佛由于吹过的微风已经开始与花分离，在埃文斯看来，这样的细节已经远远超出“纯装饰艺术”，他将其比作同一时期的一枚米诺斯印章，印章展现的景象是在风中摇曳的树木。

更具花园风情的是位于阿穆尼索斯（Amnisos）“百合之家”中的壁画，画中每枝高大的白百合上都开有十二朵花朵，它们都生长在雕带装饰的挑檐前或花园围墙前。从外观上它们很像白百合，可能曾经在附近地区的野外生长，但花园中的这一品种通常都不具备繁育能力，而且人们通常认为它们起源于更偏东部的一些地区。另外一幅来自阿穆尼索斯的住房上的壁画描绘了成簇的高大的百合，画中的百合并没有一种典型的花园百合特征，这让埃文斯想起了凡尔赛的喷泉；他很自然地对各种各样的百合装饰津津乐道，这些装饰出现在米诺斯人的花瓶上、罐子上，以及另外一幅自然风格的壁画中，该作品发现于克里特中南部的圣特里亚达（Hagia Triada）的一座小宫殿中。

百合不仅在花园和装饰中备受青睐，米诺斯的绘画也似乎更加彰显了它们在圣礼仪式中的重要作用，至少埃文斯在克诺索斯的最重大的发现之一向我们提供了相关的证据。这是一幅被他称作“祭司王”（Priest-King）的彩绘浮雕，发现于毗邻中央庭院的装饰回廊中的瓦砾中并由小埃米尔·吉里雍（Émile Gilliéron *fils*）作了“修复”，他和他的父亲是瑞士一对父子艺术家，帮助埃文斯在挖掘中进行重建。尽管并不算是彻彻底底的伪造者，但是吉里雍父子俩却在证据极其不足的情况下进行了草率的、自负的修复，常常会彻底毁坏他们本想保护的那些碎片。

在经过吉里雍重现的画面中，一位健壮的年轻人阔步走过一片非写实的百合（埃文斯认为它们是鸢尾花），浑身上下只有一条缠腰布，头戴一顶羽毛装饰的百合王冠，颈上围有一条红色百合的项圈。这位年轻人的右肩向前用力，似乎是在牵引着一只动物，埃文斯认为这只动物是一只狮身鹫首的神兽。他信心十足地叙述说，这幅浮雕展示的是米诺斯人的母亲女神在凡界的形象，是她的养子，是“执行米诺斯命令的祭司王”，丝毫不逊色于“米诺斯自己的任何一个凡人的化身”。

画中的人物及对其的诠释在当时立即引起轩然大波，时至今日仍无定论。这个人是男还是女？是神权的王还是女性跳跃者？一个人还是两个人？面朝左还是朝右？另外，我们该如何解释王冠和项圈上百合的象征意义：它们是否确实支持了埃文斯关于人物身份的观点？正如埃文斯自己描述的那样，这些非写实的百合实际上将两种花合二为一：源自埃及三角洲蛇女神形象的扇形纸沙草（waz）被嫁接到了米诺斯百合的身上。埃文斯深信王冠代表了一种神秘的埃及元素，宣称百合是“首屈一指的米诺斯神圣之花”。他声称，根据来自干地亚（Candia）特别是迈锡尼（Mycenae）的印章戒指可以判断，跳给女神看的礼仪舞蹈的地点就是在一处百合花田地中，这也将这位女神与百合祭祀联系到了一起。

尽管当今学者在对这幅壁画进行诠释时更加谨慎，但是埃文斯对“祭司王”的论断再获偏爱，而专家的观点至少确认了米诺斯百合确实在一定程度上具有宗教意义。但是由于缺少支持这一观点的文献，我们无从确切知晓米诺斯人在他们房屋的墙壁上以及神圣的空间中绘画百合时所要表达的含义。

图 4：爱琴海锡拉岛阿克罗蒂里绘有红色百合和燕子壁画的房屋墙壁

在锡拉岛上的阿克罗蒂里（Akrotiri），人们在其他青铜器时代的壁画中发现了红色百合，这些百合也透露出相似的神秘气息。讽刺的是，让这些壁画得以完整保存下来的正是公元前 2 千纪中期的一次灾难性的火山喷发。壁画画于阿克罗蒂里一所住房中底层房间的三面墙上，小小的红色百合花花簇在极具爱琴海特色的岩石峭壁的衬托下格外引人注目，壁画背景的创作极具日式风格，大胆地勾画出红色、黄色、黑色的色块以及不同色度的蓝色，单飞或结伴而飞的燕子向盛放的百合花俯冲；但是与旁边的那幅描绘采摘藏红花场景的壁画形成对比的是，这幅壁画中完全不见人的踪迹。百合与燕子组成的“春之壁画”就像戏剧的背景幕布一样，似乎在等待某些事情的发生。或许这就是为什么尽管在缺少任何实质证据的情况下，几乎所有的学者都一致地认定该房间具有一定的宗教仪式功用。无论它最初的目的是什么，直到锡拉发生火山爆发时，它都只不过是家中放置杂物的一间储藏室。迄今为止还没有文字能够揭开其神秘的面纱，但是同样也确实没有哪一位“修复者”将现代的观点强加于这些百合身上（一些专家认为这些百合的绘画时间在公元前 1759 年之前）。这些百合本身究竟代表什么呢？锡拉的艺术家们是否只是画出了他们所见到的，并在白百合的基础上加上了当地红色加尔亚顿百合（*Lilium chalcedonicum*）的特点，将其非写实化？还是像那种更为常见的解释所说的一样，他们只是把白百合画成了红色，使它们能够在白色背景的映衬下更加脱颖而出？

在阿克罗蒂里的另一所房子里也出现了同样的红色百合，百合的茎不是黄色，而是蓝色。这些百合绘于优美的双把手花瓶之上，展示在错视画窗户上，旁边房间的雕带上雕刻着探险或是征战场景的微型画。尽管这些雕带并没有呈现出百合的具体信息，但却勾勒出了它们逐渐传播的情况，这些最受珍视的花儿从它们土生土长的家园渐渐远行，或许是作为战利品被斩获，在征服者之间相互传递，或者只是在文明世界的市场进行买卖，一位心花怒放的植物收集者热切地传递给另一位收集者。

在米诺斯遭遇灭顶之灾后的一段时间内，百合失去了与宗教的联系，但是却毫无疑问地在征服着地中海的土地。至公元前 17 世纪早期，这种优雅又极具识别性的喇叭形状花朵已经走进位于尼尼微（Nineveh，现为伊拉克的摩苏尔）的亚述国王亚述巴尼拔（Ashurbanipal）的北部宫殿，现身石刻浮雕之上。另外一处墓碑浮雕展示了埃及人在采集栽培的白百合并用其制作香水的活动，这表明，截至公元前 525 年波斯人征服埃及之前，即埃及的第二十六王朝——最后一个统治埃及的朝代时，百合已经传入埃及。制造香水需要大量的百合，这暗示着百合的种植已具备商业规模；由于百合并非是埃及本土的植物，所以它有可能是被希腊人带入埃及的，希腊人也大约在这时在尼罗河三角洲的瑙克拉提斯（Naucratis）建起了贸易殖民地。百合与“莲花”以及许多其他的花儿一起，被编织进了吊唁者留在埃及法老墓穴中的花环和花束中。

不管怎样，百合都在早期希腊人的常规花园布局中站稳了脚跟，尽管百合在他们诸神复杂的家谱中并没有起到任何核心的作用，但希腊人就是热爱它们的芬芳。例如，在赫西奥德（Hesiod）的《神谱》（*Theogony*）中，缪斯“百合般”的声音让他的父亲宙斯感到无比悦耳动听，百合也只是在此处一闪而过。在被认为是为《伊利亚特》（*Iliad*）的序言史诗《赛普利亚》（*Cypria*）中，用来装饰女神阿芙洛狄忒的散发着香气的花环中所用的季节性花朵包括“番红花，风信子，盛放的紫罗兰和可爱的玫瑰花，如此芳香扑鼻，香味可人，还有神圣的花蕾——水仙和百合的花朵”。

希腊植物学家特奥夫拉斯图斯的著作中对于百合的关注更为明显。尽管特奥夫拉斯图斯所作的《植物探究》（*Enquiry into Plants*）的细节内容并没有给出希腊百合的可靠分类，但是他至少了解到当时有两种不同的百合种类，它们与欧洲土生土长的种类吻合。第一种是白色的圣母百合（人们普遍认为这种百合源自巴尔干地区，然后才被克里特岛人种植，并被腓尼基人和其他人带到地中海西部国家）；第二种是红色的加尔亚顿百合，来自色萨利区山脉，爱奥尼亚群岛以及希腊大部分地区，但似乎特奥夫拉斯图斯对这种百合的了解只是有所耳闻，并不是亲眼所见。他还提到了种植加尔亚顿百合的种子，可能是欧洲百合（*Lilium martagon*）的一种，是欧洲大部分地区的本土品种。

特奥夫拉斯图斯将百合与其他主要被种来用作花环的植物归为一类。他平淡且有章法地对百合进行了描述——如同他描述其他所有植物一样，他指出百合不同颜色的种类及其开花的方式，即通常在一根单独的茎上，茎偶尔可能会由于地点和气候的不同而一分为二。他还说道，百合有一个庞大的根茎，十分圆润，尽管果实能够发芽，但是长出的植株较小。这种植物——根据推测他指的是球茎和地下茎的部分——还能产出“一种外观类似眼泪的渗出物，也会用于种植”。

与其之前的埃及人一样，希腊人也在制作香水时使用百合的花朵。由于百合花朵的香气淡雅，一般建议男士与其他味道偏淡的香水一起使用，例如玫瑰；而女士则被认为应该使用让人回味无穷的香水，例如没药树油、甜墨角兰和甘松香油。生于希腊的草药学家迪奥斯科里季斯（Pedanius Dioscorides）曾经在公元前 1 世纪时给出过关于如何制作百合软膏最清晰的指导，展示了古代香料店制作香水的混乱过程。首先你需要把油放在芳香的葡萄酒中煮至浓稠状，煮的时候要浇入芳香剂，例如白菖或菖蒲和没药，并在过滤过的油中加入在雨水中泡烂的小豆蔻。多次过滤后要加入大量的百合花：

> 准备好 3.5 磅的这种煮稠的油和 1000 枝（数好的）百合。将去掉叶子的百合放入宽大的浅罐中。将油浇入浅罐，用（提前涂抹过蜂蜜的）双手搅拌，之后放置一天一夜。次日清晨将其倒入杯状的过滤器中，（当过滤完成时）立即将上面的油与被过滤出的水分开，再次将其倒入其他涂抹过蜂蜜的罐子中，撒盐少许，然后取出聚集的杂质。
>
> 接下来还是浸泡、过滤和压制，加入更多的小豆蔻和新鲜的百合花。每次 1000 朵。
>
> 最后当你觉得足量时，将其与每份 72 茶勺最好的没药、10 茶勺番红花和 75 茶勺桂皮混合。还可将上述数量的（事先碾碎

并过滤后的）番红花和桂皮，与水一起放入罐子中，倒入第一次压制的油膏：（短暂静置）之后放入干燥的（四周事先涂抹过树胶或没药以及用水稀释过的藏红花和蜂蜜的）小罐子中。第二次和第三次压制后重复以上步骤。

至于百合的医用价值，迪奥斯科里季斯认定其具有温补、缓和病情的功效，是治疗所有妇科疾病尤其是缓解阴部炎症的有效手段。他说，百合对于缓解头皮干燥、静脉曲张、头皮屑和发热以及皮肤上的瘢痕也很有帮助，叶子可以用于蛇咬伤、烧伤、溃疡和减轻旧伤疼痛。虽然一般来说它具有净化效果，能够去除肠道内的胆汁并有利尿作用，但是迪奥斯科里季斯也警告说，它也有可能伤胃，引发恶心。

与迪奥斯科里季斯在同一时期执笔创作的是罗马的老普林尼，就在他的科学好奇心让他葬身于维苏威火山喷发（这次喷发毁掉了庞贝和赫库兰尼姆附近的城镇）之前，他刚刚完成《自然史》一书规模宏大的纲要。几乎可以肯定的是老普林尼和迪奥斯科里季斯从未有过一面之缘，否则，老普林尼一定会毫不客气地将迪奥斯科里季斯所写内容占为己有。然而无论老普林尼从其他作者的作品中借了多少，或偷了多少，他让我们得以通过罗马人的眼睛直视百合。

老普林尼与先于他的特奥夫拉斯图斯相似，将百合花描写成为用作花环或花冠的花，排名第二，紧随玫瑰之后。“没有花能够长得比它还高，”他如痴如醉地这般表示，“有时它的高度可达三腕尺，头部太重使其颈部低垂。花朵甚是洁白，外部有凹槽，底部狭窄，宽度逐渐加大，宛如篮子一般。花朵边缘沿着四周向外向上弯曲”；花朵中心直立着藏红花色的雄蕊和细长的雌蕊。他说道，百合的香气有两重，由花瓣和雄蕊一起散发而出；二者都可以作为制作百合油和百合软膏的原料。

如此洁白的百合喇叭状的花朵为庞贝的花园壁画增添了几分甜蜜，这些壁画已经保存了几个世纪，就像在火山碎屑的外衣保护下的锡拉岛壁画。庞贝的百合包括“科尔内留斯之家”中非写实的花朵；“阿多尼斯之家”中一枝开有五朵或更多花朵的百合；“果园之家”中处于不同开花阶段的四朵百合花朵；维苏威门旁边一间保存不佳的墓室中的绘画，展现了一位年轻人的葬礼宴会的场景，其中有一两支圣母百合；另外，最绚烂夺目的要数庞贝“金手镯之家”中的白百合，它与枣树、甘菊和罂粟花一起沐浴在初夏的肆意晨光中。

这些壁画与维吉尔作品中的百合遥相呼应。他将百合安排在了一位来自安纳托利亚南部的年迈的奇里乞亚小农的花园中，总是它最先欢迎蜜蜂来到他种着甘蓝、荆棘、玫瑰、苹果的田地中，还有“成圈的白百合，还有马鞭草，还有脆弱的罂粟花”。另外一位以农业为写作内容的古罗马作家、生于西班牙的科卢梅拉(Columella)，也提倡在春季种植百合和其他花：

> 现在，穷尽所有色彩，画出那些花——它们是大地的星星：
> 洁白发亮的雪花莲，炯炯闪光的金盏花眼睛，
> 水仙的浪花，狂狮愤怒张开血盆大口
> 无声仿效金鱼草，百合将力量聚集在它白色的杯中。

在此期间，栽培的百合品种的数量缓慢增长。老普林尼统计了四种，但是他的文字却让人有些困惑——他提到了被公认为是“crinon”（希腊语中一般表示白百合的名称）又被称为“cynorrodon”（希腊语中通常表示“犬蔷薇”的名称）的红色百合。他还提到了百合球茎的一种新的医学用途，称可以将其放入葡萄酒

中煮沸，然后施于脚部的鸡眼处，“直到三日后方可取下”。由于百合的拉丁语名称早在林奈将其定名为植物名称之前就已传入了北欧语言之中，那么，如果我们假设罗马的征战大军将百合的球茎随身携带来治疗他们步兵脚上的鸡眼和疼痛的双脚，这会不会有些太过牵强呢？

与他们之前的古代希腊人一样，罗马人在他们的神话学中只让百合担当了很偶然的角色。百合被称为朱庇特的妻子朱诺的花，朱诺是罗马万神殿的女王，被供奉为女性之神、分娩之神以及罗马的守护女神。但是最主要的纪念朱诺的节日——主妇节——是在3月庆祝，这距离百合开花还有很长一段时间；而且尽管这位女神被认为非常热爱花，但是却很难找到当代的证据证明在她的祭仪中有百合的存在。有人怀疑百合是后来才出现的，以起源神话的形式补充了进去，就像由巴比伦的《吉尔伽美什史诗》（*Epic of Gilgamesh*）创造的那些神话一样。伊丽莎白时期的草药学家约翰·杰勒德详细叙述了他的版本，即百合从朱诺滴下的乳汁中诞生，称其有时被叫作“Rosa Junonis，即朱诺的玫瑰，因为据称，百合来自于她滴于地面的乳汁中”。根据杰勒德的描述，宙斯和阿尔克墨涅之子赫尔克勒斯被放到了熟睡的朱诺胸前，在他吮吸之后，大量的乳汁流出——一部分落在了地上，“从中生百合”，另一部分飞上云天，成了银河。

罗马诗人奥维德（Ovid）的《变形记》（*Metamorphoses*）中并没有重点介绍这个故事，百合可能只在他重述海厄森斯之死时出现过一次。海厄森斯无意中被阿波罗扔出的铁饼杀死，用以纪念他的是一种新的花，表达了阿波罗的悲痛之情：“如提尔之染料一样美轮美奂，形似百合。”但是在奥维德笔下，百合银白色的花瓣变成了“浓烈的紫色”，上面写有字母“AI AI”；如果这位诗人心里所想的是百合，他意欲表达的可能是开红色花朵的加尔亚顿百合。

有一个较为粗俗的故事解释了百合如何获得了其突出明显的性器官：当女神维纳斯——相当于希腊神话中的阿芙洛狄忒——看见百合花朵那飘逸的洁白时，心生妒忌，像《睡美人》中的邪恶仙女一样，她将自己的怨恨变成了恶毒的礼物，让百合的中心长出了巨大的雌蕊，像驴子的阴茎一样。正是这种百合吸引了德塞森特（Des Esseintes），他是法国小说家若利斯-卡尔·于斯曼（Joris-Karl Huysmans）著于19世纪晚期的小说《逆流》（*À Rebours*）中的反英雄式人物。德塞森特在他的花园中猎奇，发现了一排白百合，在沉闷的空气中纹丝不动，这时他的嘴唇“一卷，微微一笑”，因为他想起了古希腊诗人科洛封的尼坎得（Nicander of Colophon）对毒物学的描写，这位诗人“将百合的雌蕊比作驴子的睾丸”。

鉴于百合有如此粗俗的前科，早期的基督教会试图将其像玫瑰一样驱逐出基督教宗教仪式也不足为奇。佩戴花冠或花做的念珠项链尤其被谴责，认为那是顽固不化、滋生邪神崇拜的异教徒行为。早期的教会神父米纽修斯·费利克斯（Minucius Felix）写道，基督教徒“不会在自己的头上冠以花环；我们习惯于用我们的鼻孔去闻花的芳香，而不是用我们的后脑勺或头发来吸入气味”。另外，花环也会凋谢，这与天堂永开不败的花也是大相径庭。

虽然有教会的反对，百合（以及玫瑰——见第五章）还是在基督教徒心中再获宠幸，成为教堂花园的一个基本特色。生活在6世纪法国图尔（Tours）的历史学家、主教格列高利（Gregory）提到了牧师塞维鲁（Severus），这位牧师收集百合花用以装饰他的教堂的墙壁——但是这些花究竟是来自沼泽地的黄菖蒲还是来自花园的白色圣母百合呢？白色的百合和小小的红色玫瑰装饰了来自约克的学识渊博的修道士阿尔昆（Alcuin）在图尔的房间，阿尔昆是法兰克国王查理曼的顾问。当时在由国家法令规定的王家土地上可以种植的草药、水果以及坚果的清单上，百合也是高居榜首。瑞士圣加尔大修道院中有一幅自然保存下来的大致为当代理想修道院的规划图，该图在草药园中还预留了一块种植百合的苗圃。（其他的苗圃植物包括四季豆、香薄荷、玫瑰、欧薄荷、孜然、拉维纪草、茴香、艾菊、鼠尾草、芸香、菖蒲、普列薄荷、葫芦巴、薄荷和迷迭香。）百合的"耀雪之白"以及"乳香之甜"使得德国杰出的园艺修道士瓦拉弗里德·斯特拉博（Walahfrid Strabo）心旷神怡，这位赖谢瑙（Reichenau）的修道院院长在他的园艺诗歌中分别赞颂了百合和玫瑰的品质，然后又将它们双双与基督的命运紧密地联系在了一起：

借主之词与生命，
可爱的百合得以圣别；奄奄一息时，
主将它之色彩赐予玫瑰。

毫无疑问，百合在早期修道院的生活中大有用途——瓦拉弗里德建议将压碎的百合放入葡萄酒中熬煮，用以解蛇毒——而对于它在中世纪时期的杰出表现起到了更为关键作用的是它在基督教绘画中的与日俱增的影响力，它从简单的天堂之花微妙地转型，先是象征圣母马利亚、然后是遭受十字架之刑的基督，有时是三种（或更多）联系同时出现。

首先是天堂中的百合，出现在拉韦纳市克拉西的圣阿波利奈尔教堂中关于主显圣容的拱顶马赛克作品中的百合可爱至极。这是一件创作于 6 世纪中期的拜占庭艺术的瑰宝，重点描绘了当基督向他的使徒彼得、雅各和约翰显现圣荣的时刻。作品的下半部分展现了圣阿波利奈尔（他的遗体最初放于祭坛的下面）为他的教徒求情，象征教徒的12只羔羊被簇簇白百合分隔开来，沐浴在基督圣光下的天堂景观布满松树、岩石、灌木丛和花，那些百合让这一景观完美无缺。

在基督教为花划定的等级结构中，白百合凭借其与圣母马利亚的密切关系而获得了最为持久的影响力。花朵惊人的洁白和四溢的芬芳使得白百合成为了精神和肉体纯洁的完美象征；也正因为如此——虽然有早期基督教神父的禁欲主义的存在——古人的白百合成为了基督教的“圣母百合”。

到8世纪时，本笃会的保罗执事使用了更适合用来描绘莲花的词语来刻画百合，暗示道，正如贞洁渴望一个更高等的国度一样，百合从大地中长出，仰望天空——百合经常花朵低垂这一事实没能够击破这一论点。也正如花朵外表洁白、内心如火一样，“贞洁的肉体展现了外在的洁白，但是内心清澈的热情却在熊熊燃烧”。

百合的芳香也为它不断增长的影响力助了一臂之力。在12世纪的一本东正教教堂的用拜占庭希腊语写作的手稿中（该手稿可能始于一位热爱围墙中静谧的希腊修道士），象征贫穷的百合生长在一座充满象征意义的花园中，包括象征纯洁的柠檬树、象征温和的无花果树、象征精神愉悦的葡萄树以及象征勇气的石榴树：

> 首先映入眼帘的是柠檬树，接着便是盛开着百合的苗圃，百合颜色与浑圆的外形之美让视觉尽享愉悦，散发着最欢愉的芳香气息，也装点着灵魂的伟大。不只如此，除了正直、平静的纯洁之外，进而发扬光大的是好学和鄙视金钱的精神。的确，如果一个人所要追求的是简洁和神圣，那他为何要聚集那无处消遣的财富呢？

在整个中世纪，作为圣母马利亚贞洁的能指的百合的力量似乎实实在在地在增长，因此在文艺复兴的早期，百合的叶子在“天使报喜”的场景中是必不可少的道具，如在桑德罗·波提切利（Sandro Botticelli）的《天使报喜》（*The Annunciation*，约 1490）中，屈膝而跪的天使加百利手里拿的是一株开有五朵花朵的百合，而不是传统的权杖或棕榈叶。由拉斐尔前派艺术家但丁·加百利·罗塞蒂（Dante Gabriel Rossetti）在 19 世纪重新创作的《天使报喜！》（*Ecce Ancilla Domini!*，又名《我是主的使女》，*Behold the Handmaid of the Lord*）一画中，一位没有羽翼的加百利将一株象征着生殖器、有三个花苞的百合指向蜷缩着的圣母马利亚的子宫，她蜷伏在简陋的床上，半睡半醒。床边悬挂着出自《童贞马利亚的闺中时代》（*The Girlhood of Mary Virgin*）一画中的百合刺绣，那幅画作是罗塞蒂之前一年的作品。罗塞蒂笔下的百合茎上有两个开放的花蕾，代表上帝和圣灵，还有一个待放的花蕾预示着尚未出世的耶稣基督。

在基督教众多的典故中，更为复杂的是于 14 世纪和 16 世纪之间在英国和威尔士出现的奇特的“百合十字架之刑”。一处罕见的手稿例证得以在《兰北布灵格祈祷书》（*Llanbeblig Book of Hours*）中保存了下来，时间可以追溯到 4 世纪晚期，手稿左页展现的正是“天使报喜”中的场景。加百利右手拿着一片棕榈叶，屈膝跪在圣母马利亚面前，右页展示的就是圣母马利亚坐在一顶绿色的华盖下。在她的旁边放有一个巨大的银色罐子，里面有一株高大的白百合，花朵绽放，耶稣基督被钉在它的茎和叶子上，遭受十字架之刑。

这里展示的就是如百合一般的马利亚产下了作为百合花的耶稣基督，百合与纯洁之间的关联既象征了圣母马利亚，也象征了耶稣基督由于自己的德行而遭受十字之刑的主题，这也是中世纪晚期的一个概念，即强调基督通过死亡将人类的美德，如谦恭、顺从、耐心以及坚持不懈，发挥至极致。这里也巧妙地暗示了百合在治疗妇科疾病方面的作用，特别是与受孕和分娩相关的疾病。约翰·杰勒德认为在橄榄油中浸泡过的白百合的花朵可放在结实的玻璃器皿中在太阳下暴晒，这样的花朵具有软化子宫的功效——这与将烘烤过的红百合的花蕾碾碎后与玫瑰油混合后的功效相同——过滤过的百合水可以使分娩"又轻松又迅速"，还能快速排出胎衣。

即使在宗教改革向"天主教徒"偶像崇拜宣战之后，马利亚百合依然存在于天主教反抗势力中，正如在英国耶稣会会士亨利·霍金斯（Henry Hawkins）的文字中描述的那样，他在所作的圣母马利亚冥想书《神圣的处女》（*Partheneia Sacra*，1633）中借鉴了教会源远流长的花园象征主义。霍金斯花了整整一个章节来描述百合，其他花包括玫瑰、紫罗兰、向日葵、鸢尾花、橄榄以及棕榈，沉思着百合的经典联想，但更着重探讨了百合花与圣母马利亚以及与纯洁、贞洁和讨喜这些概念之间的关联。

"百合旁总是芬芳，"霍金斯写道，"甜美至极：我们的百合由一种香气四溢的软膏所熏染，这使得它格外芬芳扑鼻，这种软膏由三种奇香无比的香料组成：香树膏、没药和肉桂。"百合被用来装饰国王的寝宫，"他们在百合中尽享美梦"，百合还用来装扮圣母马利亚，"不仅是国王的寝宫，神的住处亦是如此"。

霍金斯以《旧约》中的《雅歌》结束了他的百合冥想，这其中包含了一些《圣经》中对这种花的最为美妙的描述。正如《雅歌》中女性的声音表明的那样："我是沙仑的玫瑰花，是谷中的百合花。/ 我的佳偶在女子中，好像百合花在荆棘内。"稍后说道："良人属我，我也属他；他在百合花中牧放群羊。"

想到《圣经》中的百合时，你可能会想起这些句子以及"山上宝训”中基督所说的“田间百合”。但是“百合”一词的希伯来语起源为“sosannah”，无论是植物学家还是希伯来语注释者都无法就这个词究竟表示哪种花而达成一致；百合、风信子、水仙、黄水仙，众说纷纭，甚至还有人认为其表示莲花。《圣经》中的“玫瑰”（在希伯来语中为“habasselet”）一词也是如此，被称作郁金香、番红花、百合或仅仅就是野花。然而大多数的版本倾向于百合和玫瑰，这样的共鸣也体现在了叶芝（W. B. Yeats）的诗歌《白鸟》中：

> 我心头萦绕着无数岛屿和丹南湖滨，
> 在那里岁月会遗忘我们，悲哀不再来临；
> 转瞬就会远离玫瑰、百合和星光的侵蚀，
> 只要我们是双白鸟，亲爱的，出没在浪花里！
>
> （傅浩　译）

纹章的鸢尾花饰的起源也体现出对于花卉身份的同类疑惑。从字面意义上来看，“百合花”应该更接近于常见的黄菖蒲（*Iris pseudacorus*），而不是任何一种真正的百合。无论是在旧大陆还是在新大陆，不计其数的物品上都发现了其作为一种非写实的象征或图案的踪迹：美索不达米亚的圆柱形印章；埃及的浅浮雕和迈锡尼的陶器；希腊、罗马和高卢的硬币；来自古波斯帝国萨珊王朝的织物；美国印第安人的服装；以及日本的武器。它的内涵随着不同的文化而变换，有时象征纯洁或贞洁，有时又代表生育以及多产，有时还标志着权力或君权。这种图案在中世纪的欧洲带上了基督教的光环，暗指圣母马利亚的弦外之音日趋明显。11世纪和12世纪所描绘的圣母马利亚经常有百合环绕四周，偶尔是真正的纹章鸢尾花饰。这种风格在13世纪时达到顶峰，那时的玫

瑰已经取代百合在基督教绘画中跃居首位，“爱之花”显然超越了“贞洁之花”。

正当玫瑰在宗教中逐渐占据上风之时，百合花饰则转而成为法国国王们的纹章象征。14 世纪瓦卢瓦王朝的国王们借此使得他们在法国的王位合法化，称百合花饰为“三位一体”的征兆，强化其直接起源于克洛维斯神的天使的传说，他转信基督教使他成为法兰克王国第一位天主教国王。在这个版本的传说中，天使让克洛维斯将他的盾牌上三只凶恶的青蛙替换成为三株鸢尾花，每朵花上的三个花瓣可被视为代表忠诚、智慧、骑士精神三种美德，或是“三位一体”的实际象征。

当然，这个传说完全没有历史依据。克洛维斯在位的时间是 5 世纪晚期到 6 世纪早期，这距离纹章出现在欧洲还有上千年的时间，而瓦卢瓦王朝的国王们巧妙地利用了这一早被收于王室所用的纹章。在圣母马利亚的影响下，路易五世和路易六世这两位早期的卡佩王朝的国王将其引入他们的符号库中，正在崛起的瓦卢瓦——这支卡佩宗亲中的新贵——明智地充分利用了这个能将他们与法国统治王朝以及母教联系在一起的象征符号。

至此，百合的故事主要集中在欧洲的品种上。从 16 世纪末期开始，来自东方和西方的新品种让园艺家们和艺术家们兴奋不已。

从约翰·杰勒德在他位于霍尔本的著名的花园中种植的百合以及他在 1597 年的杰作《大植物志》（*The Herball*）的四个不同的章节中满怀赞美之情描述的那些百合中，我们得以对百合略知一二。他首先写到的是白百合，既有普通的白百合，也有君士坦丁堡的白百合，其次是源自意大利和朗格多克的野生红百合，这种百合在英国的花园以及德国已经比较常见。在这些百合中，他提到了“金色的红百合”（他的花园中没有这种花），其花朵与白百合的花朵相似，只是颜色为藏红花的红色，并且点缀着黑色，类似“尚未写好的信件初稿”上的墨水斑点。接下来他描写了生长在叙利亚、意大利以及与希腊和伯罗奔尼撒接壤的其他炎热国家中的更大以及更小的高山百合；在这些百合中，他从他的“挚友”伦敦药剂大师詹姆斯·加勒特（James Garrett）那里得到了更大的高山百合。

杰勒德收入书中的第四种百合是君士坦丁堡红百合，他称其为拜占庭百合（*Lilium Byzantinum*），这种百合的外形类似高山百合，花瓣颜色深红色，如封蜡一般。他说明，这种百合野生在距离君士坦丁堡好几天路程的田地中和山中，“贫穷的农民”将它们带到了君士坦丁堡，并将其出售“用作装饰花园。然后，再由那里的哈布瑞肯（Harbran）大使将它们和其他许多稀有且优美的花朵的球茎一起送予我尊敬的大人，英国的财政大臣。他再将它们赐予给我，让我种植在花园里”。杰勒德提到的“我尊敬的大人”是伯利勋爵（Lord Burghley）威廉·塞西尔（William Cecil），伊丽莎白女王信得过的顾问，杰勒德在伦敦的斯特兰德和赫特福德郡的西奥博尔德公园为其管理花园。在人们有组织地进行植物猎奇之前，新的植物品种就是以这种方式来到欧洲的花园中的，即由旅行的外交官、商人、船长以及随船医生带入欧洲，然后传递给国内热切的收集者们。

随着北美洲逐渐接纳了来自欧洲的定居者，欧洲也出现了来自北美的百合。早在1629年，皇室药剂师约翰·帕金森收藏的百合种类中，除了有来自德国、奥地利、匈牙利、意大利、马其顿和土耳其的百合之外，还有加拿大优雅的斑点头巾百合（*Lilium canadense*）；他称为“这种奇怪的百合”。尽管杰勒德的红色斑点头巾百合依然罕见，但是此时“君士坦丁堡红色头巾百合愈发平常，随处可见，在深深热爱着这样让人愉悦的花的人们中更是享有盛名，在我看来，为了这些花，他们真是愿意付出无限的时间和赞美”。帕金森也同样认为百合不负盛名，“因为它是一种如此美丽的花，也是第一种受到如此尊敬的花”。

根据帕金森的描述，尽管一些江湖郎中在之前也用过红百合，白百合在医药中依然有所应用。即使这样，白百合的药用效果似乎也正在慢慢消退。就在30年前，约翰·杰勒德还在吹嘘白百合治疗从瘟疫疼痛到浮肿等一系列疾病的效用，帕金森在描述它在这方面的长处时却尤为简单。他说道，白百合具有软化、消化和清除的功效，有助于使肿瘤溃烂并消失，“根部多用于此用途。花朵的蒸馏水对于出门在外的孕妇大有裨益，可使分娩过程轻松……很多女士还用其来清洗面部，使肌肤白嫩”。

那么是说百合的力量已然开始衰退了吗？与玫瑰截然不同的是，在莎士比亚关于花的幻想中，百合悄无声息，通常被用来指代优雅和美丽，但是莎翁并没有真正描述花本身。只在十分少有的情况下，他才赋予百合真正的力量，谴责任何尝试“为百合镀金、为百合绘画”的行为是“挥霍、无稽的多余之举”；他在那优美的第94首十四行诗中提到，天生美丽必定要举止优雅：

但是那花若染上卑劣的病毒，
最贱的野草也比它高贵得多：
极香的东西一腐烂就成极臭，
烂百合花比野草更臭得难受。

（梁宗岱 译）

如果说具有象征意义的百合正在走下坡路，那么在来自北美洲的新品种继续让欧洲人眼花缭乱的时候，花园中百合的长势却如星星之火。肯特郡的绅士约翰·乔斯林（John Josselyn）在17世纪30年代时前往新英格兰，17世纪60年代时再度前往，在那里他看到红百合遍地皆是，“在小小的灌木丛中不计其数”，还有开花较晚的高山百合，“开有许多黄色的花朵，叶子与头巾百合的叶子类似，向上卷曲，点缀着颜色深如藏红花的小斑点”。

乔斯林记录道，美洲印第安人没有将真正的百合用于药用，但是他们食用开黄色花朵的睡莲的根，“需要煮很久”，他如是记录，并补充说“它们尝起来像羊的肝脏”。美国杰出的户外生活拥护者亨利·戴维·梭罗后来描述了他当时认为是沼泽百合（*Lilium. superbum*）的球茎的味道，称其“有点儿像带穗的青玉米”；根据当地导游的描述，它们被用来熬制浓汤和煨炖。

同一种弗吉尼亚州的沼泽百合于17世纪中期来到了英国——“但依旧罕见”——在那里，绅士、园艺家亚历山大·马歇尔（Alexander Marshal）将其绘入他的精美花谱中，这是从那个时代流传下来的唯一一本关于英国花卉的书籍。早期到达英国的另一种百合是来自于更北部地区的红斑火焰百合，也叫作“阿卡迪亚侏儒百合”，最终由林奈命名为费城百合（*Lilium philadelphicum*）。实际上，阿卡迪亚是位于新斯科舍（Nova Scotia）的一处法国殖民地，在费城北部，距离费城有上千英里之遥，但是比起地理学来说，林奈更为擅长植物学。后来费城的一位孜孜不倦的植物收藏者约翰·巴特拉姆（John Bartram）将其送给了他在英国贵格会的联络人，米尔希尔的彼得·柯林森（Peter Collinson），然后被转赠给了园艺家菲利普·米勒（Philip Miller），最终由他将百合栽种在了药剂师协会位于切尔西的花园中。

许多其他北美洲百合的命名都是纪念了在美国植物探索中做出杰出贡献的人物。被描述为拥有“罕见之美”的松树百合（*Lilium catesbae*）有着带斑点的、修长的、粉橙色的花朵和金色的咽喉部，以英国博物学家马克·凯茨比（Mark Catesby）的名字命名。他最初在他的《卡罗莱纳、弗罗里达和巴哈马群岛自然史》（*The Natural History of Carolina, Florida and the Bahama Islands*）一书中，将百合称作“卡罗莱纳百合”（*Lilium carolinianum*）。现在被我们称作卡罗莱纳百合（*Lilium michauxii*）的百合是为了纪念另一位博物学家，法国人安德烈·米肖（André Michaux），他编撰了北美洲的第一部植物志。这种高大的头巾百合在1813年以一位已故法国植物学家让·路易·马里·普瓦雷（Jean Louis Marie Poiret）命名。

落基山脉最终被征服时已是美国缓慢西进过程的后期，晚得有些让人出乎意料，那时的太平洋海岸已经有许多优美的百合种类的存在。其中包括洪堡百合（*Lilium humboldtii*），即西海岸的虎皮百合，以此名称来纪念德国探险家以及博物学家巴龙·亚历山大·冯·洪堡（Baron Alexander von Humboldt）的一百年诞辰；帕里百合（*Lilium parryi*），即来自加利福尼亚南部圣贝纳迪诺山的柠檬百合，1876年，人们发现了生长在一位定居者多沼泽的土豆地里的这种百合，它历时很久才传入英国。

在全欧洲的花园爱好者们继续欢迎来自北美洲的新的百合品种时，对于来自中国、日本和韩国的亚洲百合的热情已蓄势待发。这些百合从19世纪早期开始传入欧洲，即刻赞扬声四起。亚洲百合的两大中心——中国和日本——基本上已经对西方闭关锁国几百年，使得园艺家们对众多百合品种的惊天之美毫无心理准备。

据了解，中国人从古时起就已经种植了三种百合：娇俏的渥丹（*Lilium concolor*）；气味香甜的麝香百合（*Lilium brownii*），被许多园艺家视为“百合的完美形式”；以及卷丹（*Lilium lancifolium*），是它们中最古老的一种，种植时间至少有两千年。尽管百合美丽动人，它们在中国人眼中的价值并非在于装饰，而是在药用和饮食方面。一本中国医药的经典著作《神农本草经》最先记载了百合的球茎，人们认为该书可追溯到公元1世纪，大约与迪奥斯科里季斯处于同一时代；据书中记载，球茎可以润肺，治疗干咳，清心安神。其中用到的一种野百合（*Lilium brownii* var. *colchesteri*），根据中华人民共和国草药药物学，这种百合直到20世纪70年代依然在使用。这类植物被统称为"百合"（"一百种合在一起"），它的球茎被认为是具有净化作用的滋补品；球茎去皮后用水和糖一起熬煮，人们在夏天时大量食用。

有关中国百合的早期报告中记载了最初造访中国、敬业的植物收藏者之一、随船外科医生詹姆斯·坎宁安（James Cunningham），他让人们隐约看到了这些记录中欧洲的身影。17世纪90年代末期，他被指派为常驻福建厦门的外科医生。他在去舟山群岛旅行时发现了一种开白色花朵、有着茉莉和林地玫瑰味道的百合，这一发现其实要比百合真正传入英国的时间早一百多年。威廉·克尔（William Kerr）是邱园的首位植物搜集者、1803年他由约瑟夫·班克斯（Joseph Banks）爵士派往广东，在发回伦敦的第一批植物货物中有两株百合。这其中就有中国用于药物的野百合，它曾在1812年开放，之后便销声匿迹，几年之后又被再次引进英国。但是在克尔货物中的另一株卷丹却备受宠爱，在邱园得到了成功的繁殖，六年内就繁殖了大约上万株。正如格特鲁德·杰基尔在一个世纪后评价的那样，卷丹作为古老的英国园艺花种而受到爱惜，"它是如此熟悉，不仅存在于我们的花园里，还存在于我们曾祖母的老照片和刺绣中"。百合多被美国的百合种植者们用来培育成为新的百合杂交品种，同时也在刘易斯·卡罗尔的《爱丽丝镜中奇遇记》（*Through the*

*Looking-glass, And What Alice Found There*）的花园中担当了主角：

> “哦，卷丹，”爱丽丝面对着在风中向她优雅地挥着手的百合自言自语地说道，“我多希望你能讲话啊！”
>
> “我们能讲话，”卷丹说道，“当有值得我们讲话的人出现的时候。”

第三种来自中国早些时候的百合是来自中国中部的渥丹，1805年由约瑟夫·班克斯爵士的朋友、伦敦园艺协会的创始人之一查尔斯·格雷维尔（Charles Greville）引入英国。这是一种带有斑点的百合花种——有时被称作有斑百合（*Lilium. concolor* var. *pulchellum*）——在中国北部更为常见。这一品种由植物收集者罗伯特·福琼（Robert Fortune）于1850年带回英国，正值第一次

图5：约翰·坦尼尔的版画呈现了爱丽丝与虎皮百合相遇的情景，该情景出现在刘易斯·卡罗尔所著的《爱丽丝梦游仙境》的续篇《爱丽丝镜中奇遇记》（1872）中

“鸦片战争”迫使中国对外国贸易开放更多港口之时（见第四章）。

大约50年之后，中国所有最美丽的百合品种之一传入英国。发现这种百合的踪迹的是法国传教士、勤奋的植物探险家赖神甫(Jean Marie Delavay)，之后由英国的另一位杰出的植物搜集者欧内斯特·威尔逊（绰号“中国佬”）将其带到了英国。这就是岷江百合（*Lilium regale*)，我位于伦敦的第一座花园中就种植了这种百合。威尔逊在四川省和西藏自治区交界处的山谷中发现了这种百合，那片“贫瘠、沙漠般的”地域是猴子、岩鸽以及绿鹦鹉的家园，就在那里的一次山崩中，这位探险家把腿摔骨折了。在如此荒凉的地方发现了如此美丽的岷江百合一定算是某种程度上对他所经历的各种困难的补偿。威尔逊告诉我们说，这里的夏天热浪四起，冬天异常寒冷，不断的、突如其来的猛烈风暴让行程尤为艰难。但是到了6月，在奔腾的激流边的岩石缝隙中，在陡峭的高高的山崖上，盛开的岷江百合向疲惫的旅行者致意，这些百合不是“三三两两地开放，而是成百上千，甚至上万地开放”。他发现的不是普通的百合。威尔逊热情地描写着它那大大的、喇叭形状的花朵：

> 外部或多或少呈现葡萄酒的颜色，表面纯白且有光泽，内部为清晰的淡黄色，每根雄蕊的花丝顶端都有金色的花药。早晨和夜晚清凉的空气中弥漫着每朵盛放的花朵散发出来的迷人芬芳。在这短暂的季节里，百合将这处孤独、半沙漠的地带转变成为名副其实的仙境。在日本自愿与西方隔绝的时期结束之后，日本的百合最终还是传入了欧洲，并引发了类似的轰动。自从1603年驱逐葡萄牙人和西班牙人开始，日本只允许与荷兰人和中国人的贸易往来，而且条件苛刻，不允许自由活动。被允许进入日本的少数几位荷兰人被限制在位于长崎湾一处被称为“出岛”的人工

岛屿上。该岛屿呈扇形，外沿长 233 米，内沿仅长 191 米，从东到西横跨 70 米。虽然出岛的美丽毋庸置疑——后来的一位植物搜集者雷金纳德·法勒（Reginald Farrar）感觉像是“透过一片不算太宽的、平静清澈得几乎完美的水面望向有些变形的岛屿景观，水面将蔚蓝色和紫罗兰色的一切柔化成一片无限温柔的色彩”——出岛上的生活对于外国人来说一定是沮丧至极。荷兰人被要求每年前往日本两次，后来减少为一次，在日本生活期间受到严密监控，还要向日本当时的首都江户（现为东京）的统治阶层的将军表达价格不菲的敬意。尽管限制重重，有关日本植物的信息——随后是植物本身——都通过三位杰出的欧洲人的努力到达了西方，他们将自己医学素养和对植物的热情结合在了一起。每一位都为欧洲了解日本百合的知识储备贡献了自己的力量。

第一位经受住了出岛考验的是 17 世纪末期一位来自德国的博物学家、医生恩格尔贝特·肯普弗（Engelbert Kaempfer）。他在那里居住了两年，两次到访江户。他总是随身携带一个箱子，里面装的是他收集到的植物。他在《可爱的外来植物》（*Amoenitatum exoticarum*）一书中记录了自己的日本之旅，该书描述了大约四百种日本植物，这些植物的配图对书中对植物的描述很有帮助。通过林奈之前的拉丁名称可以确定这其中的八种百合，可以肯定的是这八种百合中包括深红色的美丽百合（*Lilium. speciosum*）。这最后一种百合终于到达了欧洲，承蒙西博尔德（Philipp Franz Balthasar von Siebold）博士提供文字，《植物学登记》（*Botanical Register*）杂志对此毫不吝惜溢美之词：

它不仅外表之美超越了所有我们之前在花园中所见到的花卉：它的花朵蘸满深深的玫瑰之色，却又清澈，似乎像红宝石和石榴石在流动，却又闪耀着水晶的光点；它还拥有矮牵牛花般的香甜芬芳。难怪肯普弗会称其为“高贵而美丽的花朵”，毫无疑问，如若有超越凡尘的华夏之物存在，则非它莫属。

继肯普弗之后登场的是瑞典的植物学家、伟大的林奈的学生卡尔·佩尔·通贝里（Karl Pehr Thunberg）。他于1775年经由莱顿、阿姆斯特丹来到了出岛。他之前还在南非生活过一段时间，在那里学会了荷兰语，并与苏格兰的植物猎人弗朗西斯·马森（Francis Masson）并肩合作。通贝里被称为是“热情但却有点儿马虎的植物学家”，他将事实上起源于中国的植物标记为“日本产植物”，并在他的《日本植物志》（*Flora Japonica*）一书中大杂烩般地呈现了七种百合，将本来源自日本的几种百合错当成了它们的欧洲远亲。但是，他却正确记录了日本的筐百合（一种美丽的、粉色的、喇叭形状的百合）。他是第一位收集到了这种百合并正确地将其名称定为日本百合（*Lilium japonicum*）的人。

在出岛最成功的植物收集者是另外一位德国人，或称巴伐利亚人菲利普·冯·西博尔德（Philipp von Siebold），他被作为一位“山里来的荷兰人”介绍给了日本人，以此解释为什么他的荷兰语口语还不如他的日本翻译们流利。日本人对西方科学与日俱增的兴趣让西博尔德收获不小，他给他的翻译们上科学课，他们回过头来教他日语和一些中文字，还帮助他得到了他的植物研究的样本；日本当时还没有治疗白内障的技术，他使用欧洲的技术成功地进行了多次手术，这也增加了他的人气。但是由于他没有能够遵守规定，紧接着他的物品中被查出了敏感材料，包括地图，此后他就被软禁于家中，并于1829年10月被驱逐出日本。

虽然有此波折，他还是得以将他收集的大部分活的植物样本带回欧洲。这其中的许多植物被运往根特（Ghent），其中包括20多种不同的百合品种。其中有深红色的美丽百合的一些品种，他将其中的一种命名为肯普弗美丽百合（*Lilium speciosum Kaempferi*），以此“纪念坚持不懈的肯普弗……因为他是对百合作出描述的欧洲第一人”。他刻意没有以通贝里的名字来命名百合，并且还尽力纠正了通贝里犯下的错误，将通贝里错误命名为绒球百合（*Lilium pomponium*）的高山百合正确更名为条叶百合（*Lilium callosum*）。

然而，所有百合中真正掀起轩然大波的是日本的山百合（*Lilium auratum*）。这种百合是由约翰·古尔德·维奇（John Gould Veitch）采集到的，1862年6月2日由他著名的家庭苗圃公司在皇家园艺协会主办的“第三届园艺大展”上首次展出。那时的日本由于佩里准将的炮舰外交政策而被迫向西方敞开国门，而维奇也是借此契机进行系统的植物收集的先驱之一。他在日本中部的山坡上发现了野生的百合，那里的百合多是用作食用。“人们煮百合和吃百合的方式与我们煮马铃薯和吃马铃薯的方式大致相同，”他写道，“味道怡人，与栗子相似。”

《园丁纪事》（*Gardeners' Chronicle*）将其称为“数年来被引进的最好的新植物之一”，认为其与“山谷百合一样芳香”，是“肯辛顿园艺展”中上万双眼睛的聚焦点。仅在一周之后，该杂志刊登了一篇更为热情洋溢的文章，称它无论是在大小、香甜和细腻的颜色方面都远远超越了其他的百合，它散发出橙花的芬芳，足以飘满一间很大的房间，但是“却如此娇嫩，即使最脆弱的情绪也得到了尊重”：

> 想象一下，还没有枪支的推弹杆粗、不超过2英尺高的紫色

茎的末端是一朵茶碟形状的花朵，直径至少在10英寸，花朵由六个脆嫩的花瓣组成，它们在顶端向后卷起，外部的象牙白中撒落着紫色的点或饰钉，以及椭圆形或圆形的突出的紫色斑点。此外，每个花瓣的中央有一条宽大、明亮、光滑的黄色条纹，在象牙白的衬托中渐渐变淡。如果将花放在没有侧光、除了来自上方的光线之外没有其他光线能直射到的地方，当条纹像有生命的澳大利亚黄金一般潺潺流动时，未曾见过它的人对于他们的眼中所见或许毫无概念。

但是，即使是这种精致的百合也未曾出现在正式的日本花园中。20世纪初游览日本的埃拉·杜凯恩和弗洛伦丝·杜凯恩两姐妹注意到了山百合的大花苞在路边疯长的植物中间毫不示弱，空气中满是它们散发的芬芳，然而，百合却还是没能跻身于日本备受尊敬的“夏末最美的七种花”的行列。弗洛伦丝·杜凯恩写道，人们仍然将虎皮百合视为重要的蔬菜，将其种植在乡村的花园里，人们去掉花的头部以让球茎生长；另外，每年有百万支，少说也有数以万计的麝香百合的球茎被种植以供出口，只有地位低下的人才会种植观赏百合，“许多高大的百合的茎高约六七英尺，顶端开有二三十朵花朵，这些完美无瑕的花朵上面覆盖着同样完美无瑕的叶子”。

由于百合在西方的日益流行，它很自然地从花园登入了文学艺术的殿堂，重塑后的百合在相继出现的每个文艺流派中都未曾缺席，直至19世纪晚期，它成为艺术领域中最强有力的花。在英国早期前拉斐尔派画家中，灰白色的百合最初是但丁·加百利·罗塞蒂“天使报喜”场景中的终极花饰，还有阿瑟·休斯（Arthur Hughes），他在加布里埃尔的脚边绘出了大量的百合。同样，爱德华·伯恩-

琼斯（Edward Burne-Jones）也中了百合的魔咒，他在自己位于红狮广场和肯辛顿广场的花园中栽种百合，还把百合画在了他为《花之书》（*The Flower Book*）创作的两个“天使报喜”的场景中，两幅画作刻画的是百合这一名称所代表的对象而不是百合本身。

百合也是“日本主义”的完美装备，詹姆斯·麦克尼尔·惠斯勒（James McNeill Whistler）等艺术家引领了这一场追求一切日本事物的热潮，惠斯勒虽然自己从未踏足日本，但是在他的“白色交响曲”系列三部画作的第一部中，他画笔下的情人乔安娜·席夫尔南（Joanna Hiffernan）手中持有一朵苍白的百合——在后两部作品中，百合让位于了日本的杜鹃花。可以确定的是，在约翰·辛格·萨金特（John Singer Sargent）著名的画作《康乃馨、百合、百合、玫瑰》（*Carnation, Lily, Lily, Rose*）中出现了山百合带有斑点的品种。作品中两位年轻的女孩是插画作者弗雷德里克·巴纳德（Frederick Barnard）的女儿，画中的她们在科兹沃尔德花园繁芜的花丛中拿着纸灯笼嬉戏。

百合在阿尔杰农·查尔斯·斯温伯恩（Algernon Charles Swinburne）等诗人那颓废的诗句中也找到了共鸣，这位诗人是罗塞蒂的一位密友，他将倚靠在病榻上的爱人描述为：

暗淡如最灰暗的百合叶子或花冠，
光滑的肌肤黝黑，裸露的脖颈仿佛一咬就断，
太暗淡而无力泛红，太温暖而不应苍白。

法国诗人也同样将百合融入他们最私密的遐想之中。与许多同时代的人一样，法国象征主义诗人斯特凡·马拉美（Stéphane Mallarmé）被希罗底亚（Herodias）及其女儿莎乐美（Salome）的

圣经故事深深地吸引着，创造了一种奇特、沉思的百合，并将其内化在处女希罗底亚德（Hérodiade）中——莎乐美和她母亲的缩影——她选择在婚前保持处女之身。正如她告诉她的保姆那样：

我停下来，幻想着逃亡，
仿佛接近了那汪欢迎着我的池塘中的喷泉，
轻轻摘掉了我心中淡淡的百合花瓣。

相反地，罗塞蒂在他于1865年到1866年间创作的《所爱之人》（*The Beloved*）中，放弃了苍白暗淡的白百合，改用了热情洋溢的虎皮百合陪同圣经《雅歌》中的新娘，在侍女们的陪伴下前去会见她的爱人，她们献上鲜花庆祝她将在不久之后会享受到的肉体上的欢愉。尽管这位画家在25年后根据一首同名诗歌创作的《受到祝福的少女》（*The Blessed Damozel*）中重新采用了开有三朵花朵的白百合，画中已然故去的女孩手中盛开的花朵却散发着她对自己的世俗爱人的性欲渴求。他们之间的爱情或许并未完成，但却称不上纯洁。

随后，在日本风格的影响下，百合毫无疑问地变得更加程式化。在日本式审美观倡导者中，最积极的要属苏格兰的设计师克里斯托弗·德雷瑟（Christopher Dresser），他使用百合来教授设计师们如何实现日本绘画中的简洁有力。“画笔下的百合气势恢宏，”他在他所作的关于日本艺术、建筑和艺术制作的富有影响力的书中如是写道，“线条的延伸、触觉的精准以及透视的清晰使得它在艺术家眼中魅力无穷：还有那星星点点的青草，与它的叶片交织在一起，涤荡了画面中如果没有这些青草将会出现的冷酷感。”

百合受到了唯美主义的标杆人物奥斯卡·王尔德（Oscar Wilde）的最高赞许，他的爱慕之情——与唯美主义运动中的许多人一样——仅仅献给了百合和向日葵。艺术评论家亨利·柯里·莫里利尔（Henry Currie Marillier）曾回忆当他还是孩子的时候，就曾在王尔德的客厅中见过爱德华·波因特（Edward Poynter）爵士所创作的皇家情妇莉莉·兰特里（Lillie Langtry）的肖像画《泽西百合》(*Jersey Lily*)，这幅画展示在画架上，四周摆满了百合。

1882 年，王尔德带着他对百合的爱慕来到美洲进行巡回演讲，这次巡回演讲的主办人是理查德·多伊利·卡特（Richard D' Oyly Carte)，他还曾经成功组织了吉尔伯特和沙利文的滑稽歌剧《佩兴斯》(*Patience*）在纽约的演出，这部歌剧毫不留情地恶搞了王尔德的美学准则。作为对《佩兴斯》中滑稽可笑地模仿了唯美主义者"用你那中世纪的手拿着一支罂粟花或百合花，走过皮卡迪利大街"轻蔑的反驳，王尔德在他的一场美洲讲座的结尾颂扬了他最钟爱的两种花，他说道：

> 不管吉尔伯特先生是怎么说的，我们热爱百合和向日葵的原因，绝不是因为它们作为植物的价值；而是因为在英格兰这两种可爱的花是两种最完美的设计的典型，最适合用于装饰艺术——一种拥有华丽的狮子般的美丽，另一种是值得珍惜的美丽，二者赐予了艺术家最完全以及最完美的愉悦。

对于王尔德来说，这种赞扬已是极致。"我们每一个人，日复一日地，追寻生命的秘密，"他这样对他的美洲观众说道，"其实，生命的秘密在于艺术。"

百合在艺术中已接近登峰造极。剩下的是新艺术中弯弯曲曲的植物外形，被称为"青年风格"，甚至是"百合风格"，这些形式在 20 世纪初期达到了鼎盛。这个领域的领军人物是捷克艺术家阿方斯·穆哈（Alphonse Mucha)，他之所以出名是因为他临危受命，为法国舞台宠儿的女演员萨拉·贝纳尔（Sarah Bernhardt）创作了一幅海报。奥斯卡·王尔德曾在这位女演员与“法兰西喜剧院”一起到达福克斯通（Folkestone）时向她献上了一大捧百合。

穆哈设计的海报和平版印刷画展现的一位风华正茂的女性，飘逸的长发，头戴百合花冠，或是戴着高雅地镶嵌着珠宝和插着羽毛的头饰。他在1897年设计的四张花卉海报中自然而然地采用了百合以及其他花卉，如鸢尾花、康乃馨和玫瑰。在他的百合海报中，一位头发秀美的女士婀娜而立，头向后微斜。她显然是从一大丛巨大的百合中生长而出，双手各拿一支百合，它们的花朵高高开放，在她的头顶形成了一个王冠。似乎艺术已将百合带向极致。

在如此这样至高无上地出现在公众面前之后，百合悄悄地退回到了花园之中。在格特鲁德·杰基尔的早期著作中，有一本专门指导业余人士如何栽培百合的作品，她认为这些“最高贵、最美丽的花园花卉”没有“在花园中得到于它们的美丽相符的种植量”。她宣称，百合最适合在安静的温室中单独种植，但她的最爱——白百合——却不同，这是“一种如此古老的花园花卉”，应该与其他古老的最爱在一起，例如百叶玫瑰（*Rosa centifolia*）和荷兰金银花。她还热情洋溢地写到了南京百合（*Lilium testaceum*），然后提到了它神秘的起源，并揭露它其实是圣母百合和紫斑百合（*Lilium chalcedonicum*）的杂交。她说，它的名称仅仅是对它颜色的近似描述，因为“代替清澈却暗淡的水洗皮革颜色的是在想到这种迷人的百合的颜色是不得不想到的那一丝温暖的感觉”。

虽然有杰基尔的不懈努力，百合却依然还是花园中的“灰姑娘”，人们认为其“难以种植”且“变化无常”——杰基尔将这一点归咎于园丁的无知而不是植物本身。许多新到的亚洲品种确实更适合在温室里种植，而不是在室外种植，这其中就有来自日本南海岸琉球岛的可爱的麝香百合。

直到20世纪40年代，大部分新到的花园百合都是在野外挖出来后被移种到欧洲和美国的花园的，刻意的杂交品种十分少见。但是自从19世纪40年代法国的第一部著作以及由富有的格洛斯特郡（Gloucestershire）地主亨利·约翰·埃尔威斯（Henry John Elwes）在1880年带头开始的一系列英国专著以及补编之后，人们对百合属植物的知识在稳步增长。从20世纪30年代末期开始，优质的、易栽培的杂交百合的品种逐日增长，可供园艺家们种植，首先出现的是在荷兰人扬·德赫拉夫（Jan de Graaff）在“俄勒冈球根农场”培育出的杂交品种，人们称他“也许是现如今史上最伟大的百合种植者以及杂交培育者”。他将他的第一批商用百合称为“魅力”；这种百合在很长一段时间里都是世界上种植范围最广的百合，现在仍然有售，尤其是作为花商的花卉。火红的、珊瑚般的花瓣从点缀着斑点的颈前部傲慢地展开，难以想象没有了安静的白色的百合能在三千五百多年前让米诺斯人如此着迷。甚至连香气都没有。

但是如果你肯下功夫，你依然能够追踪到最初的品种，它们藏身于植物园和古老的药用花园中，或聚集在老式的乡间小屋花园中。我相信它们香甜的气息，还有美丽都会让你惊叹。与玫瑰和向日葵形成鲜明对比的是，只有百合在诗人威廉·布莱克的自然史中那么纯洁无瑕：

端庄的玫瑰用刺防卫，
温驯的绵羊用角壮威，
百合却纯白地尽享爱意，
无刺与角玷污它的美丽。

# 第三章

# 向日葵

我们肮脏的外表不能代表我们，无形的，可怕的，积满尘埃的冰冷火车头不能代表我们，我们的内心都是一朵美丽的金色向日葵，我们的种子和金色多毛铸造的躯体被幸福浇灌生长成为夕阳尽头黝黑的实体向日葵，我们闲坐于岸边三藩市座座铁皮屋的群山落日间一台疯狂火车头的阴影下面就能将它发现。

——艾伦·金斯堡《向日葵箴言》

（惠明　译）

与莲花和百合相比，常见的向日葵（*Helianthus annuus*）更像是野兽。孩子们富于想象的涂鸦中，直立的向日葵比成年人还要高，粗壮的茎上顶着盘子大小的花朵，璀璨的黄色花瓣环绕圆盘一周，中间精致地排列着独立的管状小花。在我记忆中，地处法国乡村的弟媳家边上就有一片向日葵。无论何时，只要你走到室外，你都会觉得它们在注视着你。“你知道它们的脸长什么样吗？”画家爱德华·伯恩－琼斯（Edward Burne-Jones）这样问道，“[你知道]它们如何偷看，还盯着你看？它们多么调皮，又多么迷人。它们是那么大胆无畏，又时常会有那么一点无礼。”一些人觉得这让人毛骨悚然：“它们逮住了凡·高，现在它们盯上你了……”

早在哥伦布到达美洲之前，那里就已经种植了向日葵；16世纪上半叶，向日葵在欧洲大陆涌现，它的影响力也逐渐开始形成，身材高大、华丽炫目的向日葵足以让园艺家、侍臣、艺术家以及热衷珍奇植物的收藏者们神魂颠倒。向日葵在白天由东至西跟随太阳转动的能力声名在外，很快便被赋予象征意义；作为南美洲古代文明中受到盛赞的神圣的花，它被赋予了异教徒的过去；而作为圣母马利亚虔诚之心的完美象征，它又象征着基督教的未来。英格兰耶稣会会士亨利·霍金斯（Henry Hawkins）若有所思地说道："这世上怎会有别种花比这种象征我们无与伦比的女士的花更为高贵？就真正的正义的太阳而言，她追随其一生，直至生命终结。"世俗的艺术家和作家又为这种花补充了其他种种"含义"，这些含义通常都源自它能够让人陷入其注视中的奇异的禀赋和才能。

然而，向日葵的象征力量却是构建在不正确的前提之上。绿色植物具有向光性，表现为向光生长，在生长早期尤为明显。在日出时，人们栽培的向日葵若尚处于生长幼期，它的含苞未放的蓓蕾通常转向东方，一天之中由东至西跟随太阳转动，夜间再转回东方。但是随着茎的成熟，茎的组织也随之变硬，这样在开花时茎的位置已经固定，通常面朝东方。对于野生向日葵而言，它们只有叶子具有向日性；花盘却可能朝向任何方向。然而，诗人、画家、作家、文学和宗教的象征主义者们还是继续炫耀这一菊科植物的巨大成员的"美德"。向日葵如何获得如此的力量，使得我们为自己亲眼所见的事实而大惑不解？

向日葵的故事要从美洲开始讲起：大约五千万年前，向日葵属（*Helianthus*）植物在那里刚刚崛起，见证了这一崛起的地方即为现在美国的西南部。几千年过去了，常见的一年生向日葵在气候温和的北美洲各处的野外慢慢散播开来。 如今，向日葵种群生长在北美洲的大部分地区，从南方的墨西哥中部一路灿烂到加拿大的南部。

栽培的向日葵的历史却要短很多。一直到大约十年前，它还被认定为美国新大陆当时栽培的唯一一种重要的食物作物，但是考古学方面却发现了一些让人困惑不解的证据。尽管发现最古老的野生向日葵瘦果——含一粒种子的单独果实——的位置偏向西南部，但是较大的栽培瘦果却都发现于北美洲的中部和东部。这其中包括阿肯色州北部和田纳西州东部考古现场的两处发现，最早可追溯到大约公元前 1260 年。针对这种地理差异最合理的解释应该是美洲印第安人先是从西南部携带了野生向日葵的种子，然后这些种子成为主人帐篷边的野草，跟随印第安人一路迁移，向西至加利福尼亚州，向南至得克萨斯州，然后向北、向东穿过密西西比河，在那里它们最终跻身栽培植物的行列。美国备受尊敬的经济植物学家小查尔斯·海泽（Charles B. Heiser Jr）认为，这种新的植物只有在当地村庄附近的受干扰区才能茁壮成长；而且由于它们的花盘更大，它们的瘦果就比野生品种的瘦果要大，这也证明了它们是一种更为优良的食用植物。

海泽的理论一直受到了广泛的支持，直到 21 世纪早期美国中部包括田纳西州在内的几个州声称自己培植了最早的栽培型向日葵，他们的声音后来却被淹没在墨西哥湾沿岸塔瓦斯科（Tabasco）的发现中。碳定年法测定，这些瘦果中最古老的大约源自公元前 2110 年，从而认可了墨西哥在栽培向日葵中的领导角色。时至今日，这一发现也面临挑战，已被确认的标本极有可能是葫芦的种子。时下海泽总结道，野生的向日葵可能是在早期时候生长在墨西哥的最北部，但是到目前为止还没有能够找到向日葵在墨西哥被独立栽培的证据；而目前对现代北美洲的向日葵栽培品种所作的基因检测中尚未发现它们具有墨西哥血统。

向日葵的故事扑朔迷离。自从向日葵踏入欧洲——它经常被贴上秘鲁的标签，而“秘鲁”的地理位置在 16 世纪的欧洲本来就很模糊——不可思议的神话般的历史将它团团围住。这种植物以不同的方式被描述为中美洲阿兹特克人和玛雅人以及秘鲁印加人的神圣之物，而欧洲人对它的“发现”将它与西班牙征服美洲时许多著名人物的名字联系在了一起，其中包括埃尔南·科尔特斯（Hernán Cortés），他使得墨西哥的阿兹特克人屈膝臣服，还包括弗朗西斯科·皮萨罗（Francisco Pizarro）——秘鲁印加人的征服者。欧洲人在印加人金光四射的黄金太阳盘中看到了向日葵的影子，找到了二者的相似之处，而这些相似之处却从来没有存在于圆盘创造者们的设计意图之中。这俨然是“黄金国”（El Dorado）故事的再现，欧洲人对金子的贪婪滋养着“黄金国”的传说，总是要向丛林的深处行进几日。用生于特立尼达岛（Trinidadian）的诺贝尔文学奖获得者奈保尔（V. S. Naipaul）的话来说，黄金国的传说成为“最成功的虚构故事，与现实别无二致”；因为西班牙人追逐的是印第安人的记忆，而“丛林中的印第安人已经混淆了”这记忆“与西班牙人已然征服的秘鲁的传说”。

事实上，向日葵似乎在印加或玛雅的神话或仪式中并无任何作用，对墨西哥的阿兹特克人的影响也不大。针对后者的考古学证据寥寥可数：出土于一个与葬礼和仪式活动相关的旱洞中的三枚大向日葵瘦果，由碳定年法确定为大约公元前 290 年；在特诺奇提特兰（Tenochtitlan，现在的墨西哥城）的主要阿兹特克庙宇之一“大神庙”的贡品中发现的少数几枚野生向日葵瘦果，时间上更为接近现代（但是仍然在被征服之前）。

其他植物在阿兹特克仪式中的作用较为明显，尤其是苋菜、万寿菊和玉米。从开有流苏状花朵的苋属（*Amaranthus*）植物中获得的苋籽与玉米、豆子和南瓜同为阿兹特克帝国的基本食用作物。祭祀阿兹特克人的主神维齐洛波奇特利（Huitzilopochtli，战神）的节日期间，人们用苋菜粉做成面团，并用蜂蜜或仙人掌浆汁浸湿，然后制作成祭祀仪式上神的形象。在欧洲人的脑海中，这种面团与他们发现的神像崇拜之间的联系如此紧密，致使西班牙人下令禁止了苋菜的栽培，但是人们在很大程度上对这一法令佯装未见，而苋菜粉面团也化身当地制作的念珠悄然进入了天主教的仪式当中，无人察觉。

万寿菊和玉米都同样受到了阿兹特克人的尊敬——万寿菊是死亡之花，时至今日，人们仍在墨西哥的亡灵节时用它来装饰私人祭坛，而众多古老的迷信则以玉米为主要特色。根据早期西班牙编年史作者贝尔纳迪诺·德萨阿贡（Bernardino de Sahagún）的记载，在煮玉米之前按照惯例要在玉米上哈气，这样可以帮助它克服被煮的恐惧。秘鲁的印加人更是有过之而无不及，将玉米——该帝国的重要作物——与主神太阳神印蒂（Inti）联系在了一起，长时间的庆祝活动包括犁地、播种和收获。你甚至还会在一些报告中读到，在播种期和收获时节，以及印加年轻贵族的成人礼上，人们用金制的玉米植物来装饰印蒂的神庙——位于库斯科（Cusco）的太阳神殿——中的玉米花园，但是如果近观这些植物，它们也会像流行传说中的镀金向日葵一样蒸发于人世间。

虽然最早的阿兹特克历史中基本没有向日葵的踪影，但是阿兹特克对于花的热爱却是毋庸置疑的。古代墨西哥的统治者们钟情于漂亮的花园和花，尤其是有香气的品种，并建造了美洲的第一座植物园。他们那内涵丰富的花卉文化在纳瓦特语名称中流传至今，这些名称被用于区分不同种类的花园，例如通常意义上的花园［“花之地”（xochitla），或“多花之地”（xoxochitla）］；筑有围墙的花园（xochitepanyo）；统治阶层的花园［“花之宫殿”（xochitecpancalli）］；或印第安人的小花园［“环绕着由藤条或芦苇做成的围墙的花之地”（xochichinancalli）］。

事实上，丧命于西班牙人手中的阿兹特克最后一位杰出的统治者莫克特苏马（Moctezuma）为向日葵在阿兹特克社会中的作用向我们提供了至关重要的线索。学富五车的塞万提斯·德萨拉萨尔博士（Cervantes de Salazar）在他于 1565 年所写的那本失传很久的编年史中记载道，莫克特苏马拥有为数不少的庭园和美丽的花园，相交于小径和灌溉渠道，这些花园很是讨他的欢心。花园里仅仅种植药用或芳香的草药、花、灌木以及开有芬芳花朵的树木，这让参观花园的游客们乐趣无穷，尤其是在早晚时分。莫克特苏马亲自下令禁止种植蔬菜和水果，他认为种植有实用价值或有利可图的植物不足以彰显“国王风范”；而“蔬菜园和果园应属于奴隶和商人”。

既然此处提到了商人，那就让我们再来看看另一本早期的编年史，作者是方济各会修士贝尔纳迪诺·德·萨阿贡（Bernardino de Sahagún）。这本书通常被称为《佛罗伦萨手抄本》（*Florentine Codex*）中的一册，它专门介绍了阿兹特克的商人和那些与金子、名贵宝石或羽毛打交道的工匠们。终于，我们在这册书中一处描述商人宴会上举行的仪式中找到了可能是向日葵的花，仪式中久经沙场的勇士们向尊贵的客人们奉上烟斗以及“盾牌之花”（chimalsuchitl），几乎可以肯定这种花就是常见的向日葵，而那瓦的土著居民也依然在使用这个词语。这两种礼物都具有象征意义：烟斗代表长矛，向日葵代表盾牌。供应食物和巧克力之后，包括向日葵、烟斗和花环在内的祭品会被摆放在战神维齐洛波奇特利以及其他四座神庙的祭坛面前。此后仪式在庭院中继续进行，人们吹口哨，唱歌，砍掉鹌鹑的头，焚香，享用更多的巧克力、迷幻蘑菇，讲述神示，随后便是歌舞升平直至破晓时分，届时作为礼物的向日葵和烟斗便会用香灰被埋在庭院的中央。这一夜好不热闹。

萨阿贡甚至还为我们画出了献给维齐洛波奇特利的花和烟斗。画中带有流苏的向日葵与稍晚一些的编年史《伊克特利切特尔图文书》（*Codex Ixtlilxochitl*，16 世纪晚期）中特斯科科（Texcoco）的阿兹特克统治者尼萨华比里（Nezahualpilli）手中所持的一朵非写

图 6:《伊克特利切特尔图文书》中阿兹特克统治者尼萨华比里（卒于 1515）左手拿着一朵非写实的向日葵

实的花尤为相似。由此可见，虽然向日葵从未在太阳崇拜中起到作用，但是却具有一定的仪式意义，而且它也是西班牙耶稣会传教士若泽·德·阿科斯塔（José de Acosta）曾经提及的花之一。阿科斯塔于 1572 年来到了西班牙美洲，大约 15 年之后返回故土，一回去就着手于写作，这是记录该地区自然史最早的著作之一。他写道：“印第安人对花宠爱有加，与世界其他地方相比，新西班牙的印第安人更是如此，所以他们习惯于制作各种各样的小花束，称其为‘Suchilles’，样式繁多且具艺术价值，没有什么比这更让人喜欢的了。”阿科斯塔向我们介绍说，无论是宴会还是舞会，印第安人都会在手中拿着花，他们的国王和贵族用手中的花来象征他们至高无上的地位。“因此，我们常常会在他们的古代画作中看到人们的手中拿着花，其作用与我们这里的手套类似。”

当阿科斯塔到达新西班牙时，印第安人花束中许多当地的花已经都被从卡斯蒂利亚进口来的花——康乃馨、玫瑰、茉莉、紫罗兰、橙花等等——取代了，至于他所提及的向日葵和万寿菊是实际上与其他的花捆扎在一起，还是他仅仅只是顺着自己的思路列出了几种当地的花，这就不太清楚了。“众所周知，”他写道，“他们称为‘太阳’的花具有太阳的形象，并跟随太阳转动。还有一种他们称为‘来自印度群岛的康乃馨’（万寿菊），类似于漂亮的橙黄色丝绒，或紫罗兰；没有记录显示那些花有香气，仅仅只是悦目而已。”

将向日葵引入欧洲的殊荣还是要归于西班牙人和他们在新大陆的领地，不过声称向日葵早在1510年就已传入马德里的报告并不属实。西班牙和意大利最先开始栽培向日葵，然后是欧洲北部的其他国家，它惊人的生命力让人浮想联翩。人们禁不住赞叹它那好似“大浅盘或盘子”的花朵；赞叹它的茎像花椒树的茎一样粗，或者可以更为直接地描述成像“强壮男人的手臂一样粗”；赞叹它在炎热的气候中能快速发芽；赞叹它在仅仅一个生长季节所能长到的高度：在马德里可以长到高达18英尺，但是在更冷、更为潮湿的比利时，只能长到8英尺。

最早描述过向日葵的欧洲人之一是来自塞维利亚、身为医生和植物学家的西班牙人尼古拉斯·莫纳德斯（Nicolas Monardes），他本人虽然从来没有造访过美洲，但是他的著作中提到了这种“奇怪的花”以及其他从新大陆引进的药用植物和草药。这一系列作品创作于16世纪60年代末期，后来由从西班牙返回的英国商人约翰·弗兰普顿将其“英语化”。莫纳德斯向我们介绍说，向日葵引入西班牙已“几载有余”，最后他终于得以亲手拿到向日葵的种子。他说道，它在生长时需要扶持，否则就会歪倒，另外“它甚是为花园增添光彩”。

虽然医学界对向日葵兴味盎然，但是在最初被引入欧洲时，它似乎并没有表现出任何药用或其他方面的属性，许多植物学家和园艺家开始大胆地将自己用作实验品，以发现它的功效。帕多瓦植物园的园长贾科莫·安东尼奥·卡图索（Giacomo Antonio Cortuso）建议食用熟的向日葵茎和头，就像食用洋蓟一样，并称这两处比蘑菇和芦笋的味道更为鲜美可口。据说食用这种植物还有催情的效果，比利时的植物学家伦贝特·多东斯（Rembert Dodoens）在介绍这一事实时含糊其词地使用了希腊文，而没有使用更易理解的拉丁文。

让欧洲人免去许多冒险实验的一位便是西班牙国王腓力二世御用的西班牙博物学家、内科医生弗朗西斯科·埃尔南德斯·德托莱多(Francisco Hernández de Toledo)，他在1570年奉国王之命前往新大陆，目的是研究和描述当地的自然史。他计划逗留两年，后来延至七年，主要以现在墨西哥城的位置为据点；他从未到达过计划的目的地秘鲁，之后又过了80年，他的拉丁文手稿全文才得以出版。

与埃尔南德斯同行的是他的儿子以及一群为他绘画标本插图的当地艺术家，他遍游新大陆的代步工具是由随行的轿夫所抬的一顶轿子，轿夫们一路饱受蚊虫的烦扰，抱怨着食物、气候和地形。然而埃尔南德斯还是确认了之前在欧洲闻所未闻的3000多种植物，他关心当地居民的疾苦，对他们抱以极大的同情，甚至开始学习他们的语言，还为他们翻译了自己的一些作品。

令人关注的是，埃尔南德斯将向日葵称为“秘鲁的或者大的盾牌芦苇（Chimalacatl）”，称其生长在秘鲁以及美洲各地的平原和森林中，在长满树木的地区以及向日葵的栽培地生长得最为茂盛。他将向日葵的种子比作甜瓜的种子，因为二者在颜色、禀性和本质方面相似，但是他警告说，过多食用向日葵子可引起头痛。“然而，它们可以缓解胸口疼痛，甚至可以抑制类似疼痛或胃灼热。一些人将向日葵子磨碎，烘干，然后制作成面包。”与卡图索在帕多瓦的发现相同，埃尔南德斯也提到了向日葵或有“激发性欲”的功效，并暗示他对这一功效的了解仅仅是通过传闻。

向日葵所谓的向日性特点也引发了一些困惑。大部分权威人士都认同莫纳德斯的观点，认为这种花“确确实实跟随太阳持续转动，并因此得名”。卡图索则持不同意见，根据他的观察，向日葵只对日升日落有反应，他对这一观点的表达诗意盎然。“我坚持认为它并不是具有向日性，而是太阳的崇拜者，而且如果允许我在事实中佐以寓言的话，我想让你们看到，它一直以来都是太阳的挚爱之一，爱与热情让它容颜不老，如此美丽，如此美妙。”更为平实、更重实践的伦贝特·多东斯对这种植物明显的恋日情结只字未提，仅仅评论说“他们将它称为‘印第安人的太阳之花’（Sol Indianus），因为它仿佛拥有太阳一般的光芒”。

意想不到的是，英格兰的约翰·杰勒德是其中最持怀疑态度的一位。他在出版于1597年的《大植物志》中“借用”了多东斯作品中的很多内容，杰勒德宣称道，这种植物的拉丁名称“Flos Solis”（太阳之花）源自于它随太阳转动的描述，“虽然我已尽力去探寻这一报告的真实性，却依然还是没有观察到描述中的现象”。大约30年后，王室药剂师约翰·帕金森重提卡图索的观点，认为这种花可以被看作是“面向太阳低头鞠躬”，但是并没有提到它自东向西地追随太阳而动。根据帕金森的描述，向日葵在欧洲医药中没有任何作用，虽然有时向日葵的花盘会在加工之后“像洋蓟一样食用，一些人认为其肉味十足，但是对我来说却是味道太冲”。

杰勒德对向日葵种子螺旋式排列所作的描述也是我们所能读到的最好的描述之一，向日葵的种子“似乎是由一位灵巧的工匠有意地将它们极有秩序地摆放好，与蜜蜂的蜂巢很是相似”。这里顺便要提到斐波那契（Fibonacci）数列，该数列得名于 13 世纪早期发现这一数列的一位意大利数学家，解释说明这些数字本质上与自然界中存在的最有效的排列方式遥相呼应。

等到杰勒德和帕金森在他们的作品中描述向日葵时，目击者们对于北美洲遍地生长的向日葵的描述已经让这种植物声名大振。在欧洲人永久定居于弗吉尼亚州的 20 年前的 1607 年，英格兰人托马斯·哈里奥特（Thomas Hariot）已经造访过位于现在北卡罗来纳州的村庄和由栅栏围起的城镇，并描述了自己在那里看到的外形类似万寿菊的大草药，高约 6 英尺，花朵顶部很宽。“它们的种子可以用来做某种面包或煲汤。”他记录道。

根据哈里奥特的记载，印第安人没有用秽物或粪便为他们的作物施肥，也没有犁地或松土，他们仅仅只是用鹤嘴锄和锄头（或是女性使用的短“鹤嘴锄”）来打破表层土壤，然后种上包括万寿菊、豌豆、菜豆、南瓜小果、南瓜和葫芦、草药和向日葵在内的作物，在同一片地里分开耕种或混合耕种。弗兰德的雕刻师特奥多尔·德布里使用了这些细节，以最初出自约翰·怀特（John White）——沃尔特·雷利爵士策划的短命殖民地罗阿诺克的总督——笔下的对一座阿尔贡金村庄略显稀疏的描绘为基础，增添了园圃和一丛巨大的向日葵。布里雕刻出的向日葵花盘比美洲印第安人看到的在村庄各处游荡的向日葵的花盘或在围绕着一圈木雕柱子进行的仪式舞蹈中用到的向日葵的花盘都要大得多。

在哈里奥特和怀特记录了北卡罗来纳州的向日葵作物的35年之后，法国人萨米埃尔·德尚普兰（Samuel de Champlain）从新法兰西向跨过边境的现在加拿大的所在地送来了相似的报告。就在安大略的众多湖泊和水路之中，他发现了一片没有树木的土地。“土壤状况良好，野蛮人种植了大量的印第安玉米，这种作物对他们来说好处多多，同样大有裨益的还有南瓜小果和向日葵。他们种植向日葵是为了收获它的种子，然后把从这些种子中提取出来的油涂在头上。”

到1640年时，向日葵与南北美洲的联系已经十分紧密，约翰·帕金森甚至将它作为这个大陆标志性的植物之一用在了他所著的草药志《植物剧场》的扉页上。在一幅汇集了各式生长环境和传统的大杂烩中，一位双乳袒露在外的寓言式的女性“美洲”骑在一只双耳下垂的山羊（或者是羊驼？）身上，穿过的沙漠景致中点缀着多刺的仙人掌、西番莲以及一株巨大的向日葵。其他大陆也散发着相似的异国情调。一位裹着头巾的女性“亚洲”坐在犀牛身上，而“非洲”则骑在一匹双耳竖起的斑马身上。

尤其是在北美洲，随着旅行者和拓荒者们不断西进，有关当地居民种植、收获向日葵以及它们在食物和医药中用途诸多的报道陆续浮出水面。即便到了今日，常见的向日葵在美洲印第安人的生活中也是用途广泛：用于镇痛、抗风湿和消毒杀菌；辅助治疗肺部、皮肤以及妇科疾病；怀特山阿帕奇族和新墨西哥州的祖尼族用其作为蛇咬之后的治疗方法；用作兴奋剂和膳食助剂。包括蒙大拿州的格罗斯族和里族以及北达科他州的曼丹族在内的一些土著民族记录了它作为仪式药物的用途：用从种子中提取出来的油来涂抹或画图案于脸部或身体。亚利桑那州、新墨西哥州以及犹他州的纳瓦霍人的战舞搽剂的成分之一就是向日葵，其他成分包括双气囊荚、漆树和槲寄生，而亚利桑那州东北部的凯恩塔纳瓦霍人则将向日葵用于他们的太阳沙画仪式中。

欧洲的情况与此相反，受到人们关注的不是向日葵的实用功效，而是它的美丽和奇妙。自 17 世纪早期起，向日葵金光灿灿的花盘就已成为当时风靡欧洲的群芳谱中的当家花旦，这些作品中不仅洋溢着对异域植物贵族式的喜爱，还饱含着对植物科学刚刚萌芽的兴趣。仅从部头大小和装饰细节方面来看，最出众的要数由巴西利乌斯·贝斯莱尔（Basilius Besler）所著的《艾希施泰特的花园》（*Hortus Eystettensis*），这位来自纽伦堡的药剂师记录了他的赞助人艾希施泰特采邑主教的巴伐利亚式花园中的植物。出版于 1613 年的《艾希施泰特的花园》被近现代的人称为草药志中的“巨无霸”，其庞大的两卷书需要用手推车才能推动。

贝斯莱尔雕刻的向日葵——他称之为“大向日葵与半日花属”（Flos Solis maior & Helianthemum）——是全书中最为引人注目的图片之一，也充分证实了他的勃勃雄心。收录在夏季植物——这样的安排反映了从艾希施泰特到纽伦堡在花期时每周一次的发货——中的向日葵硕大的花盘占据一页的大部分空间，花盘四周边缘的光芒由交叉生长着的花瓣组成，仿佛饰有流苏的衣领，花瓣尖端微微卷曲。花盘中独立的管状小花从中心向四周旋转排开，每朵小花都处于开花的不同阶段。为了表现这些小花错综复杂的排列方式，这位艺术家和他的雕刻家们一定是努力得几近发狂，他们实际上在描绘被贝斯莱尔命名为“多花向日葵”（Flos Solis prolifer）中较小的向日葵时更为准确。

其他画作中的向日葵似乎暗淡了许多，但这也是必然。小克里斯平·德帕斯（Crispin de Passe the Younger）的《花园》（*Hortus Floridus*，1614—1617）中的向日葵尽管有着强壮的茎，但是两个花盘在相比之下可谓是小巧玲珑，被挤成椭圆体体积四分之一的花盘恰好适合手掌的大小。然而，在《花之园》秋季花卉的卷首插画上，又一株样子更为险恶的向日葵潜伏于眼神迷离的女神佛罗拉（Flora）身后的阴影中，佛罗拉紧紧地抱着装满郁金香、玫瑰、百合以及其他更为传统的花园花卉的丰饶角。17 世纪中叶英国业余图谱作者亚历山大·马歇尔（Alexander Marshal）笔下的向日葵和宠物灰狗就好像是一件奇特而精致的作品：叶子卷曲，外缘的花瓣围绕在相对较小、长有黑色种子的花盘周围；但是在画于 18 世纪早期、为博福特第一公爵夫人玛丽所作的巨大的向日葵的花盘和叶子看起来像是彻头彻尾的假花，仿佛是用毛毡做出来的儿童的玩具花。

鉴于这种花显著的外形特征，道德说教者们很快颠覆了向日葵以达到他们自己的目的也是意料之中的事情。对向日葵最具象征性的利用依赖于其所谓的向日性，这在欧洲人看来取代了更为谦逊的天芥菜属（*Heliotropium*）植物。尽管该属中的许多物种都是美洲本地的植物，但是欧洲天芥菜（*Heliotropium europaeum*）的白色花朵较小，有五个花瓣，与多年生的天竺葵十分相似。

在欧洲，对于这种植物朝向太阳生长的观察可以追溯到古希腊人以及特奥夫拉斯图斯的著作中，公元 1 世纪时，生于希腊的迪奥斯科里季斯和罗马历史学家老普林尼进一步说明了这一点。但是，要确认实际的植物却问题重重，因为“向日植物”并不是某一特定物种的名称；相反地，它命名的是一种针对太阳的运动做出机械反应的太阳植物，这种反应表现为将叶子或花朵转向太阳，或是随着太阳的东升西落而开放或闭合花朵。

在所有记录具有向日倾向植物的古代作者中，奥维德（Ovid）再现的悲伤的仙女克吕提厄（Clytie）对太阳神阿波罗的单相思以悲剧收场的神话传说影响最为久远。后来她发现阿波罗爱的是她的孪生姐妹琉科托厄（Leucothoe），就在琉科托厄荣耀地被阿波罗征服之后，克吕提厄向她们的父亲告发了琉科托厄。姐妹俩的命运相似得让人惊奇。被她的父亲活埋——惩罚不守贞洁的处女的传统方式——的琉科托厄被涂上了阿波罗芳香的甘露，化为一棵乳香树，克吕提厄则憔悴而死：

> 昔日的面庞，
> 今日的花朵，紫罗兰一般。
> 根深蒂固，她却追随太阳转动，
> 样貌全非，她却激情炽热依旧。

即使奥维德从未亲眼见过向日葵，但是向日葵一旦深入到欧洲人的观念中，要选择一种能够代表克吕提厄的向日性花卉非向日葵莫属。也有人将克吕提厄化身为同样张扬的万寿菊，它那毫不收敛的黄色嘲弄着奥维德有意描述的一位失恋的仙女正在枯竭的生命和活力。向日葵在感情方面也迅速积聚了多种多样的含义：热烈的爱情——例如在鲁本斯的老师奥托·范·费恩（Otto van Veen）所作的《爱情的象征》（*Amorum Emblemata*）中就有所体现；婚姻的忠诚——在巴托洛梅乌斯·范·德·赫尔斯特（Bartholomeus van der Helst）所作的《拿着向日葵的年轻女子》（*Young Woman with a Sunflower*）中，或是费迪南德·博尔（Ferdinand Bol）于1654年所作的一对无名夫妇的画像中有所体现。若是画中的少女形单影只，手拿向日葵，让人们联想到的要么就是她在忠贞地思念着此刻不在身边的爱人，要么就是她在表明她可以成为一位忠贞的妻子。

象征世俗爱情的向日葵很快就被融入了基督教的——特别是圣母马利亚的——图像学中。暂且不管向日葵崇拜的历史；这是一种对太阳的忠诚程度堪比圣母马利亚对她的儿子的忠诚程度的花，是“花中高耸之雪松，是太阳可以依偎之地，若是太阳要选择居住之所，他一定非它不选”。向日葵忠诚的品格在人们为耶稣会会士亨利·霍金斯所作的《神圣的圣母》（*Partheneia Sacra*）的插画中光芒四射，这部著作是崇拜圣母马利亚的沉思的作品。在专门描述“花之奇迹”的一章中，向日葵在花环中登场，花环中还出现了其他几种对于圣母来说具有神圣意义的花——非写实的玫瑰、紫罗兰、百合、康乃馨、西番莲等；在另外一章中，向日葵抬起头欣喜地望向太阳，在月光下却垂头消沉。霍金斯甚至将向日葵缺乏香气的特征变成了一项道德优点，暗示说假若在它的美丽和令人叹服的奇特外再增添任何的香气，则会使人们“不折不扣地完全失去理智，疯狂地去宠爱它”。

忠诚也是安东尼·凡·戴克（Anthony Van Dyck）在1633年创作的具有多层含义的《手指向向日葵的自画像》（*Self-Portrait with Sunflower*）的主题；自画像中的画家回过头来，他充满疑问的注视吸引着观画人的注意。他的一只手摆弄着由他的赞助人、英格兰的国王查理一世赠予他的金链，另外一只手指向一株映衬在翻滚的云海下的巨大的向日葵。我们看到的并不是在图谱中常见的向日葵的正面，而是以一定的角度朝向了艺术家的向日葵侧面。这正说明了艺术与赞助之间错综复杂的关系，因为凡·戴克的“忠诚”包含几种含义：有艺术家对他的赞助人以及宗教信仰的忠诚，这也是最为明显的，还有对不断强大的、作为合适的艺术主题的自然的忠诚。后来，凡·戴克将一株这样的向日葵画入了与他志同道合的朋友、艺术大师以及自然哲学家凯内尔姆·迪格比（Kenelm Digby）爵士的画像中。

但是随着17世纪的推进，风行的道德说教的象征书籍反受其害，陷入了多愁善感的陈词滥调。向日葵顺理成章地大量涌现，通常作为忠贞以及渴望道德或世俗的同道中人的意象。丹尼尔·德拉弗耶的《铭文与徽章》（*Devises et Emblemes*）于1691年在阿姆斯特丹问世，作品中向日葵的形象保留了几分锐利，为将作品中的格言翻译成拉丁语、法语、西班牙语、意大利语、英语、佛兰德语和德语助了一臂之力。然而在几十年间，同样的形象、同样的想法被一遍又一遍地无度“借用”，例如出现在1750年的作品《年轻人娱乐及进步之象征》（*Emblems for the Entertainment and Improvement of Youth*）以及其随后的诸多版本中的向日葵，都已神韵大减。

以全新的眼光重新审视向日葵并将它归入个人意象的是一位具有独创性的艺术家，即英格兰的幻想诗人、画家、版画家威廉·布莱克。在布莱克的眼中，向日葵所谓的向日性暗指的是女性受到压抑和克制的性欲，而且他认为这主要是由于拒绝两性的肉体欢愉所致。布莱克短小精悍的《向日葵啊！》（*Ah! Sun-flower*）只有两段，夹隔在《经验之歌》（*Songs of Experience*）中《我漂亮的玫瑰树》和《百合花》两首诗之间。这些显然不是一位不问是非的花卉爱好者在抒发浪漫情怀。尽管白色的百合确实至少算得上是“沉醉爱河”，这首向日葵的诗歌却拖着它的韵脚，仿佛要强调欲望受挫的危险以及主人公无法活在当下。

向日葵啊，你嫌日子过不完，
姑且把太阳的脚步数数看；
你在寻找那美丽的国土，
那里旅行人结束他的征途。

那里害相思病而死的少年郎，
和面容憔悴穿白尸衣的姑娘，
都从他们的坟墓里爬了起来，
向往着我的向日葵要去的所在。

（宋雪亭 译）

大约30年后，走近生命尾声的布莱克受托于他的赞助人、英格兰乡村风景画画家约翰·林内尔（John Linnell）为但丁的《神曲》创作插画，他在插画中又回归于向日葵的形象。一如既往地，布莱克再次诠释了但丁的想法，最为惊人之举就是用巨大的向日葵取代了但丁笔下洁白、纯净的天堂玫瑰，那株向日葵体形庞大，芬芳无涯。相比之下，布莱克修订的版本中圣母马利亚端坐于向日葵中，即位“堕落世界的女王”，身上唯一的衣着薄如蝉翼，手里拿着一支百合权杖和一面镜子，二者在布莱克看来都是性欲的象征，也是泛滥的物质主义的特征。布莱克再一次利用向日葵警告了自愿选择用自己唯一的方式——拒绝伴侣的性需求——来操控伴侣，却禁止他们从别处寻得满足的女性。如果亨利·霍金斯看到他最喜欢的忠诚之花竟落得如此低贱不堪，他一定会痛心难过。

尽管布莱克对向日葵的彻底再造不太可能影响向日葵在大众心中的形象，但是人们对园艺向日葵的态度却经历了与这种花被认可的象征意义类似的变化轨迹，即由16世纪和17世纪早期植物学作家最初的惊叹不已变为乔治王朝时期对所有新的向日葵品种的日渐熟悉，直至最终的轻蔑。

菲利普·米勒（Philip Miller）是位于切尔西的药剂师会的园艺师，他在自己极度成功的著作、乔治王朝时期的园艺学指南《园丁词典》

（*The Gardeners Dictionary*）的第一版中表达了他对向日葵在美洲被发现之前欧洲园艺界居然对其闻所未闻这一事实的惊讶。他列出了七种不同的一年生向日葵，并根据类型（单层舌状花或双层舌状花）、花朵颜色（包括不同色度的硫黄色）以及种子的颜色（黑色、白色和灰色条纹）分别归类。尽管罕有多年生的品种在英格兰结籽，但是米勒还是特别推荐了“常见的多年生或永久向日葵”，在他看来，这种向日葵能产出“最大、最有价值的花朵，并且是大型花园的大花坛中无可挑剔的摆设，还可作为大株生长中植物的矮林，或是与小块灌木丛交错种植，或是种植在很少有树木能够茁壮成长的树荫下的小路上”。与托马斯·费尔柴尔德［Thomas Fairchild，霍克斯顿的苗圃主、《城市园丁》（*The City Gardener*）的作者］一样，米勒也建议在城市的花园中种植多年生向日葵，认为它“在与浓雾的斗争中，确实比其他大多数植物能更好地生长”。他还与同一时代的另外一位苗圃主罗伯特·弗伯（Robert Furber）有着类似的观点，推荐“在我们不知该用其他哪种花时”，可以将向日葵用作切花“放在盆等器皿中来装饰门厅和烟囱”。“它于 6 月开始开花，”他继续说道，“花期一直到 10 月结束”。

然而，对花园植物的喜好也如同对其他一切事物一样不会一成不变，而且随着更多的异域品种走进欧洲和其他地方的花园——以及花园规模的缩小——过大、过盛的向日葵开始渐渐失宠。在约翰·克劳迪厄斯·劳登（John Claudius Loudon）的大部头著作《园艺百科全书》（*An Encyclopaedia of Gardening*，1822 年第一版，全书 1469 页）的索引中向日葵是最简明扼要的一个条目，指出它“易栽培”，或许因此不值得在正文中讨论。向日葵简单的习性让劳登的妻子简饶有兴趣。在她的经典著作《女士园艺指南》（*Gardening for Ladies*）中，她指出这种一年生的植物“由于其茎和叶子巨大”，所以仅适合于“空间充足的”地方。多年生植物体形较小，但是却十分具有装饰性。

时至19世纪末期，向日葵需要具有像杰出的爱尔兰园艺家威廉·鲁宾森（William Robinson）般声望的辩护士来护卫它在更上档次的花园中的继续应用。尽管鲁宾森承认所有多年生的品种都是长势有力的植物，而且该属中“相当多的植物”都“不够精致，杂草一般”，不适合种植在花园中，但是他也认为一定数量的多年生植物，包括那些还没有普遍栽培的品种，可以在“养护得最好的花园中”大获成功。虽然人们经常认为向日葵是乡野花卉而对其嗤之以鼻，他却认为，一年生向日葵是“我们所拥有的最高贵的植物之一，是可以放置于不同位置的最具效果的植物之一”。作为更具野性的花园风格的支持者，鲁宾森建议将它种植在花园中阴凉之处高高的灌木丛中；在这里，它会呈现出“类似树木的密集分枝的习性”，但却不需要用木桩支撑，还能产出直径大于1英尺的巨大花朵。

由于向日葵在花园中时运的衰落，它在最初于拿破仑时期的法国所整理归类的复杂的“花语”中也只是配角。这种“语言”在英国和美国也触动了类似的风尚，主要针对上流社会中的女性，人们赋予花卉诸多不同含义，并设计出一整套原理来解读应该如何诠释花束在恋爱行为中的意义。一半娱乐一半启蒙的“花语”旨在提高道德修养，人们从未想过去纠结其字面意义。实际上，由于来自不同文化的作者为同样几种花指定了互相矛盾的含义，所以任何由此引发的对话都会致使严重误解的产生。

与向日葵关联在一起的不同含义折射出了这种花已远远走出了大众尊敬的视线。虽然在最早也是最平实的法国花卉书籍之一《植物ABC，或花语》（*Abecedaire de Flore, ou Langage* des Fleurs）中，作者德拉克雅（B. Delachénaye）在他的花束中放入了美丽的向日性向日葵，并将其含义在对应的文字中表述为“我的眼里只有你”，但是大部分的作者提到的都是这种花赤裸裸的炫耀。“骄傲”“傲慢”以及“不实的财富”都不是一位女士从爱人或追求者手中接过的小花束中所会欢迎的那种恭维之词。英国小说家威廉·梅克皮斯·萨克雷（William Makepeace Thackeray）评价称常见的向日葵同样地俗气，因此这样评论《名利场》（*Vanity Fair*）中简单、善良的阿梅莉亚·塞特利（Amelia Sedley）不温不火的吸引力：

> 有些谦卑的小花，开在偏僻阴暗的地方；发出细微的幽香；全凭偶然的机缘才见得着。也有些花，大得像铜炉脚，跟它们相比，连太阳都显得腼腆怕羞。塞特利小姐不是向日葵的一类。而且我认为假如把紫罗兰画得像重瓣大丽花一般肥大，未免又不相称。

当萨克雷出版了讽刺19世纪英国的作品时，花语本身已是讽刺家的猎物。在这一时尚的诞生地法国，讽刺漫画家让-雅克·格朗维尔（Jean-Jacques Grandville）与共和党派作家、编辑塔克西勒·德洛尔（Taxile Delord）联手创作了一部略显粗鲁的戏仿作品《花样女人》（*Les Fleurs Animées*），书中的花可以与人顶嘴。格朗维尔漫画中的向日葵明显让人感觉不舒服，屈膝下跪的向日葵有着印第安人一般黝黑的面庞，身着花瓣短裙，身披形似翅膀的叶子斗篷。德洛尔将向日葵带回到了它所谓的墨西哥起源以及神话中的——虽然是想象出来的——太阳崇拜。故事以18世纪中叶的墨西哥城为背景，讲述的是宗教裁判所对当地一位头领、莫克特苏马的直系后裔图米科莫须有的谴责，控诉他进行太阳崇拜，为基督徒献祭。（事实是宗教裁判所迫不及待地要好好地来一次火刑。）由于一位年轻舞者的介入，图米科得以生还，之后他便成为基督徒的象征，一直低调地生活着，直到最终疾病来袭时他意外地拒绝了由他仁慈的邻居请来的神父，反而要求把窗户打开。他喊道："那才是我的上帝，还有我的先辈们的上帝。太阳啊，让你的孩子回到你的怀抱吧。"图米科死去，而故事的讽刺寓意也再清楚不过了：比起阻止异教徒追随他们祖先的宗教信仰，让向日葵不再追随太阳来得更容易一些。

在欧洲，尽管向日葵的名声愈发受到玷污，也逐渐被驱逐出花园，但是它却奇迹般地复苏于绘画和装饰艺术中，然而它为何变得如此风行的具体原因却让很多人觉得难以说清楚。正如前文所说，1882 年，奥斯卡·王尔德在他大获成功的美国巡回讲座中既展示了百合，也展示了向日葵，夸赞后者有着"华丽的狮子一般的美丽"，声称两种花均是"最完美的设计模型，能够最自然地用于装饰艺术"。波士顿站讲座的观众席上，60 名哈佛学生在衣服的扣眼中插上百合，在手中拿着向日葵。虽然如此，发起向日葵狂热的功劳一定要归于上一代的艺术家兼工艺师们，其中包括威廉·莫里斯（William Morris），他将向日葵纳入墙纸中，并说明向日葵是唯一一种"兼具趣味和美丽的花，图案古雅、颜色忧伤的中心调剂着轮廓鲜明的黄色小花，花中充溢着花蜜，蜜蜂和蝴蝶在一旁翩翩起舞"。（在莫里斯那一代艺术家的眼中，"忧伤"一词并不一定含有怨意，而是正好相反：风靡一时的是暗绿色和琥珀黄色，虽然威廉·莫里斯正是让被他大骂为"脏兮兮、扎眼的黄绿色"流行起来的人。）

早在 1856 年——当奥斯卡·王尔德还不到两岁时——莫里斯最早出版的描述花园的著作已经以向日葵为特色。《一座不复存在的教堂的故事》（*The Story of the Unknown Church*）讲述了一位早已过世的中世纪石匠回忆起他在 600 多年前建造的那座教堂，它的回廊环抱着一处草坪，草坪中大理石喷泉上雕刻着花和古怪的野兽，"在草坪的边缘，靠近圆边的地方，有一大簇向日葵在那秋日的一天争相开放；回廊的许多柱子上爬满了西番莲和玫瑰”。莫里斯的故事里有梦幻般的中世纪风情，有对未曾存在的美好过去的念念不忘，有野花和花园花卉，有修道士和城堡，以及有着深棕色秀发，有着深邃、平静、蓝紫色双眸的漂亮的年轻女性，他的故事可以作为拉斐尔前派兄弟会风尚与幻想的蓝图——这里肯定有幻想的成分，因为在13世纪的欧洲，向日葵以及西番莲还是未知事物。当莫里斯面对观众席上的同业公会的会员以及伯明翰的艺术家称赞向日葵为“我们花园里姗姗来迟的客人”时，他自己应该认识到了这一点。但是其他的向日葵迷们对植物引入历史知识的掌握也是同样地不清不楚，莫里斯的朋友、英国画家爱德华·伯恩－琼斯（Edward Burne-Jones）就是其中之一。受到罗伯特·布朗宁（Robert Browning）同名诗歌的启发，伯恩－琼斯创作了《罗兰少爷临于黑暗塔下》（*Childe Roland to the Dark Tower Came*，1861），他在布朗宁笔下那贫瘠荒凉得让人战栗的景色中植入了各式各样的向日葵，由此为稍后的几十年里人们所热衷的向日葵装饰图案留下了最早的例证。

继莫里斯和伯恩－琼斯之后，向日葵便在欧美艺术中迅速扩散开来：例如以虔诚为主题的向日葵——雅姆·蒂索（James Tissot）的《透过长有向日葵的网格窗向外张望的耶稣》（*Jesus Looking Through a Lattice with Sunflowers*，约1886—1894）；冷色调、丹麦风格室内中的向日葵——米凯尔·安克（Michael Ancher）的《拿着向日葵的少女》（*Girl with Sunflowers*，1889）；耀眼的、印象派日光中的向日葵——克劳德·莫奈（Claude Monet）的《韦特伊的艺术家花园》（*The Artist's Garden at Vetheuil*，1881）；衣衫褴褛、皮肤黝黑的美国黑人学童手中的向日葵——温斯洛·霍默（Winslow Homer）的《把向日葵送给老师》（*Taking Sunflower to Teacher*，

1875)；以及在豪华的、家具布置颇具东方魅力的客厅中的向日葵——凯特·海拉（Kate Hayllar）的《向日葵与蜀葵》（*Sunflowers and Hollyhocks*，1889）。

然而，无所不在的向日葵作为19世纪60年代开始的“唯美主义运动”（该运动盛行至19世纪七八十年代，随后便很快沦落成为戏仿和鄙夷的大杂烩）的最重要的主题之一，却在装饰艺术方面的表现最为杰出。假如你是一位时髦的女性，那么你就要在你的袖子上佩戴向日葵，或者至少将它绣在你的天鹅绒裙子上。你还需要在每一件能想到的室内物品以及台面上展示出向日葵：织物、墙纸、地砖、镀金的罐子、歌谱、珠宝、吸烟嘴、名片、雕塑半身像［例如乔治·弗雷德里克·沃茨（George Frederic Watts）创作的头扭向一旁的《克吕提厄》（*Clytie*）］、装饰性的盘子、雕刻的家具、茶壶、火钳、时钟——任何一件能够表明你的美学悟性的物品。据伯恩-琼斯遗孀的描述，如此这般的“向日葵矫情”让伯恩-琼斯深感厌恶，他强烈谴责了那些“向日葵崇拜者们”的“软弱无力的愚蠢”，而对于这些崇拜者们来说，伯恩-琼斯却曾经无意中成了他们的领头人。

一些这样的家庭主题旨在嘲弄这一狂热中最为过度的行为。一件经久不衰的经典作品便是由伍斯特皇家瓷器厂打造于1882年的一把一面是男性一面是女性的茶壶。男性的一面展示的是一位纨绔子弟般的男子，身着“黄绿黄绿的”的夹克，胸前佩戴一朵向日葵；茶壶的反面摇身一变成了一位失恋的少女，身着一袭夏日连衣裙，上面别着一朵马蹄莲；他们共有的手臂以及柔软的腕关节构成了茶壶的把手和壶嘴。茶壶底部的题词一清二楚地阐释了茶壶想要传达的严重警告：“根据自然选择以及进化的规律，这就是活出自己的茶壶所导致的可怕后果”——拐弯抹角地挖苦了达尔文学说以及格罗夫纳画廊展出的以“活出它的精彩”为劝诫的那一把茶壶。相反，刘易斯（Lewis F. Day）为伦敦的豪厄尔－詹姆斯公司所设计的由仿乌木木材和陶瓷制成的向日葵时钟却不带有任何讽刺意味。

美学意义上的向日葵意象渗透进入了建筑领域，作为惯用的形式特征加入到了当时很时兴的红砖房子（建造在切尔西和肯辛顿周围，位于伦敦贝德福德帕克“小小的居住群落”中），以及仿安妮女王风格建造的豪华公寓中。在稍低的社会阶层，即使是寄宿学校和毫无生气的廉租公寓有时也会因一枝向日葵而亮丽生色，这种增色几近马后炮，是“对艺术和安妮女王适度和解的姿态”。

在如此这般的向日葵意象滥用之后，对抗是不可避免的；大部分的白眼都投向了可怜的奥斯卡·王尔德，他不断地向大众灌输他的思想而把他最钟爱的花推送到了聚光灯下。女演员、皇室情人莉莉·兰特里在她的回忆录中这样写道：“当他在扣眼中佩戴雏菊时，成千上万的年轻人如是效仿。”“当他宣告向日葵‘讨人喜欢’时，向日葵便被用来装扮每一间客厅。”这样的形象反倒让他无法脱身。1881 年，《笨拙》（*Punch*）杂志中的一幅漫画将王尔德的头部卡在了向日葵花朵的正中央，头部周围有着狮子鬃毛一般的花瓣，这也正是他不久之后在他的美国巡回讲座中向观众所称赞的花瓣。这幅漫画的作者是艺术家爱德华·林利·桑伯恩（Edward Linley Sambourne），编者按中说明这幅特别的“想象肖像画”画的是“奥斯卡·王尔德”：

> 审美家中的审美家！
> 姓甚名谁？
> 诗人大名王尔德，

图 7：爱德华·林利·桑伯恩为 1881 年 6 月 25 日《笨拙》杂志创作的漫画，画中爱尔兰作家、唯美主义者奥斯卡·王尔德被刻画成了一朵向日葵

作诗却枯燥乏味。

同年，吉尔伯特和沙利文的喜歌剧《佩兴斯》在伦敦和纽约拉开了帷幕，嘲讽了王尔德的唯美主义以及包括但丁·加百利·罗塞蒂（Dante Gabriel Rossetti）和阿尔杰农·查尔斯·斯温伯恩（Algernon Charles Swinburne）在内的艺术名流的自命不凡。这部歌剧在伦敦萨沃伊剧院演出，向日葵装扮了歌剧节目单的封面，无疑也装扮了前来观看的众多女性观众的裙子和上衣。歌剧上演了500场后仍在继续，并与厌倦了唯美主义“言之无物”的建筑业出版物取得共鸣。《英国建筑师》（*The British Architect*）杂志的戏剧评论员表示，对向日葵的狂热表明了一个更深层次的问题：“如果没有其他证据来证明这一事实，那么各种装饰作品令人作呕地重复使用向日葵（好似这就是美的集合）就足以说明大众在递增的艺术研究中所获得的有多么微不足道。”

就在“唯美主义运动”的势头迅速减弱之时，艺术领域的向日葵在文森特·凡·高手中光辉灿烂、浸透着日光的帆布上登峰造极；那时在阿尔勒创作的凡·高正激动地期盼着保罗·高更（Paul Gauguin）加入他的“南部画室”，这个想法激发了他的艺术愿景，但是在现实中却只持续了不到一年的时间。

凡·高在去往南部之前就已经开始绘画向日葵：一幅相当中规中矩的《装有向日葵、玫瑰以及其他花的碗》（*Bowl with Sunflowers, Roses and Other Flowers*，1886）以及四幅静物画（1887），画中的向日葵大大的花盘已经结籽，这些作品的创作灵感来自于他在蒙马特尔看到的生长在别墅花园中的向日葵。最后的这几幅作品探索了不同的笔触以及背景颜色会产生的效果，从《两朵剪下的向日葵》（*Two Cut Sunflowers*）中的黄色 - 蓝色以及深红色到《四朵剪下的向日葵，一朵倒置》（*Four Cut Sunflowers, One Upside Down*）极有纹理的表面，画中流苏一样的花瓣如火焰般熠熠闪光，整张帆布的生命之火熊熊燃烧，全然无视向日葵被砍掉的根茎。

更多的向日葵迎接着来到阿尔勒的凡·高；这些普罗旺斯花园中亮丽的色彩在他的眼中鲜艳得让人惊叹，“而且在这清澈的空气中存在着那么一些东西，它比北方更愉悦、更有爱的意味”。凡·高渴望着自己的艺术以及日常生活能有一个崭新的开始，没过多久，向日葵便凭借着它那生机勃勃的黄色和太阳的象征意义成为他全部希望的代言人；他告诉一直慷慨帮助自己的弟弟提奥说，他在像“吃着浓味鱼汤的马赛人一样津津有味地”画着一些很大的向日葵。

凡·高写给提奥和他的画家朋友埃米尔·贝尔纳（Émile Bernard）的信件透露出了向日葵已如何开始主宰他的艺术愿景和心理健康。他告诉贝尔纳自己尝试去画了挤满蝴蝶、暗淡无光的蓟，之后他提到了半打向日葵作品，表示希望用这些画来装饰他的画室，“这样的装饰中，扎眼或断断续续的黄色会从各种不同蓝色——从最淡的韦罗内塞蓝色到宝石蓝——的背景上喷薄而出，配上涂成铬黄的细板条画框”——他把这种效果比作哥特式教堂窗户上的彩色玻璃。那时的贝尔纳与高更一起在布列塔尼大区蓬塔旺的艺术家的聚居地，凡·高很希望能和他们在一起，他对向日葵的重新设想让无法实现愿望的他得到了些许安慰。

在凡·高烦躁不安地等待着高更前来的同时，他继续以超人类的状态创作着。原定计划是由提奥来资助高更在凡·高那里逗留的费用，然后提奥收取画作作为回报。但是高更仍然需要筹集路费，对此他却一拖再拖。其间，凡·高同时在创作三幅向日葵作品，一幅是插在绿色花瓶中的三朵巨大的向日葵；另外一幅是画在宝石蓝背景上的三朵向日葵——一朵含苞待放，一朵已经结籽；第三幅是插在黄色花瓶中的12朵向日葵花朵和花苞，运用了“光对光”（light on light）的技巧，他希望这幅可以成为最成功的一幅。（这些画作最终都与他的描述有所出入。）“怀着能和高更一起住在我们自己的画室的希望，”他在给提奥的信中兴奋地写道，“我想装饰一下画室。什么都不用，只用大大的向日葵。在你的店铺隔壁的饭店里（蒙马特尔大道上那家不算贵的杜瓦尔餐馆），你知道那家店，有着那么漂亮的向日葵装饰；我一直都记得窗户边放着的大向日葵。”

在凡·高那想象力纵横驰骋的脑海中，向日葵系列组画已经发展到12幅左右，演奏着“蓝色与黄色的交响乐”，他从早到晚地创作，“因为这些花凋谢得很快，就是要一气呵成”。等到他给提奥写下一封信的时候，他已经开始画第四幅向日葵了——他说有14朵向日葵（实际上是15朵），背景是绿黄色——他也将自己的技巧推向了更高程度的简单纯朴。受到马奈的一幅画在浅色背景上的巨大粉色芍药作品的启发，他以消除点彩派画家过分注重细节的点画为目的，为他的画作中的每一项要素都设计了别具风格的笔触。但是这些画作不仅仅与艺术和风格有关；它们赋予了他即将开始的新生活以肉体之躯。他所承诺的一年之内要给提奥（“或者高更，如果他来的话”）的房间中会有白色的墙壁，上面会画着很大的向日葵，“一束有12朵或14朵，填满这间小小的卧室，房间里有着漂亮的床和精美的一切。它绝不会是泛泛之地”。

1888年10月底，保罗·高更来到了阿尔勒，仅仅停留了九周。在这段时间里，两个人一起吃住，一起创作，通过对话和绘画剖析艺术、剖析人生。两位艺术家住在阿尔勒的时期对他们至关重要：对于凡·高，它代表了他所有希望的最高点，而对于高更，它却是“起点，在帮助他规划自己的未来方面起了重要作用”。高更对凡·高画的向日葵印象尤其深刻，并称比起马奈画在日本大花瓶上的向日葵来，他更喜欢凡·高画的向日葵；他还在一幅肖像画中画出了正在绘画向日葵的凡·高，画作取名为《画向日葵的画家》(*The Painter of Sunflowers*)。背景中普罗旺斯特有的蓝色、黄色以及绿色映衬着这位饱受折磨的荷兰人，他专注地凝视着花瓶中想象出来的向日葵花盘，花期早已过去，他在努力地想要把他的想象转移到帆布上。1888 年 12 月 23 日，艺术合作之梦宣告结束。据说是凡·高拿刀威胁高更，然后又将其转向自己，躲在当地一家妓院的他割掉了自己的一块耳朵，高更在那之后便离开了阿尔勒。凡·高此后再也没有与高更见面，在医院短暂逗留之后，他回到了阿尔勒的“黄房子”，又画了三幅花瓶中的向日葵，这是临摹了前一年夏天的作品，这样做表面上是为了回应高更的请求，说是要一幅阿尔勒的向日葵画作好与凡·高已经送给高更的另外两幅巴黎向日葵放在一起。凡·高断然拒绝了高更想要一幅原创画作的请求，但是很愿意尝试画一幅临摹作品。他是否也在试图——在隆冬时节——再现前一年夏天他们那快意的创作癫狂？向日葵对他来说意义非凡，而这些也是他最后的几幅画作。在他去世前约三个月时，他给他最小的妹妹威廉敏娜写了一封信，信中提到了希望自己能够被谅解，因为他的画作“在用充满乡村魅力的向日葵象征感激的同时，几乎是痛苦的呼喊”。

向日葵与高更也是如影随形，它的反复出现几乎成为他对自己如此待友问心有愧的标志。高更的《加勒比女人，或向日葵和裸体女性》(*Caribbean Woman, or Female Nude with Sunflowers*) 融合了凡·高的向日葵以及他自己原创的黑人女子的形象。然而，他的其他作品更多则是片面地借用，包括在 1899 年创作的一批静物作品，这些明显是应巴黎艺术商人安布鲁瓦兹·沃拉尔的要求而作；在 1901 年创作的作品也是一样，包括《扶手椅上的向日葵》(*Sunflowers on an Armchair*)、《向日葵与杧果》(*Sunflowers and Mangoes*)以及《向日葵与皮维·德·夏凡纳的“希望”》(*Sunflowers with Puvis de Chavannes “Hope”*)。对于高更来说，希望与向日葵相伴相随，对他之前的朋友来说也是如此，但是希望最终却让他们二人双双失望。

不过，花却另当别论。1889 年 10 月，凡·高在从圣雷米精神病院写给他的母亲的信中，将艺术市场比作“一种郁金香狂热，对当下的画家们更多的是不利，而不是有利。它也会像郁金香狂热一般消失殆尽”。虽然热情有所减退，但是花卉种植者依旧：“因此我以同样的方式看待绘画，留下来的是如花一般的成长。对此，我觉得自己很幸运地能参与其中。”

凡·高对艺术市场的斥责准确无误。终其一生，他不被看好，就像他的作品一样，除了一幅画作以及他的兄弟提奥“买”的作品之外，其他一幅都没有卖出去。1987 年的一次拍卖会上，凡·高一幅插着 15 朵向日葵的花瓶的作品被一位日本买家买走，售价 4000 万美元，一举成为当时世界上最昂贵的艺术品。(仅仅几个月之后，这一纪录便被凡·高的另外一幅关于鸢尾花的作品所打破。)从新大陆的奇妙到艺术市场的奇迹，向日葵来自千里迢迢之外，它可以震惊世界也可以让世界为之欢愉的两种习性平分秋色，也是丝毫未变。

虽然如此，20 世纪向日葵的历史更是波澜不惊，随着栽培向日葵再一次改头换面成为世界上最重要的四大食用油作物之一，在欧洲中部和东部的苏联集团国家的地位更是举足轻重，它的经济价值也便取代了艺术重要性。这一变化是对向日葵在史前美洲起源的重现，那时，影响向日葵演变的偶然性与必然性各占一半。普遍认为将向日葵引入俄罗斯的是彼得大帝，而向日葵在那里的普及据说还要归因于俄罗斯东正教会禁止在大斋节斋戒期间食用某些含油丰富的食物的教令，那时的俄罗斯对向日葵知之甚少，并未将其列入斋戒食物清单，所以人们吃起来也不会觉得愧疚。

栽培量突飞猛涨，乌克兰大片金光灿灿的向日葵足以说明它如何成为这个国家非官方的象征；到 20 世纪初期时，向日葵已经是俄罗斯的主要作物之一。俄罗斯的向日葵与门诺派和犹太教的移民又一同返回了北美洲，从 19 世纪 80 年代开始，美国种苗目录上开始记录有一种名为“庞大俄罗斯人”的品种。为了控制病虫害，培育早熟以及高油含量品种的工作正式开始，成功将油含量从低于 30% 提高到高于 50%，从而使得向日葵成为世界范围内第三大植物油来源，排名仅次于大豆和棕榈。直至现在，俄罗斯和乌克兰依然是向日葵生产全球市场的领头军。

重回美洲，不卑不亢的向日葵展现了它继续为自己创造神话的能力：1903 年，堪萨斯州将向日葵定为州花以及象征之花，做此规定的法令不乏主观感情色彩地讲述了边疆生活神话般的过去，歌颂了向日葵：过去的辉煌、现在的骄傲以及黄金未来的全然象征。堪萨斯州的立法机关称这种当地的野花：

> 在本州全州均可见，适应力强，引人注目，出众的外形分明却又多变，易描画、铸模以及雕刻，作为徽章模型，它可理想地适应艺术再造，强大、独特的花盘以及环绕四周、闪闪发光的金黄色花序——这是一种儿童可以画在石板上的花，是一种女性可以绣入丝绸的花，是一种男性可以雕刻在石头上或塑造于黏土中的花。

多年之后，近邻艾奥瓦州因为向日葵对大豆作物的破坏，试图通过法令将向日葵作为一种有害的杂草驱逐出州。作为报复，堪萨斯州便拿艾奥瓦州的州鸟、以向日葵子为食的东部红额金翅雀找碴儿，威胁说要宣布它危害公共环境。两项决议都没有正式通过，这场争吵也最终不了了之。向日葵在堪萨斯人的内心深处根深蒂固，因其喜爱开阔的空地——不在阴暗处躲躲藏藏也不在阴凉处寻求慰藉——而闻名遐迩。用一位怀旧的堪萨斯人的话来说就是："它近在满是灰尘的路边，远在高海拔的草原——你就是明白它的含义……它那金黄的花瓣和深色的花盘中央总是转向太阳。无论阳光多么炽烈，它都勇于面对，眼都不眨一下。"而且就像每一位堪萨斯人都会对你讲述的那样，如果你是在 8 月末、9 月初在州内旅游，你会看到由向日葵主宰的风景，"当包括居民在内的其他一切都失去光彩、凋谢殆尽时"，那样的风景看起来是那样地光彩照人，那样地朝气蓬勃。

来自新泽西州而不是堪萨斯州高原的垮掉派诗人艾伦·金斯堡（Allen Ginsberg）借用"向日葵完美的美丽"批评了城市化美国的满目疮痍，发出这样的感慨时他正与杰克·凯鲁亚克（Jack Kerouac）一起坐在"锡罐香蕉码头"（tincan banana dock）的岸边，他们二人像两个宿醉未醒的老流浪汉一样，笼罩在南方太平洋公司的火车头投下的巨大阴影中。对于在 1955 年于加利福尼亚州的伯克利创作了《向日葵箴言》的金斯堡而言不寻常的是，向日葵为美国能再次发现它进步的根源从而重获美丽带来了一线希望——这种希望虽然与凡·高的向日葵梦想有所不同，却依然是希望。

如今，向日葵已转世化身，更为广泛地被用作崇高事业的象征。英国素食协会的向日葵商标得到了全世界的承认——或许除了亚洲－太平洋地区，那里的标志已经变形成了莲花——它代表了关怀和同情的价值观念：包括对待动物、对待人类，以及对待整个地球。你还可能会看到它那欢快、阳光的形象代言某家养老院、某一品牌的人造黄油，或者在房地产经纪人派发的广告宣传册里，表示出了为不景气的市场注入生气的决心和期望。

第四章

# 罂　粟

罂粟花已不能，曼陀罗也不能，世间
一切催眠的糖浆也不能，使你
再有昨天的安睡。

——威廉·莎士比亚《奥赛罗》
（孙大雨译）

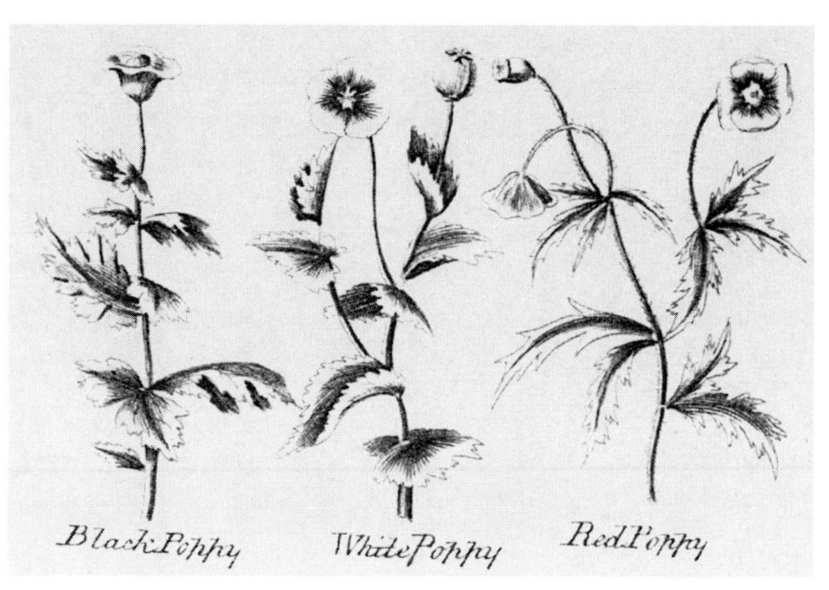

即便是在6月初大雨倾盆的一个星期日，伦敦切尔西植物园的罂粟也能让我驻足，它们那半透明的花瓣起着褶皱，仿佛丝绸一般，呈现深浅不同的粉色、红色以及所有鬼魅般的紫色。“罂粟就是彩色玻璃，”维多利亚艺术评论家约翰·罗斯金在他那本漫游式研究路边花草的《珀尔塞福涅》（*Proserpina*）中如是写道，“当阳光穿过罂粟时，它的光芒四射，比以往任何时候都更为明亮。无论人们在何处看见它——逆光或是顺光—— 一如既往地，它都是一团熊熊燃烧的火焰，如盛放的红宝石一样温暖着风。”当柔软的幼小花蕾舒展成为昂首挺胸的花朵时，这些湿润而无光的罂粟却熠熠闪光，四片花瓣点缀着基部的紫色，环绕着好似衬裙装饰的带有花粉的花药，围在花朵中心的星光万丈的柱头盘。

但是，罂粟的力量并非源自它的美丽。伊丽莎白时期的人们将其称为“琼的银胸针，看着美丽，闻着邪恶”。王室药剂师约翰·帕金森对于自己所下的定论更是毫不掩饰，称之为“徒有其表，败絮其中”；这种最为美丽的花的力量在于它所含有的鸦片，这种药物被称颂为是药理学家所有药物中最为重要的药品，然而，人们也认识到由于对这种药物的滥用而可能造成的不幸“比其他任何一种人类使用的药物”都要多。

当我开始深入研究罂粟的悠久历史时，它的欧洲起源——既作为植物也作为药物——让我出乎意料。由于受到罂粟当下恶名的误导，很长时间以来，我都把它看作是一种更为东方的植物，产于一些国家（例如阿富汗）的荒芜之地，如今这些国家为了获得非法药物可以带来的收益，种植的罂粟比其他任何国家都要多。可是事实却是，罂粟是一种来自西部地中海的植物，它的力量随着它的东移逐步积聚起来，而后却转回头阴魂不散地纠缠着那些最初发现它的效力的人们。

罂粟的历史充满了如此这般的矛盾；恐惧与厌恶的弦外之音持续不断，与之抗衡的是定期爆发的对其作为杰出药物以及花园植物的尊敬。人们对其曾经的惧怕有理可循，因为那时它的力量——而且现在依然——是真实存在的。这种力量在 19 世纪尤其明显，那时合法吸食鸦片产品的数量达到顶峰，英国商人无视当时清政府的意愿向中国输送非法的鸦片，英国更是不惜发动战争来庇护这些商人们的“权利”。然而，19 世纪末期的美国采取极端手段来阻止鸦片吸食吞噬的脚步，而全世界也是如梦初醒，开始意识到了买卖这种非法药物的危险。这些就是这种最为邪恶的花的讽刺之处。

与向日葵类似，罂粟（*Papaver somniferum*）最先在人类历史上留下印记是作为一种油类植物，西部地中海地区大约在六千年前开始种植罂粟，因此它的故事要从人类的肠胃说起。法国北部、瑞士、德国、波兰、意大利北部以及西班牙南部都曾出土过新石器时代和铜器时代早期定居地烧焦的罂粟籽和零星的罂粟壳。这种作物与野生的“杂草”罂粟联系密切。后者在之前被称作渥美罂粟（*Papaver setigerum*），现在通常被列为罂粟的亚种，从地中海盆地四周一路生长到西西里西部、意大利趾形地区，以及北非的沿海地区。罂粟从欧洲西南部向东移动，来到了欧洲中部，然后继续达到了地中海东部。尽管大部分这些早期的发现都向我们说明人们种植罂粟是为了获取它作为籽或油的食用价值，但是从西班牙南部一处坟地出土的几枚保存完好的罂粟壳表明了它与死亡仪式之间的联系，这种仪式的历史可以追溯到至少公元前 2500 年。

从根本上来说，发现罂粟的麻醉作用的是欧洲人，而不是时常在其他作品中所提到的苏美尔人、巴比伦人以及亚述人的古代美索不达米亚文明中。语言因素是造成这种混淆的基本原因。在位于今天的巴格达南部不远处的幼发拉底河流域的尼普尔出土的成千上万的泥板文书中，包括一份用于医疗处方的动物、矿物以及植物材料的详细清单——实际上这是世界上最古老的记载药物的清单，它的作者是一位苏美尔的医生，大约在公元前 2100 年用楔形文字写出。在差不多整个 20 世纪中，由表意文字音译而来的“HUL-GIL”被认定是鸦片或“快乐植物”。由于同样的表意文字出现在后来的亚述人植物清单以及药片中，所以人们认为亚述人已经了解了鸦片以及罂粟。结果，学者们构建了一整套引人入胜的语言学联系，将泛指的麻醉剂和特指的鸦片与词根“诅咒”和“欢喜”关联在一起——这一对对立的含义也正表现出了这种药效最强的药物的极端药效。然而事实上，“HUL-GIL”表示的根本不是罂粟，而是一种黄瓜，很有可能是那种恶臭难闻的黄瓜，如今专家的观点是在苏美尔语、阿卡得语或亚述语中都不存在明确确认罂粟或鸦片的词汇。来自尼尼微亚述人浅浮雕的证据也不具有足够的说服力，学者们仍然对一处仪式场景中神职医生们手中所拿植物究竟为何物而争论不休。

罂粟何时到达埃及的问题也是备受争议。在图坦卡蒙墓葬的棺材盖子上刻画的罂粟以及在他的装饰花束中发现的干枯的罂粟花通常都被归类于常见的虞美人（*Papaver rhoeas*），而一种被称为"spn"的古埃及植物也只是"非常值得怀疑地"被确认为是罂粟。但是它的催眠功效却相差无几。约公元前1500年，埃伯斯纸草文稿收录了700种左右的药物治疗方法和神奇配方，其中就包括这种安抚哭闹的孩子的治疗方法："spn的种子；墙上苍蝇的粪便；（与水混合？）做成糊状，过滤后连续饮用四天。哭闹会立即停止。"

更为有趣——也是更为让人信服——的记载来自于丹麦的埃及古物学者利斯·曼尼舍（Lise Manniche），她认为在埃及第十八王埃及王朝时，罂粟可能以某种形式与逝者同葬，但是它古时的作用以及目的依然让人费解。根据曼尼舍的记录，在卡（一位参与了底比斯的皇室墓葬的高级官员）位于德尔埃尔麦迪纳村落的墓葬中找到了一种富含脂肪的物质，实验室对这种物质进行了分析，并将其注入了青蛙体内。半小时之后，青蛙开始四处跳跃，对刺激反应迅速，但是稍后平静了下来，反应速度减缓。更大剂量的同一物质被注入了另外一只青蛙体内，导致它从最初的兴奋转为瘫痪，最终死亡；当这种物质被溶于水中，然后注入一只青蛙和一只老鼠时，药物诱发了深度睡眠，之后两种生物均恢复正常。这种古老物质中包含的化学成分被认定为吗啡，是鸦片的主要生物碱之一，直到19世纪才从鸦片中分离出来。无论古埃及人在仪式或医药中将鸦片作为何用，他们似乎都不可能是最先开始尊崇它的药效的人类。与百合的故事类似，荣誉要归属于克里特岛的米诺斯人，他们可能受到了来自希腊本土的迈锡尼人的影响，创造了得以保存下来的最为古老的、规模最为盛大的、将罂粟与神联系在一起的圣像。这是一尊赤陶米诺斯女神像，神像双眼闭合，双手上举，双唇紧闭，嘴角露出幸福的微笑，或是懒散，或是陶醉，女神的头发中还别有三支可以取下来的发卡，现在被确定为罂粟壳，壳上可见用来释放其中宝贵汁液的切口。人们称她为“罂粟女神，拯救的守护神”，可追溯至公元前2000年，于1936年被发现于克里特岛伊拉克利翁附近加济的一处圣所内，同时一起出土的还有用来制造罂粟蒸汽的用具，使得这种药物在人们对她的崇拜中占据了一席之地。

许多从希腊本土出土的较小的人工制品都证实了罂粟和一位生育女神之间的联系，其中就包括一枚发现于迈锡尼的黄金印章戒指，展示了一位坐在圣树下接受由罂粟壳、百合以及无法确定名称的花组成的礼物。罂粟没有辜负它后来在伊丽莎白时期获得的昵称“琼的银胸针”，此时就似乎已经成为古希腊大头针平头上备受喜爱的装饰，例如在位于阿尔戈斯赫拉圣所出土的银制大头针，上面刻有献给女神的献词。

书面证据证实了古希腊和爱琴群岛在把罂粟崇拜和狂热传播至地中海东部中所起的作用。至少在公元前8世纪时，罂粟已经到达了科林斯，那时的诗人赫西奥德（Hesiod）写到了附近一座名为“墨科涅”的城镇（Mekone，又称“罂粟镇”），该镇得名于那里大片的罂粟地。其他人认为这里是得墨忒耳女神最先发现罂粟果实的地方，传说称这一发现使她在寻找她那被哈得斯掠去并带到地狱的女儿珀耳塞福涅的过程中得到了一些安慰。

在大约同一时间，荷马在《伊利亚特》中用罂粟的柔软描述了特洛伊的戈耳古西昂低垂的头部，他被本来射向他的同父异母的兄弟赫克托耳的箭刺死。更有争议的是对《奥德赛》中麻醉药物“忘悲水”的确认，海伦在从特洛伊回归的她丈夫的客人们的酒中放入的就是这种药物。

> 凡是将它与滚烫的热酒一饮而尽之人，
> 当日都无法让泪水滑落，
> 哪怕其母亡，其父卒，
> 哪怕其兄或其挚爱之子在其面前
> 被敌人用锋利铜刃击倒。

尽管“忘悲水”因其消除愤怒与疼痛的效力而被广泛认为是一种鸦片制剂，但却仍然没有得到确切证明。荷马向我们讲述道，海伦从索恩的妻子波吕达谟娜（Polydamna）那里得到的这种药物，波吕达谟娜是“来自埃及的女人，那里肥沃的土地 / 承担着世界上最丰富的草药产出”。这位诗人基于当时埃及作为医药法术的主要发源地的声誉，称每一位埃及人都是一位治愈者。但是这并没有确定这种药物的身份，也没有证明它假定的埃及起源。事实上，在荷马之后大约四个世纪开始创作的古典时期的伟大的植物学家特奥夫拉斯图斯（Theophrastus）暗示道，“忘悲水”可能是诗人臆造的想象，“一种闻名的药物，能够治愈忧伤，平静激情，从而让人们忘却或无视疾病”。也有人认为海伦是凭借自己的魅力让她的客人们神魂颠倒，而不是借用药物。

特奥夫拉斯图斯非但没有澄清罂粟在希腊植物学以及药物学中的作用，反倒在他列出的三种罂粟花——角罂粟、虞美人以及第三种长有类似肥皂草的叶子、用于漂白日用织品的罂粟（*Herakleia*）——中遗漏了罂粟。只有中间那种是真正的罂粟，非常类似今天的虞美人；他将其称为“rohias”，“类似野生的菊苣，因此甚至可以用于食用；它生长在耕地中，尤常见于大麦中间。开红色花朵，头部的大小可等同于人的指甲。在收获大麦前对其采摘，那时它仍然有些发绿。具有清肠的功效”。

特奥夫拉斯图斯就这样遗漏了罂粟着实让人不解，尤其是他还描述了如何获取罂粟的汁液以作药用：不是从茎部，也不是从根部，而是“从罂粟的头部；因为这是唯一一种如此处理的植物，也是它的特质”。古希腊医生希波克拉底大约在公元前371年特奥夫拉斯图斯出生的时候过世，他频繁地提及鸦片和罂粟，特别是在他的妇科学的短文中，因此助产士或许比男性医生更为深知它的镇痛特性。或者，特奥夫拉斯图斯也许是由于种种困扰其用于药用的争议而选择了保持沉默。

古代关于不同种类的罂粟以及它们对人类生理机能的影响的知识与生于希腊的佩达纽斯·迪奥斯科里季斯（Pedanius Dioscorides）

图8：这株罂粟来自于“维也纳抄本”，该抄本为迪奥斯科里季斯《药物学》于6世纪早期的拜占庭版本，为公主朱丽安娜·安尼西娅而作

所作的《药物学》（*De Materia Medica*）不谋而合。迪奥斯科里季斯对于植物的渊博的学识来自于他在公元前 1 世纪时作为巡回医生游历罗马帝国时——也许是跟随着罗马军队。迪奥斯科里季斯区分了三种罂粟：一种有白色的籽，“种植以及定居在花园中”，可以用这些籽和蜂蜜一起用来做面包，而不是用芝麻籽；野生的虞美人，其头部可在酒中熬煮，用来制作助眠药剂或者与蜂蜜以及水一同饮下以软化大便；第三种，“更为野生、更具有药用价值，比其他两种都要长”，是药用治疗方法的重点。

在迪奥斯科里季斯的笔下，我们感觉到的不仅是鸦片作为药物的力量，还有对待它时所需要的小心和尊敬。尽管他个人的经历让其他权威人士对这种药物可以致人失明而且应该只用来吸入的警告打了折扣，但是他依然说明如果过频服用这种药物，“它会给人体带来伤害（使人无精打采），会致人死亡”。尽管如此，他还是针对一些需要“冷却”疗法的情况推荐了这种药物。罂粟壳和叶子可以在水中熬煮，然后热敷，可助眠，效果等同于内服熬煮出的汁。将罂粟的头部敲击成碎片，与玉米糊一起与热敷剂混合，具有减少炎症以及链球菌皮肤感染（称为丹毒）的功效。先在水中熬煮然后用蜂蜜熬煮的罂粟壳可以作为一种“舔食药物”，适合治疗咳嗽和腹部不适，同时，研碎的黑色罂粟籽与酒一起服用可以缓解痢疾以及女性分泌物过多。这种植物的不同部分还可以与其他的原料混合在一起，用于治疗耳痛、眼睛发炎、痛风、伤口以及作为一般的镇痛药；同时，“用手指将其施作栓剂可以加速睡眠”。根据迪奥斯科里季斯的描述，最好的罂粟汁液“浓稠，闻起来让人昏昏欲睡，味苦，易混合于水，光滑，白色，无刺鼻气味，过滤时不凝结也不会变黏稠”。

迪奥斯科里季斯细致入微的描述阐明了希腊人利用罂粟药效的两种主要方式。药效稍差的一种方法是用压榨机挤干捣碎的茎和叶子中的汁液，在研钵中击打剩下的糊状物，然后将其做成锭剂；这被叫作“鸦片”（meconium）。得到纯的鸦片——一种更强效的药物——需要用小刀划开罂粟的果实，“直到一滴滴露水般的汁液完全流干为止。刀必须要环绕顶部切开，不要刺穿内部的果实；然后必须在靠近表面两侧的位置直接切开罂粟壳，再轻轻打开，一滴滴的汁液先是会缓慢地流向手指，但是很快就会畅流起来”。另外，建议在准备这种乳液的时候站远一点，以免弄脏衣物。

老普林尼和迪奥斯科里季斯基本是同代人，他补充记载了一些新发现的事实：例如，罂粟籽可治疗象皮病，以及鸦片是自杀者最倾向选择的手段，所举例证为一名身为执政官阶级的男子在不治之症让他痛不欲生后，选择用鸦片结束了自己的生命。尽管这种药物被早期的权威人士谴责为致命毒药，但是那时总的来说并“没有不被赞成”，但是普林尼自己并不赞成用它来治疗眼睛疼痛、胃部不适或用以退烧。

罗马的园艺家们更是全心全意地赞成使用罂粟。罂粟花为利维娅（奥古斯都大帝的妻子）位于普里马波尔塔（Prima Porta）别墅中花园房间中的壁画锦上添花，另外——最为雄伟壮观的——庞贝“黄金手镯宅邸”中的花园绘画，画中的罂粟当之无愧地与华丽的圣母百合、甘菊、牵牛花以及尚未长成的枣椰树相伴左右。庞贝画中的罂粟花头部呈现薄藤色，以侧面、正面展示，有一枝罂粟明显正在长出蒴果。居民有可能还按照老加图描述的步骤来取得罂粟籽，然后撒在“globi”（涂抹了蜂蜜的油炸奶酪蛋糕）和“savillum”（一种甜味的奶酪蛋糕）上面。

罂粟凭借其慰藉和忘却的药力聚合了更多与神话有关的联系，以此提高了它在古希腊罗马世界中的地位。尽管在最初的歌颂古希腊司掌婚姻、健康、生育以及农业的古希腊女神（罗马人称其为

“刻瑞斯”）的《荷马的得墨忒耳颂歌》（*Homeric Hymn to Demeter*）中并没有罂粟的身影，但是它很快将自己与这位女神联系到了一起，将罂粟安抚悲伤的力量与虞美人的特点（传统上多生长于大麦和玉米这样的谷物作物之中）融合在一起。罂粟壳和成捆的谷物成为这位女神最主要的两个象征；罂粟可能在厄琉息斯的神话中也发挥了一定的作用，这些神话颂扬了得墨忒耳的女儿珀耳塞福涅在冬天遁入哈得斯的地狱以及在春天回归到母亲身边。

罂粟与古希腊的神也存在关联，包括尼克斯，黑夜之神；许普诺斯，睡眠之神；以及他的儿子墨菲斯，梦之神。在罗马诗人奥维德所作的《变形记》（*Metamorphoses*）中，他将睡眠之神的家设定在了山坡幽深的山谷中，那里远离阳光，远离人类的喧嚣，那里：

> 洞口前的罂粟茂盛生长
> 还有数不尽的草药，它们那淡淡的精髓
> 酝酿出昏昏欲睡、露水弥漫的夜晚
> 还将丝丝睡意撒向夜幕中的世界。

就像悄悄溜入德国浪漫主义黑暗梦境中的罂粟，就像诺瓦利斯（Novalis）创作的《夜颂》（*Hymns to the Night*）中罂粟的“甜蜜陶醉”，以及出自菲利普·奥托·伦格（Philipp Otto Runge）之手的《月出》（*Moonrise*）中的镜像；这些罂粟标明了真实空间与梦境世界之间的界限。或许是通过与更为有力的罂粟的联系赋予了得墨忒耳的虞美人以力量，它在后期变形成为“国殇纪念日”的弗兰德斯罂粟，它所生长的土壤没有受到耕种的妨碍，却受到了战争的打扰。

随着罗马在公元5世纪的陨落，西方世界在一段时间内减少了对鸦片的使用，但是罂粟本身却依然还在蓬勃生长，有时种植在厨房的花园中——如在圣加尔理想化的修道院规划中——有时种植在医院花园的医药植物之中，或为病房特别购进。查理曼大帝将其列入要在他的皇家庄园种植植物的清单；在博登湖赖谢瑙岛上修道院花园的平静中，9 世纪的修道院院长瓦拉弗里德·斯特拉博（Walahfrid Strabo）在他的小花园的一块地上种植了罂粟，并在诗歌中沉思其意义，称之为刻瑞斯的罂粟。

因为，为了自己被掳走的女儿而痛心不已，

据说她服下罂粟以埋葬那深不见底的忧伤

——为了忘却，像她一直都渴望自己能够忘却的，她心中的悲痛。

当时通常将罂粟区分为两种，白色罂粟和黑色罂粟，区分标准是它们的籽的颜色，而不是花瓣的颜色。白色罂粟一般被认为是一种花园植物，更为野性的黑色罂粟则被认为是一种“医药的”、产出鸦片的品种，但是事实上两种罂粟在植物学方面并无差别，而且现在的植物学家认为罂粟起源于古时半野生、半耕种的种植作物，而不是生长在纯粹的野外。

这种所谓的黑色罂粟和白色罂粟之间的区别一直流行到伊丽莎白时期。草药师、兼做医生的理发师约翰·杰勒德解释说明，黑色罂粟与白色罂粟是同一种植物，“只是黑色罂粟的花朵颜色更为洁白，更为有光彩，布有紫色的斑点或条纹。叶子更大，锯齿状的边缘更为明显，尖角更锐利。籽的颜色也同样更偏黑色，是它们的区别所在”。他在他的花园里种植了单瓣和重瓣的白色罂粟，单瓣的紫色罂粟，还可能有重瓣的黑色罂粟，但是要确定前林奈时期的品种总是困难重重。与他之前的普林尼一样，杰勒德也对罂粟在病房中的有力表现心生敬畏，称它“能缓解所有疼痛：但是它造成的伤害时常比疾病本身更为严重……因此要避免所有那些由鸦片制成的药品以及复合物，不到万不得已不可使用”。杰勒德与诗人埃德蒙·斯宾塞（Edmund Spenser）异口同声地表达出了对这种植物的畏惧，诗人在《仙后》（*The Faerie Queene*）的“普罗塞耳皮娜［珀耳塞福涅］的花园”中种下了“死一般沉睡的罂粟”，一起种下的还有“悲切的柏树”“苦味的树木”以及“黑色的嚏根草”。斯宾塞的罂粟不是伊丽莎白时期讨人喜欢、令人喜爱的花，它的“叶子和花朵都是可怕致命的黑色 / 能装饰死者，能装点死寂的坟墓”。

伦敦的药剂师托马斯·约翰逊（Thomas Johnson）在 17 世纪 30 年代修订了杰勒德所写的内容，但是基本上保留了最初记录罂粟的内容，未做改动，只是添加了一个惹眼的新品种，表明罂粟是如何发展成为花园的明星。这个新品种的叶子“更加弯曲或有顶饰，花朵的边缘也全部呈锯齿状或棱角鲜明，另外这个品种有白色也有黑色。黑色品种的花朵为红色，籽为黑色；另外一种的花朵与籽均为白色”。

查理一世的皇家草药医生约翰·帕金森在他所作的花园花卉的书中又增添了几个新品种，他仅仅选择了那些被认为值得尊敬的美人坯子：重瓣的白色罂粟，重瓣的红色罂粟，以及重瓣的紫色或黑紫色罂粟，它们的花朵“或泛着红晕，或多多少少是紫红色，或是悲伤的黑紫色或黄褐色，有着棕色、黑色或黄褐色的基部：籽或是蓝灰色，其他的也有更深的颜色”。由于帕金森不确定这些罂粟的来源，他告诉我们说，它们中的许多已经“在我们的花园中有些时日”，被人们从意大利和其他地方送到这里。重瓣的野生品种来自君士坦丁堡，但是“我们还是无法得知它是生长在那附近还是在更远的地方”。

罂粟盛放在欧洲花园之时正是贵族画集流行的时期，那时的向日葵也赢得了一批欣赏它们的追随者。精美的重瓣罂粟是小克里斯平·德帕斯的作品《花园》以及埃马努埃尔·斯韦尔特（Emanuel Sweert）的作品《花谱》（*Florilegium*，1612）中的主角。但是这期间最精致的罂粟出现在巴西利乌斯·贝斯莱尔的作品《艾希施泰特的花园》中，该作品已经因其画中的向日葵而备受称赞。这里有进化程度最高、最具有装饰性的罂粟种类，颜色多种多样，具有多层流苏，像来自中国和日本的绒球菊（*pompom chrysanthemums*），或是来自南美洲的大丽花（dahlias）。这里还有像涂着淡紫色眼线以及混合了红色与白色或紫色—紫罗兰色的双色调品种：必须要提及的还有骇人的花朵，它们的美丽与它们的尊严一并脱落。

在贝斯莱尔之后，更多异域植物集中涌入花园，而罂粟作为园艺明星的地位只能慢慢衰落。大约一个世纪之后，切尔西药剂师协会的园艺家菲利普·米勒在他的《园丁词典》中集结了多种花园罂粟，描述道，一些罂粟有着非常大的重瓣花朵，五彩缤纷，另外的一些罂粟则像康乃馨一样有着精致的斑点。他承认说：“在它们短暂的花期，很少植物能有如此标致的花朵”“但是由于刺鼻的气味以及较短的花期，它们却并未受到重视。”

虽然如此，乔治时期英国的“纸艺马赛克”之后玛丽·德拉尼（Mary Delany）还是觉得亮红色的罂粟魅力十足，将它做成了一幅由微小的一条条剪纸做成的拼贴画，那也是她同类作品中最为著名的拼贴画之一。她的罂粟从黑色的背景中飘浮而出，叶子包裹着花茎，如同在三维空间一样。医生伊拉斯谟·达尔文（查尔斯·达尔文的祖父）表现出了更多的教学技能，他在《植物的爱》（*The Loves of the Plants*）中收录了罂粟，他虽然沉闷却雄心勃勃地意图要诗化植物学，要向他的读者们教授林奈体系，根据植物的性器官划分植物类别。

丝绸之上，有她正端坐，四周魅力高塔林立，
百合蜜酒甜心，不凋花成荫，
阴凉之下，睡眠与沉默，守卫闺房温柔乡，
罂粟阴沉冷漠，点头应允。

于是罂粟在第二篇登场，虽然坦白地说，作为诗歌它并无突破可言，但是它暗示了罂粟可以诱发奇妙的幻想——“逍遥宫，无忧无虑的音乐，女术士，亦生亦死的雕像，在冰冷的寒风中相拥的恋人”——反映了达尔文对鸦片具有刺激梦境产生的药力以及药力消散时所伴有的极冷感觉的了解。

罂粟的美丽依然定期地闪耀在那个时代的植物学和科学的经典著作中，例如亨利·菲利普斯的《具有历史性的植物》(*Flora Historica*)，为《种植蔬菜的历史》的姊妹篇。尽管他在他的植物作品中警告人们不要随随便便使用鸦片，尤其指出了儿童服用鸦片的危险，但是在《具有历史性的植物》中，他却津津乐道地大谈罂粟壳，认为它的结构独具匠心，远比手表或迷你音乐盒要高级，也强有力地证明了“‘宇宙万物的造物主’创造它所运用的智慧”。

关于罂粟历史、地理、营养、医药、植物、园艺方面的优点更为务实的调查出现在《女士花园装饰年鉴》(*The Ladies' Flower Garden of Ornamental Annuals*）中，作品的作者为简·劳登（Jane Loudon)，也是1827年出版的《木乃伊！还是22世纪的传说》(*The Mummy! Or a Tale of the Twenty-Second Century*）的作者。她的独创性吸引了极其多产的园艺作家约翰·克劳迪厄斯·劳登的注意，

这位作家后来与她喜结良缘。劳登夫人认为，罂粟作为花园花卉，“非常具有装饰性，当谨慎地与其他植物混合种植时，它们能在还算大的花园中产生不错的效果；不过在小花园中，由于它们占用的空间过多，看起来不会很美观”。

爱尔兰的园艺家威廉·鲁宾森持有类似的赞同态度。作为将适应力强的自然植物用于野生园艺的支持者，他赞扬罂粟为美丽的、颜色多样的、适应力强的一年生植物。他在《英国花园》（*The English Flower Garden*）的第一版中写道：“深红色的重瓣罂粟、有条纹的重瓣罂粟以及白色的重瓣罂粟都是这种罂粟的品种，而且在大量种植时，较大的花朵头部大胆张扬、引人注目。”他特别指出了这个物种中“牡丹花型”的品种，大加赞赏，称这个品种可开宽大的重瓣花朵，色度不同，从白色直至深红色。

如今的园艺家们使用罂粟的方式仍然基本相同：作为着重强调的植物，因其引人注目的颜色效果而受到重视。20 世纪 90 年代颜色种植的倡导者、加拿大人诺里·波普（Nori Pope）和桑德拉·波普（Sandra Pope）毫不掩饰他们对单瓣和重瓣黑色罂粟的钟爱，他们也毫不留情地割除了任何胆敢在他们的萨默塞特花园中破坏颜色设计的格格不入的罂粟，由此抑制了这两个种类之间自然杂交。

当然，罂粟成为历史上最有力量的花卉之一凭借的不仅是它的花园效果，还因为它是麻醉和镇痛药物的原料来源。尽管鸦片并不能够医治它所面对的疾病，但是却能缓解症状，用斯图尔特药剂师约翰·帕金森的话来说就是“促进睡眠，缓解当下之多种疼痛，实际上它可减轻或停止片刻的疼痛”。帕金森还描述道，作为一种兴奋剂，它可引发最初的极度欢愉，但是长时间地使用“多有害，可致疾病，重于它所为之减轻的疼痛，即局部麻木、无知觉，最终导致瘫痪”。

扎根于经典药物学，这种药物的早期历史已经被世人所知。截至罗马帝国陨落的时候，鸦片生产已经向地中海东部四周扩展，后来到达了埃及，直至小亚细亚半岛，那里成为罂粟种植和生产的主要中心。在拜占庭，罂粟幽灵般的花朵出现在了为拜占庭的公主朱丽安娜·安尼西娅（奥利布里乌斯大帝的女儿，伟大的艺术资助人）制作的装饰极为精致、迪奥斯科里季斯所作的《药物学》于6世纪早期的版本中。阿拉伯医药也向这种药物敞开了怀抱，将其交至波斯人的手中，然后是更远的东方国家，伊斯兰教宣布禁止饮酒也助长了罂粟的扩展。当波斯的阿巴斯二世（Shah Abbas Ⅱ）试图执行禁酒令时，鸦片的使用量急剧上升，使得他被迫缓和禁令，并针对鸦片贸易采取措施。阿拉伯的商人们带着这种药物到达了印度，而后据称是在中世纪时期的印度时传入中国。

就像西方——基本上是希腊——医药来到了东方、影响了在伊斯兰世界中繁荣兴旺的优秀医药传统一样，阿拉伯、伊斯兰教以及波斯的观念又以翻译文字的形式回归到了西方，其中包括《健康全书》（*Tacuinum Sanitatis*），一本中世纪健康手册，以11世纪巴格达伊本·布特兰（Ibn Butlan）的医药专著为创作基础。鸦片作为“万灵丹”的60多种成分之一迂回地出现在了书中，被建议供寒性体质和老年人使用，尤其是在寒冷地区的冬天服用。在这些制剂中，鸦片与肉豆蔻、小豆蔻、桂皮和肉豆蔻种衣搭配，或者仅仅是藏红花粉和龙涎香一起使用。中世纪末期，它更是备受推崇，埃及的苏丹王们经常将其作为礼物馈赠给威尼斯的执政官和塞浦路斯的君主。

由“万灵丹”发展变化而来的一种制剂被称为“鸦片酊”，由罂粟——经常被称为“鸦片（*opium thebaicum*）”——以及其他的成分组成，最初只有固体形式，稍后出现了酊剂。将鸦片酊引入西方医药的功绩传统上归属于瑞士文艺复兴时期的医生菲利普·霍恩海姆（Philip Theophrastus Bombast von Hohenheim，卒于1541），更加为人所知的名字是帕拉塞尔苏斯（Paracelsus），他拒绝接受那个时代的正统医药观念，耗时数年游历全欧洲，之后到访过俄罗斯、立陶宛、匈牙利、圣地以及君士坦丁堡，作为一名巡回医生，发展了他自己的人文医学系统。越发狂热和愤世嫉俗的他实际上成为医药界的路德，被许多他的同代人看作神秘的浮士德博士，可妙手回春。

其中一个“奇迹”无疑是他在治疗方法中所使用的鸦片的功劳。例如，这里是帕拉塞尔苏斯治疗癫痫所使用的镇静剂的制作方法：

> 鸦片2打兰，桂皮1/2盎司，苔藓、琥珀香各1/2斯克鲁普尔，珊瑚1/2盎司，曼陀罗草1/2打兰，天仙子汁液1打兰，乳香3打兰。将以上成分混合并压碎，做成锭剂，加入炖煮的酒花汁。将混合物放入温柏中。闭合后放入面团里，将其在烤箱中烘烤，像烤面包一样。拿出后压碎，可得到1/2盎司到5盎司的硫酸油悬液。

按照帕拉塞尔苏斯的示例，用罂粟制成的制剂在全欧洲的医学草药书中扩散开来。威廉·兰厄姆（William Langham）于1598年创作的《健康花园》（*The Garden of Health*）包括将近三页的介绍罂粟治疗方法的内容——全书共46个条目，其中一些包含了多个处方。兰厄姆建议在以下情况中使用罂粟：脓肿、疼痛、腰痛、腹痛、骨折、瘀青、黏膜炎、肺病、感冒、咳嗽、痛风、发烧、经血流量、狂乱、头痛、丹毒、嘶哑、炎症、关节痛、淋巴结核、热肿痛、口渴、溃疡以及女性疾病。他的治疗方法需要使用黑色、白色以及花园罂粟的籽或植物，制作方法多种多样。例如，将成熟的白色罂粟的籽捣碎，与人乳和蛋白混合，可以热敷于太阳穴和额头，有助睡眠，也可以在太阳穴涂抹将近一勺罂粟汁或罂粟油。

都铎王朝时期伟大的博物学家、医生以及神学家威廉·特纳（William Turner）对待罂粟制剂的态度要谨慎得多。在他的草药书籍的第二部分中，他引用了12世纪来自西班牙的伊斯兰博学者阿威罗伊（Averroes）或称伊本·鲁世德（Ibn Rushd，他根据盖仑派医学的体液划分将罂粟分为冷和湿两种，白色的罂粟冷到第三级，黑色罂粟冷到第四级）介绍的内容，声称“白色能让人美梦香甜，但是……黑色则是邪恶的，让人睡得昏昏沉沉”。特纳对鸦片的恐惧源自他的一次经历：他将鸦片与水混在一起冲洗一颗疼痛的牙齿，不小心吞下去了一些这样的混合物。在接下来的一个小时里，他的腕部肿胀，双手奇痒，“要不是我用酒吃了一片大星芹的根，我就没命了，我觉得它能置我于死地”。他给出了如何治疗疑似鸦片中毒的建议：用含有蜂蜜的醋喝下胡椒和河狸的阴囊以催吐，将恶臭的东西插入病人的鼻孔以让病人醒来，为他洗温水浴，然后喂食病人油腻的肉类和热酒。

相对温和一些的治疗方法进入了能干的家庭主妇的医药箱；这些方法中使用的是用罂粟的籽做成的药物，来自主妇们在2月或3月的新月时种在厨房花园中的白色罂粟。杰维斯·马卡姆（Gervase Markham）在1615年出版的《英国主妇》（*The English Huswife*）一书中建议用少量干燥的、粉末状的藏红花与等量的干燥的、粉末状的莴苣籽以及两倍量的磨成粉的罂粟籽混合，用人乳浸湿，以厚实的药膏状涂抹在病人的太阳穴上，可治疗被“过分警觉”所困扰的家人。可涂抹粉末状的白色罂粟籽和紫罗兰油在后背和肾脏位置，能够退烧。罂粟的副产品也屡次出现在医药专家早期用拉丁语列出的药物清单中，《伦敦药典》（*Pharmacopoea Londinensis*）将它们列在药草与草药、天然矿物质水、糖浆、蜜饯和糖、化学制剂（鸦片药片 nepenthes opiatum）的部分中，另外——作为鸦片酊——还出现在了药片中，这些鸦片的药方中还包括了藏红花、河狸、龙涎香、麝香以及肉豆蔻油。

在 17 世纪的大部分时间里，医生们继续将鸦片酊药片作为处方药开给病人，直到托马斯·西德纳姆（Thomas Sydenham）发明了他著名的液态鸦片酊，包括两盎司过滤的鸦片、一盎司的藏红花、微量桂皮和丁香，以及一品托的加那利酒。作为在内战期间与克伦威尔同仇敌忾的清教徒，西德纳姆被誉为“英国的希波克拉底”以及“英国医生中的王子”。他用液态鸦片酊来治疗痢疾和其他许多病症，并心存感激，认为“无所不能的上帝、一切伟大事物的赐予者为减轻人类的不幸创造了鸦片药物，而没有哪一种医疗方法比这种从罂粟某些品种中得到的药物能够更好地减轻病症或更为有效地祛除疾病”。他所使用的酊剂的效果可能并不优于在他店中出售的其他药片，但是酊剂更为方便，而且更易于控制，“可以放入葡萄酒中，或蒸馏水中，或其他任何酒中”。

到 18 世纪初期时，人们便可以随时买到种类繁多的液态和固态的鸦片制剂，效力不同的不等剂量可分别用于男性或女性。那时没有针对青少年建议使用的剂量，但是在维多利亚时期将有镇静作用的鸦片酊剂用于儿童已是平常之举，且药名听起来多具安慰特色，例如“戈弗雷的甘露”“麦克蒙的灵丹妙药”“巴特利的镇静剂”以及“贝莉妈妈的镇静糖浆”。这种神奇药物最热情的支持者之一就是稍有些疯狂的约翰·琼斯（John Jones）博士，他在 1700 年出版了《鸦片揭秘》（*The Mysteries of Opium Reveal'd*）一书。琼斯十分清楚过分沉溺于该药物的危害以及“在长时间的大量使用之后”想要戒除这种习惯所需经历的种种痛苦，尽管如此，他在说起内服适量鸦片可以产生的“天堂般的状态”时，却是滔滔不绝。

> 它可让胃部区域产生一种最为惬意、愉悦、令人陶醉的感觉，如果人们躺下或静坐，这种感觉便会无限地扩散开来，那感觉与我们在进入最为惬意的熟睡状态时那温柔、甜蜜的意识消失差别无几，笼罩着我们，若不反抗，也就会沉沉睡去。

相反地，如果人们一直处于活跃状态，尤其是在好好休息了一夜之后，“它似乎成为听到好消息时那最怡人、最不寻常的情绪恢复术，或任何其他欢乐的源头，如看到了原以为是消失在了茫茫大海之中挚爱的人等等”。

18、19世纪旅行者口口相传的故事中，有关服用鸦片所能带来的快乐和危险的内容是其一大特色。法国人让·夏尔丹（Jean Chardin）曾在阿巴斯二世及其子苏莱曼一世（Suleiman 1）统治时期游历波斯，他从自己的经历出发，报道称服用鸦片在波斯几近普遍，是除了葡萄酒之外人们能够接受的另一选择，在那些不堪重负、想要寻求解脱的声名显赫的知名人士中尤为盛行。根据巴龙·德托特（Baron de Tott）的描述，土耳其也有相似的苦衷。他在土耳其帝国以及克里米亚旅行期间，正是它们与俄罗斯间歇性交战的那段时间，他在那里传递着君士坦丁堡的人们服用鸦片奇怪而荒唐的行为；君士坦丁堡的人们和波斯的人们一样，服用的都是药片形式的鸦片。集市广场旁一排小店的午夜仪式中，顾客们坐在树荫下的沙发上，喝水饮下药片，然后等待药效发作。最多只需要一个小时，这些“机器人们”就会变得生龙活虎，摆出的“造型千奇百怪，却总是大胆放肆的，总是愉快、高兴的。此时此景真是趣味十足；所有的演员们都心满意足，然后，每个人以一种完全非理性

图 9：伦敦的鸦片吸食：这是古斯塔夫·多雷（Gustave Doré）为查尔斯·狄更斯的作品《艾德温·德鲁德之谜》（*The Mystery of Edwin Drood*）创作的插画，描绘了故事中拉斯卡尔的房间，收录在《伦敦：朝圣之旅》（*London：A Pilgrimage*）中

的状态返回家中，但是，这种非理性与他们之前酣畅淋漓地享受着的愉悦一样，是无法通过理性来获得的”。

无论他们讲述的故事内容有多么丰富多彩，像夏尔丹和巴龙·德托特这样的旅行者们只是以旁观者的眼光捕捉到了鸦片在别人身上造成的奇怪效果。随着药物资料文献数量的增长，其他作者对这种药效也有了深入的了解，其中包括怪异的骗子“乔治·普萨尔马纳扎”（George Psalmanazar），他声称自己是第一位游览欧洲的台湾本地人，但是事实上他很有可能是来自朗格多克或普罗旺斯的法国天主教徒。在他死后出版的回忆录中，他描述了自己如何成功地将对鸦片酊的依赖减少到了最小的可能剂量。但是有关鸦片成瘾和脱瘾的经典故事还是要归属于托马斯·德昆西（Thomas de Quincey），英国散文家，英国浪漫主义的二线人物，最为出名的是他对塞缪尔·泰勒·柯尔律治和威廉·华兹华斯的仰慕以及由他所作的连载在1821年《伦敦杂志》（*London Magazine*）中的《一个吸食鸦片者的自白》（*Confessions of an English Opium-Eater*），这则连载故事在第二年出版成书，很快便成为最畅销的书籍。

与德昆西处于同一时代由于身体原因开始服用鸦片酊的很多人一样，他也是在1804年遭受了难以忍受的关节疼痛之后开始服用鸦片酊。若将德昆西与柯尔律治比较一下，柯尔律治笔下那仅有54行的诗歌让人意犹未尽，更为温和，全诗笼罩在由鸦片酊燃起的幻想中，描述了忽必烈汗位于上都那富丽堂皇的逍遥宫；与柯尔律治不同的是，德昆西成功地以自己的鸦片瘾作为中心点，从那里展开了对他人生的描述。他着眼于鸦片“让人神魂颠倒的力量”，像聊家常一样开始了他的《自白》（*Confessions*）：他是如何受控于药物又是如何控制住了自己的鸦片瘾，这样做的目的是“为了展示鸦片了不起的力量，无论它带来的是欢愉还是痛苦”。

对于现在的许多读者来说，阅读德昆西《自白》的主要乐趣在于他所讲述的由鸦片诱发的幻象和梦境——首先是那些城市和宫殿，它们的建筑风格很是让人困惑，似乎出自皮拉内西的设计；舞女们摩肩接踵，当场景转入了埃及、印度和中国时，随之而来的恐怖“难以想象”，在那里：

> 猴子、长尾小鹦鹉、美冠鹦鹉都盯着我看，对我大声嚷嚷，冲我咧嘴笑，和我聊天。我误打误撞地进了宝塔：在里面被收拾了几个世纪，不是在塔尖里，就是在密室里；我是被崇拜的偶像；我是牧师；我受到顶礼膜拜；我被当作了祭祀品。我逃离了梵天的愤怒，一路穿过了亚洲的全部森林：毗湿奴憎恨我：湿婆躺着等待我。我忽然偶遇伊西斯和俄塞里斯：他们说我的所作所为让朱鹭和鳄鱼战栗不已。我在石头棺材里与木乃伊和狮身人面像在一起被埋葬了一千年，在亘古不变的金字塔的中心处窄小的房间内。我被鳄鱼亲吻，那是死亡之吻；我躺在那里，被各种难以形容的黏糊糊的东西搅得不知所措，那些东西中有芦苇和尼罗河的淤泥。

鸦片酊让柯尔律治产生了像印度主神之一毗湿奴一样漂流在“被莲花轻轻拥入怀中的无垠的大海中”的欲望，而鸦片却让德昆西产生了感知上的噩梦以及错位的经历，后者与法国人产生了特别的共鸣。德昆西的影子出现在了法国诗人阿蒂尔·兰波（Arthur Rimbaud）所写的散文诗中，这位突破传统的诗人在 19 岁的时候放弃了诗歌，在阿比西尼亚做起了军火走私的买卖。还有另外两位法国诗人翻译了德昆西的《自白》：1828 年的阿尔弗雷德·德·缪塞（Alfred de Musset），以及更为让人印象深刻的 1860 年夏尔·波德莱尔（Charles Baudelaire）在《人造天堂》(*Les Paradis Artificiels*)中的翻译，该书出版于《恶之花》(*Les Fleurs du Mal*）初版的三年之后。鸦片也是波德莱尔在诗歌中的特色之一，他的诗歌中的鸦片是毒药而不是花，剧作家让·科克托稍后则是记载了他自己戒除鸦片瘾的经历。他写道："要教训一位鸦片吸食者就像是对特里斯坦说：'杀了伊索尔德。事后你会感觉好很多。'"

在所有的法国艺术家中，德昆西对浪漫主义作曲家艾克托尔·柏辽兹（Hector Berlioz）的影响最为直接；1830 年的早春，柏辽兹在六周的时间里，以疯狂的创造力谱写了《幻想交响曲》(*Symphonie Fantastique*)。与他在英国的同道中人类似，柏辽兹亲自体验了鸦片酊引发的梦境以及狂喜，在大概一年的时间里，愉快和沮丧的情绪交替出现。随后出现了僵局，他找到了方法来将他脑中的错乱形式化。前三个乐章描绘了主人公单相思的爱恋，之后，柏辽兹映射出了德昆西的形象，让他的主人公服下了鸦片，本来想一死了之，结果非但没有成功，还诱发了令人毛骨悚然的幻象。在幻象中，他以为自己手弑挚爱，并目睹了自己的死刑。在最后一个乐章中，他的爱人再次登场，只是变成了一位低俗的娼家女子，来参加她的悲惨爱人的葬礼，那是一场让人头晕目眩的巫妖狂欢日，该场景有可能出自歌德的《浮士德》。《幻想交响曲》在巴黎音乐学院进行了首场演出，被称为"丑闻成就"，它很快便反过来影响了文学界，尤其受到了"大麻会馆"的颂扬，其成员包括法国文人学士钱拉·德·奈瓦尔（Gérard de Nerval)、泰奥菲尔·戈蒂埃（Théophile Gautier）以及波德莱尔，他们全部都致力于研究由这种药物引发的种种经历。

目前看来，与鸦片比起来，法国人对印度大麻的接受程度更高，但是自从 18 世纪以来，在英国和北美，鸦片——尤其是鸦片酊——依然是平复社会伤痛、激发艺术精英幻想的不二良药。尽管人们一开始出于医药原因开始服用这种药物，但是由于服用药物而成瘾或近乎成瘾的状态却经常伴随终身。已知曾服用过鸦片药物或其派生物的名人包括印度的克莱夫（针对有痛感的肠胃道疾病）；霍勒斯·沃波尔的同代人斯塔福德夫人（为了激发才智）；乔治三世以及乔治四世（后者是为了抑制过度酗酒引起的刺激）；伊丽莎白·巴雷特·布朗宁（通常认为是因为她从小开始反复服用鸦片才会让她体质虚弱）；埃德加·爱伦·坡（尚存争议）；弗洛伦丝·南丁格尔（从克里米亚返回之后）；威尔基·科林斯（他在遭受着几乎持续不断的风湿热疼痛折磨之时，将鸦片酊写入了《月亮宝石》的故事情节中）；弗吉尼亚种植园主以及国会议员约翰·伦道夫；女演员萨拉·伯恩哈特（为了应对长时间演出后的疲惫）；以及路易莎·梅·奥尔科特，《小妇人》的作者。大部分浪漫主义诗人都有记录在案，曾尝试过鸦片，威廉·华兹华斯是例外，但是他的妹妹曾断断续续地服用过鸦片酊。她在1801年10月15日星期四的日记中这样写道："我和威廉沿着河畔向路格里格费尔山上走去，在喷泉中洗了头发。到家时难受万分——我躺在了客厅的床上——吃了鸦片酊。"

鸦片及其派生物也并非是社会或文化精英们的专用药物，在英国，它让很多人处于了镇静的状态之下。劳登夫人告诉我们，威利顿的约翰·布尔先生最先从种植的罂粟中成功提取出了英国最早的鸦片，1796年《艺术协会》颁奖给他，因其收获的鸦片"丝毫不逊色于东方的鸦片"。几年以后，一位来自爱丁堡的外科医生也成功地取得了高质量的鸦片。鸦片比啤酒和杜松子酒便宜，兰开夏的纺棉地区对其的需求尤其大，与此同时，在剑桥以及林肯的沼泽地带，村舍花园中的罂粟如此泛滥以至于"这一年里的几个月中，沼泽地区的人们大多数都受控于鸦片，这一事实也通常用来解释他们身材的矮小”。

艺术家们也依赖着鸦片的镇定特性，并象征性地将罂粟花收入艺术囊中。由于罂粟与邪恶的关联，它很少出现在中世纪末期或文艺复兴时期的基督教艺术中，以邪恶为背景的除外。例如，巴托洛梅·贝尔梅霍（Bartolomé Bermejo）创作的《圣迈克尔战胜魔鬼》（*St Michael Triumphant Over the Devil*，约 1468）中魔鬼脚爪边血红的罂粟芽，杰出的佛兰德彩饰家利芬·梵伦斯（Lieven van Lathem）则在《吉利翁·德特拉塞格涅斯的浪漫故事》（*The Romance of Gillion de Trazegnies*）的装饰镶边中加入了罂粟淡紫色的花朵以及慵懒的蒴果。画中的战争场景让人心惊肉跳，这些罂粟或许会为那些四肢不健全的人们带来些许安慰。

意大利风格主义壁画画家塔代奥·祖卡里（Taddeo Zuccari）以罂粟可以激发性欲以及恶魔幻想的名声为素材，在 16 世纪创作了《噩梦》（*The Nightmare*），又称《梦之寓言》（*Allegory of Dreams*）。一位陷于梦境的年轻少女躺在恶魔般的幽灵以及色情影像的旋涡下面，手中紧握一根魔法权杖和一枝罂粟，一只蟾蜍般的魔鬼藏匿在她的枕头后面，引发了她的梦境。亨利·菲尤泽利（Henry Fuseli）想必是了解这幅作品——或梦见过它——从而在 1781 年创作了他自己的《噩梦》（*The Nightmare*）版本。

但丁·加百利·罗塞蒂（Dante Gabriel Rossetti）是一位与鸦片关系甚密的英国艺术家，他的作品中时常流露出由鸦片引起的昏昏欲睡的蛛丝马迹。在《贝娅塔·贝娅特丽斯》（*Beata Beatrix*）中，他赞扬了他创作的源泉、他的妻子莉齐·西德尔（Lizzie Siddal），她在 1862 年因过量服用鸦片酊身亡，就像一个多世纪之前的威廉·霍格思（William Hogarth）在《时髦婚姻》（*Marriage a-la-Mode*）系列的最后一幅画中自杀的伯爵夫人一样。尽管罗塞蒂在莉齐自杀之前就开始了创作，但是该作品将莉齐重塑为贝娅特丽斯却具有预言性，她的死对于罗塞蒂来说具有如此神秘的意义。（在之后创作中，罗塞蒂会巧妙地在莉齐的特征中加入一丝简·莫里斯的意味，那是他的另一位挚爱。）她父亲宫殿的阳台俯望着阿诺河，她坐在那里，双眼紧闭，快乐而安详地昏睡着，她摊开的双手放在腿上，像那些领圣餐者一样，仿佛正要接受"天使报喜"中的红色鸽子投下来的白色罂粟花。身影模糊的诗人站在她的身后，望向自己的爱人，望向拥有一颗火热的心的她。

在艺术家们兴高采烈地将罂粟纳入他们的个人象征主义中时，上流社会在他们的文字中接受罂粟所需要的时间相比之下要长了一些。想要在最早的花语指南中找到罂粟是徒劳的；那些19世纪的指南书籍别出心裁的言辞十分让人着迷，男男女女们利用它们来交换着彼此的花束，互献殷勤，或者至少会去读一读他们可能想要交换的信息。夏洛特·德·拉图尔（Charlotte de Latour）是这一体裁的倡导者，她在1819年匿名出版的迷你花卉"字典"的初版中清除了一切罂粟的痕迹。1854年的版本中内容大量扩增，她的花束中仍然没有罂粟，但是在有关植物和象征的字典中收录了白色罂粟，表示"沉睡的心"，在有关感情的字典中收录了虞美人，表示"安慰"。

至此，罂粟为自己作为象征安慰的花扎下了根基，主要是因为——一些人认为——刻瑞斯创造了它以安抚她寻找女儿时的悲痛。在美洲也是一样，随着花语不可避免地变得愈发地细致入微，罂粟也在其中起到了自己的作用。现在不同种类的罂粟表示的含义大不相同：虞美人，安慰；杂色罂粟，调情；而罂粟显然表示死亡。要打击塔克西勒·德洛尔的《花样女人》中（插图作者让－雅克·格朗维尔）表现出来的这一体裁日益增长的傻里傻气的任务就留给法国人了。在书中介绍罂粟的简短的条目中，一位以花的形式呈现的女孩身着沉闷的粉色、绿色和灰色，摇晃着罂粟荚，驱赶着成群的瞌睡虫，文字精辟地声称："对于那想要忘却伤痛之人，睡眠已不再有效。也是无意再睡，却想梦一场。我曾遁入以往，现已成为幻想。"

塔克西勒·德洛尔做出此番温和讽刺的时间意义非凡：1847 年，正是两次鸦片战争之间，第一次鸦片战争的时间是 1839—1842 年，第二次鸦片战争是在 19 世纪 50 年代末期，根本上是由英国针对当时的清政府发动的战争，目的是为了支持从英属印度向当时的清政府统治下的中国输入鸦片的非法贸易。起居室或许已经厌倦了花卉的华而不实，但是从来没有哪一种花能够产生如此这般的军事力量。为了强行将英属印度的鸦片输入当时的中国，面对已经对鸦片瘾在社会中蔓延开来的现象有所警觉而反对鸦片输入的清政府，英国竟然全然不顾，发动战争，这是让人遗憾的讽刺。即使是在当时，那些很有原则的见证人们也严厉批评了英国的鸦片政策，认为其是"他们国家的历史和品格上最大的污点"，然而当时的英国却认为那是市场优势和利润双丰收的重要关头。

印度有很长的种植罂粟的历史，据说是在伊斯兰教从阿拉伯的中心区域向外推进时，阿拉伯的商人们将罂粟引入印度，并受到了印度莫卧儿统治者们的支持，他们出售生产鸦片的垄断权，与英国东印度公司之后的做法一样。在阿拉伯的影响减弱后，印度的鸦片贸易由威尼斯人首先接手控制，然后是葡萄牙人，他们在靠近中国西南部的广州、珠江河口的澳门建立了永久的贸易基地。

在葡萄牙人掌控贸易的时期，印度马拉巴尔海岸向西方出售两种鸦片：第一种最为昂贵，黑色，质地硬，产自亚丁；第二种稍微便宜一些，产自印度中西部的马尔，描述称质地柔软，颜色微黄。印度另外一处鸦片生产区是东部的孟加拉，以恒河流域的巴特那以及加济布尔为中心。正如16世纪早期一位葡萄牙的药剂师、外交官向他的国王汇报的那样，鸦片在印度“的这些地区是一件非常不错的商品……国王和贵族们都食用鸦片，甚至是普通人也不例外，只是因为其价格不菲，所以普通人食用鸦片的量要相对小一些”。

尽管罂粟并不是中国土生土长的植物，但是在阿拉伯的贸易开始之前，云南省就种植有少量的罂粟，主要用于医药目的。随着当时的中国人抽鸦片烟的数量增长，鸦片的消耗量开始攀升；东印度公司的荷兰人将这种抽鸦片烟（将鸦片同香烟和当地的植物放在一起）的习惯引入当时的中国；到了18世纪中叶，抽鸦片烟成为一种中国式服用鸦片的方式。葡萄牙人在中国贸易中依然处于主导地位，意图从葡萄牙属的果阿进口马尔鸦片，并尝试垄断运往澳门的鸦片运输，结果未遂。

作为后来加入鸦片贸易的成员，英国开始扩大他们在印度基地的势力，最初是通过东印度公司，该公司一直掌控着印度大部分地区的贸易，直到英国王室中途获得直接控制权，在接下来的一个世纪中始终大权在握。到1781年，该公司得以成功地将少量鸦片运入中国，并在澳门南部建立了仓库，储存从英国进口来的鸦片。但是与中国进行鸦片贸易却困难重重。不仅仅是因为中国人向来不信任外国人，仅允许外商在广州珠江的一小块区域进行交易，另外，当时的清政府实际上已经颁布一系列诏令，宣布鸦片贸易为非法行为，首先是禁止销售鸦片（1729），然后是禁止吸食鸦片（1780），最后是禁止进口鸦片（1796）。

表示要在将非法鸦片贸易的利润装入腰包的同时保持身家清白的东印度公司建立了与欧洲、非洲和加勒比地区之间的三角贸易，与奴隶贸易并行。作为孟加拉的农民生产的所有鸦片的唯一买家，该公司将买来的鸦片拍卖给得到许可的“贸易合作国家”，由它们将鸦片运输到中国水域，再从那里转到速度快、平底的中国小船上，将鸦片偷运进中国境内。从贸易获得的银两都交付给公司在广州的财务，再转换成为与伦敦交换贸易的收入，以此帮助平衡中英之间的贸易差额——这一差额大大地偏向了中国方面，因为中国对欧洲市场垂涎三尺的成船的茶叶、丝绸和瓷器的回报要求甚少。

在英国东印度公司看来，贸易进行得一帆风顺，几乎可以说是太顺了。一箱鸦片的价格在 1799 年到 1814 年间增长了将近六倍，招来了美国人的竞争，开始买卖土耳其的鸦片，还有来自马尔的鸦片，这些直接从孟买运来的鸦片的产地在王室的直接管辖之下，而不是东印度公司。最终，东印度公司通过征收通行税迫使马尔的鸦片成为公司财源的贡献者；公司得以操控鸦片的价格以维护自己的利益，打造了低价鸦片的趋势。

腐败猖獗。尽管中国政府已经不遗余力地想要摆脱鸦片的纠缠，从英方进口达到广州的鸦片还是从 1819 年到 1820 年间的 4600 箱增至 1832 年到 1833 年间的 23570 箱。接下来的情况变得让人有些不解：中国沿海区域的鸦片走私开辟了其他贸易据点，公司丧失了它的鸦片垄断权。但是，1839 年，在第一次鸦片战争之初，英国出口了 40200 箱来自孟加拉的鸦片，在中国境内，抽鸦片烟的人数也急剧上升。根据当时的估计，1838 年的中国，在大约 4 亿人口中有多达 400 万到 500 万的瘾君子。某些职业更是高危人群，特别是私人秘书和士兵，另外，有钱有权家庭的子嗣们所沉溺的鸦片开始逐渐蔓延渗入各行各业：“高级官吏、贵族乡绅、工人、商人、仆人、家庭妇女，甚至是尼姑、和尚，还有道教的道士。”一种对立的观点则争辩说，将中国视为殖民利益的被动受害者有失偏颇；因为对于中国的许多人来说，鸦片生产和鸦片消费都是正常的行为，而中国鸦片政策的根源是内部的宫廷政治，是汉族的学者们要与统治阶级的满族官员们一争高下。虽然如此，英国还是参与了非法贸易，加速了当时中国的整体衰落。

中国遭受的鸦片之苦让当时的皇帝警觉起来，并任命钦差大臣林则徐，一位坚定的禁烟主义者，来根除鸦片。尽管他成功地迫使英国商人交出了一部分他们的不法存货，但是却没有能够禁止沿海地区的走私活动。两年时间里，一小支掌握了高端科技和灵活战术的英国远征军击败了意志消沉的中国军队。和平协定的条款极为苛刻：中国被迫补偿商人们被销毁的存货；割让香港；开放厦门、福州、上海以及宁波作为对外贸易港口。

但是，战争并没有使鸦片贸易合法化。第二场战争在所难免。1856年，中国政府在广州附近扣押了一艘悬挂着英国国旗的走私船只，尽管船只的许可证已经过期，这一事件成为第二次鸦片战争的导火索。敌对行为规模空前，英国与法国联合进攻北京。战后的和平逼迫中国政府作出了进一步的退让：开放更多协议港口，与西方进行贸易，允许外国人，包括传教士，进入中国。至此已合法化的鸦片贸易由中国官方管理，九龙被割让给英国，清政府又向英国和法国支付了大量的赔偿金。许多人认为，鸦片既是当时中国社会衰落的原因，也是中国社会衰落的象征，现在看起来，在废除中国的闭关锁国政策方面，鸦片也有所贡献。但是，英国以及那些想要从鸦片贸易中牟取利益的西方势力对于中国飙升的瘾君子数量负有不可推卸的道德责任。

具有讽刺意味的是，在西方动用武力以维持面向中国的鸦片供应的同时，中国人将他们抽鸦片烟的习惯输送回了西方。受到了“加州淘金热”的吸引，中国移民来到旧金山，在那里建起了自己的社区，从而更好地服务那时正涌入全加利福尼亚州以及美国西部的中国人。大烟馆开始出现在了饭店、杂货店、洗衣店和医生诊室的旁边；而且几乎可以在任何一处美国的“中国城”买到抽大烟所用的鸦片，这些鸦片由中国的秘密协会进口并分销。马克·吐温用他那典型的、令人瞠目结舌的细节描述道，最初的常客只有年轻的中国男性，他在晚上十点钟来到了太平洋沿岸的一家大烟馆，那时是：

> 中国人很得意的时候。在每一座低矮窄小肮脏的棚屋里，飘散着淡淡的佛灯燃烧的气味，那微弱、摇曳不定的牛脂烛光照出一些黑影，两三个皮肤姜黄、拖着长辫子的流浪汉，蜷缩在一张短短的小床上，一动不动地抽着大烟。他们那无神的眼睛，由于无比舒适，非常惬意地朝向里面。

截至19世纪80年代，鸦片已扩散至英美血统的黑社会，吸食鸦片的行为进一步向社会深处渗透，威胁着上层人士和中产阶级。仇外情绪和道德恐慌接踵而至。就像1879年的《雷纳晚报》评论的那样，吸食鸦片是“社会上不堪的污点——是丑陋的、让人憎恶的道德麻风病，麻痹着意志，残害着肉体。它是不堪的癌症，蚕食着社会的生命力，摧毁着每一个陷入它可怕魔咒的人”。

人们开始感觉到，遏制鸦片势力的方法不是使鸦片非法化（尽管这在1909年终于成为现实，那一年美国国会通过了议案，禁止除医药目的以外的鸦片进口以及使用），而是面向那些被视为主要鸦片交易商的人紧紧地关上大门。这促使产生了一系列排他法律，目的是要挡住“不良分子”，目标人群最初被确定为来自亚洲的合同工人、可能参与卖淫的亚洲女性，以及外国罪犯；最后，这些法令涉及的人群扩展到所有有技能以及没有技能的中国工人。更多的立法尾随而至，首先是使得无照种植鸦片非法化，后来是培育、种植以及收获鸦片的非法化。[在美国，“蓄意”或“故意”种植鸦片依然是重罪，美国食物和花园作家迈克尔·波伦的记者同事就曾经因为此罪被逮捕，事后他在《哈波斯杂志》（*Harper's Magazine*）中对此事进行了报道。]

针对中国移民的禁令到20世纪40年代才撤销。早在那之前，鲍姆（L. Frank Baum）的童话故事《绿野仙踪》（*The Wonderful Wizard of Oz*，1900）中还是清白无辜的罂粟田地已经让步给了粗制滥造的小说和美国电影散播的鸦片瘾和犯罪等乌烟瘴气的形象。在英国也是如此，早时用于安抚烦躁不安的宝宝的“灵丹妙药”现已被诋毁成来自亚洲的祸害，抽大烟的人窝在肮脏的小巷中陈腐的大烟馆中，如同柯南·道尔（Conan Doyle）的短篇故事《歪唇男人》中华生医生所造访的那些地方一样，在那里有着无神双眼的躯体以“奇怪的、让人无法相信的姿态”躺在狭长低矮的房间里，那里“棕色的鸦片烟雾浓重，有着成排的铺位，就像移民船只中的艏楼一样”。

罂粟故事的最后一章定格于实验室以及化学方面的进步，这些进步同时提高了罂粟的善、恶两种力量。1804年左右，德国药剂师赛特纳（Friedrich Wilhelm Sertürner）从鸦片中分离出晶状盐，并以希腊梦之神墨菲斯（Morpheus）的名字将此种物质命名为“吗啡”（morphium）。直到十多年之后他才发表了这一发现；这是第一次——也是意义最为重大的一次——对鸦片生物碱的确定，也是第一种从医药植物或草药中分离出来的有效成分。

罂粟总共包含40多种生物碱，这些生物碱在粉末状的鸦片中约占总重量的25%，是引发其药理学反应的物质。罂粟本质上的矛盾——作为一种既有益处又具有社会危险性的花——来自于它内在的化学构成：这些生物碱中的一些可以抑制中枢神经系统，而另外的一些则可以让中枢神经系统兴奋。最具有镇静效果的是吗啡，而处于另一极端的是蒂巴因（thebaine），它能够引发痉挛，与士的宁（strychnine）类似。其他从鸦片派生出来的生物碱包括罂粟碱（papaverine）、可待因（codeine）以及那可汀（narcotine）。

尽管经过提纯的吗啡使得处方中的剂量精准，然而，当人们更好地了解以及掌控了鸦片的化学性质后，鸦片变得更加危险。1874年，英国化学家奥尔德·赖特（Alder Wright）将吗啡和无水醋酸一起熬煮来产生二乙酰吗啡（diacetylmorphine），一种半合成的类鸦片，它的非法形式即为海洛因。赖特的发现停滞不前，闲置未用，直到德国的拜耳制药公司重新合成了这种物质，并从1898年开始将其推销成为不上瘾的吗啡的替代品和治疗儿童咳嗽的药物。人们到后来才认识到了它的危险，销售从1914年开始得到控制。

如今，全世界每年收获的鸦片中仅有5%用在合法的药物中；其他都被用于不正当消耗，大部分都在世界各地用于毒品买卖，出售给约1200万至2100万的“娱乐药物”使用者，为毒品贩子创造收入约680亿美元。在传统的鸦片生产国和它们的近邻中，鸦片是标准形式，在这些国家之外的其他地方，海洛因则是最常使用的鸦片制剂。从全球来看，约195700公顷的土地用于种植罂粟，其中近三分之二都在阿富汗，但是阿富汗罂粟的疾病使得全球鸦片的实际产量锐减，从2009年的78.53亿吨降至2010年的48.63亿吨。

鸦片生产反映了国内和国际鸦片政策的实际情况。20世纪50年代，毛泽东严格的反鸦片政策基本上根除了中国的鸦片种植，阿富汗波动的鸦片生产量所代表的前景就没有那么振奋人心了。尽管最初塔利班似乎决心清除阿富汗的鸦片，但是禁烟运动大势已去，而实用主义占了上风，塔利班对待这种药物生产的态度也开始变得模棱两可，喀布尔政府以及当地军阀的态度也是一样。在过去的十年中，世界其他地方，包括东南亚“金三角”中的越南和泰国已经减少了生产量，但是邻国缅甸和老挝的罂粟种植量却有所增长。印度的鸦片生产量与过去相比已经减少，而阿米塔夫·高希（Amitav Ghosh）在《罂粟海》（*Sea of Poppies*，《鸦片战争》三部曲中的第一部）中栩栩如生地描述过的浩瀚的罂粟田地几乎已消失殆尽。它们香甜、醉人的味道不再能够吸引成群的昆虫。

但是，罂粟总是能出其不意地再次出现，就像在2007年的一位英国园艺家在搬入赫里福德郡乡村的一所小农舍时所发现的那样。她翻完了“田地”，想要准备新的花坛，可是来年春天的景象让她惊讶万分：一大片红色的、淡紫色以及丁香色的罂粟在微风中轻轻摆动，“像是红衣主教的大队人马”。这是霍普金（Gerard Manley Hopkins）诗歌《森林云雀》中“转瞬即逝的褶皱丝绸一般的罂粟”，回应着约翰·罗斯金（John Ruskin）《泊尔塞福涅》（*Proserpina*）中让人心醉神迷的描述，以及约翰·帕金森赞美的那种鲜艳夺目的深红色重瓣罂粟。早些时候在这片土地上的是一位药剂师的房子；因为罂粟籽可以存活100年或更久，也许是这位药剂师的一些罂粟籽自那时起进入了休眠状态，只是等着有人让它们重见天日，重获新生。

第五章

# 玫　瑰

我看见你，玫瑰，微微开启的书，
含有如此多的书页，
写有明晰的幸福，
无人得以解读。
——节选自里尔克《玫瑰集》
（何家炜译）

2010年，就在我的书《玫瑰：一部真实的历史》（*The Rose: A True History*）出版后不久，我参加了一场苏富比拍卖会，会上拍卖的是约50幅画于羊皮纸上的水彩玫瑰，出自杰出的比利时画家皮埃尔－约瑟夫·雷杜德（Pierre-Joseph Redouté）之手，他是拿破仑的第一任妻子约瑟芬皇后的花卉画家。一位匿名买家买走了全部作品。最贵的一幅作品售价超过了250000英镑，这幅估价在50000到70000英镑的作品画的是一枝暗粉红色的秋大马士革玫瑰，这种玫瑰作为第一种在一季内盛开不止一次的西方玫瑰而从16世纪即为人所熟知。无论是作为花卉本身或是作为艺术品来欣赏，这幅大马士革玫瑰都堪称精致，半透明的花瓣向中心处颜色逐渐加深，花瓣的柔软与排列在淡绿色茎上的红色的刺形成了鲜明的对比。植物画家雷杜德的高超画工甚至暗示出玫瑰那来自天国的芳香："如果阳光有味道，那么一定就是这种味道。"一位已退休的专门制作这种玫瑰香型的香水制造商这样评论。

如果说莲花诱惑着我去探索花卉的力量，那么玫瑰毫无疑问是我的最爱。我花了长达五年的时间追踪着它让人眼花缭乱的演变历程——既包括文化上的也包括植物学上的——带着这个目的我从白宫玫瑰园走到伊朗的城市与沙漠，又继续前行至位于前民主德国桑格豪森的世界上最大的玫瑰园。以如此单一的焦点来看待人生既让人兴奋又让人徒生焦虑。正如我在之前那本书的序言中所说，我来到一座城市首先就去寻找玫瑰园。我听音乐听到的只有与玫瑰有关的歌曲。我到一个国家旅行，眼中只看到玫瑰。

玫瑰是花中的变色龙，它千变万化的化身让人啧啧称奇。玫瑰以神圣的象征以及女性特质的标志而为人喜爱，它连接了维纳斯与圣母马利亚，耶稣基督的血与穆罕默德的汗水，圣洁与世俗，生与死，象征纯洁忠贞的白玫瑰与代表肉体完满的红玫瑰。在过去的一千多年里，这种花本身从北半球普普通通的欧亚野玫瑰进化成为今天雍容华贵的花园女王，人们培育玫瑰以得到它的美丽、力量、芳香以及“魅力”——这些是一位玫瑰种植者向我描述的易于栽培的玫瑰的特质，这些品质还能够俘获芳心。但是热爱玫瑰的人们要当心了：我们得到了我们应得的玫瑰，但是追求规规矩矩、整齐划一的花丛的趋势却可能恰恰会毁掉那些让玫瑰如此珍贵的特质。

在野生环境中，玫瑰花妩媚动人，通常有着低调的色彩，并散发着淡淡的清香，但是它们很少会像一池盛放的莲花或漫山的野生郁金香一样让人屏息凝神。更为引人注目的是玫瑰在恶劣的生长环境中顽强求生的方式，它浑身的棘刺和能够吸引昆虫传粉的香气助力着它的求生技能；另外，它与生俱来的杂交能力使得它能在野生环境中来者不拒，产生出有着更多花瓣的花朵，香气也是越发醉人。玫瑰是仅仅生长于北半球的原住民，其踪迹遍布北回归线直至北极圈。玫瑰已经存在了千百万年的时间，比在中国北部和阿拉斯加发现的可追溯至大约三千五百万至四千万年前的所谓的“玫瑰化石”要更为悠久。

我们在蓝鸟壁画上一窥其真容的常见的五瓣玫瑰显然是野生的，和今天的克里特野生玫瑰品种（*Rosa pulverulenta*）相似。蓝鸟壁画是克里特岛上克诺索斯距今约 3500 年米诺斯时期的一个城镇的房屋装饰。画中的玫瑰位于岩石遍地的自然背景中，是世界上毫无争议的最古老的玫瑰的形象；但这些玫瑰始终是野花，比不上克里特岛的白百合（见第二章）的精巧复杂。百合在那时已经登堂入室进入了城镇宅邸的花园，其形象也出现在米诺斯文明的器物中。

在接下来的一千年里，更加华美的玫瑰在野外缓慢地进行着变异，到公元前 5 世纪时，充满好奇心的希腊历史学家希罗多德就已经记载了在马其顿西部弥达斯的花园中疯狂生长的玫瑰，“让人惊叹不已的花朵，每朵花有 60 片花瓣，比世界上其他任何一种花都更为芳香”。大约一个世纪之后，希腊的早期植物学家特奥夫拉斯图斯告诉我们说，马其顿东部的市民们正在将潘盖优斯山坡上最好的玫瑰——其中一些的花瓣多达 100 片——移栽到他们的花园中，这一举动推动了玫瑰一点点地转变成为西方世界最受欢迎的花卉。

希腊人在艺术中赋予了玫瑰意义，而罗马人则将玫瑰带入了日常生活的核心，烹调、园艺、香水、盛宴、饮酒、享乐，还有生与死的仪式中无处不见其踪影。玫瑰甚至还有自己的节日：玫瑰日（Rosalia）。这是一个喧嚣的欢宴，每年的时间随着玫瑰收获季节变动。这个节日在公元 1 世纪就出现在了当时的日历中。罗马帝国臭名昭著的堕落的叙利亚军团不甘落后，也开创了他们自己的玫瑰节日，届时，军团的军旗上装饰着玫瑰，士兵们借此时机可以狂欢作乐一番。

尽管老普林尼的书中充斥着各种不准确的描述和断章取义的借用，他的百科全书式的《自然史》仍旧是了解真正生长在罗马时期的玫瑰的最佳指南。书中描述了大约十种不同的玫瑰，根据地点和香味进行分类。[普林尼认为玫瑰的品质如何取决于其土壤，他将一株锦葵和毛剪秋罗（Lychnis coronaria）和他真正的玫瑰进行杂交。] 他认为，最为名贵的玫瑰来自于罗马和那不勒斯附近的区域(即古帕莱斯特里纳和坎帕尼亚地区)，有些人认为还应该加上来自安纳托利亚西海岸米利都的亮红色的玫瑰；最为芬芳的玫瑰来自北非，北非与西班牙出产了整个冬天的早开玫瑰。罗马行省时期的埃及也供给了大量的早开玫瑰；罗马帝国一定时不时地看起来仿佛被淹没在玫瑰的海洋中一样。

想要一窥普林尼心中如此珍爱的玫瑰，看一看庞贝和赫库兰尼姆的彩绘壁画和马赛克镶嵌画就可以了。公元 79 年维苏威火山爆发后，这两座城市被封存在厚厚的熔岩和火山灰下面。这次火山爆发周围地区无人幸免，包括普林尼自己也葬身其中，但是却具有讽刺意味地保存了城市中绚丽夺目的花卉文化。玫瑰在坎帕尼亚平原的这些贸易中心随处可见，在私家花园中和蔬菜、香草以及其他花卉种植在一起；在商业花园中栽培以获利；人们将玫瑰画在房子和花园的墙上，以营造永恒夏日的幻象。在这些花园场景中，最为精致的应属黄金手镯之家的壁画，在其庭院小屋南面的墙上，一只小小的棕色鸣禽栖息在中空的芦苇上，芦苇上面挂着一枝带刺的红白相间的玫瑰，展示着从花蕾到盛放的每一个阶段。

但是就像他们对待众多乐事的态度一样，罗马人对于玫瑰的热爱有些过头了，玫瑰渐渐变成了骄奢淫逸、放纵享乐的象征，这也解释了为什么长期以来禁止在战争时期佩戴玫瑰花环。统治者也因对玫瑰的过度痴迷而遭到诟病，他们以玫瑰来掩饰真实生活的丑陋，或是缓解战争过后走过堆积如山的尸体带来的震惊。据传对玫瑰的痴迷最为臭名昭著的是叙利亚小皇帝埃拉加巴卢斯

(Elagabalus，马可·奥勒留·安东尼斯，约203—222)，即黑利阿加巴卢斯，据说他用一团团的玫瑰花瓣使他的晚餐客人们窒息而死。尽管他的第一位传记作者写的不是玫瑰，而是“紫罗兰和其他的花”，但是玫瑰的力量已可见一斑，在这起暴行中它成功地变作视线的焦点，成为维多利亚时期的不朽画作《黑利阿加巴卢斯的玫瑰》(*The Roses of Heliogabalus*) 中的主角。这幅作品的作者是荷兰裔学院派画家劳伦斯·阿尔玛－塔德玛 (Lawrence Alma-Tadema) 爵士，他那宏大的想象为后来的好莱坞电影赋予了灵感。玫瑰或许帮助规划了帝国的逐步扩张，但是它们同样也可能是这些帝国陨落的原因之一。

随着西罗马帝国的缓慢衰落，特别是5世纪时败在日耳曼诸部落手下之后，玫瑰就逐渐淡出了公众的视线，后来拜天主教廷所赐玫瑰逐渐洗清了与异教徒的联系，并在欧洲修道院和修会的药用花园中恢复了健康和宠幸。到三百年后的查理曼大帝时期，有好几种玫瑰已经位列73种菜园植物之中，属于依照皇家法令可以在皇家庄园中种植的16种水果和坚果树之一，仅次于排名第一位的百合，应该指的是圣母百合，想必是因为其与圣母马利亚的紧密联系让它拔得头筹。

玫瑰还因其是拜占庭时期的皇室花卉而受到尊崇，伊斯兰世界杰出的园艺师培育着它们，这些园艺师从被征服的波斯人那里引入了他们精致的天堂花园，在里面种满了从国外收集来的植物。摩尔人时期西班牙塞维利亚的市民、务实的土壤科学家伊本－奥旺 (Ibn al-‘Awwam) 在他写于12世纪早期的著名的农业专著中提及了许多玫瑰品种：山地玫瑰、红玫瑰、白玫瑰、黄玫瑰、中国玫瑰 (ward al-sini)、狗蔷薇 (nisrin)、天蓝色的玫瑰，还有另外一种是外侧蓝色内侧黄色。这个清单有些让人迷惑不解：就像已故的园林史学家约翰·哈维提到的，奥旺在说“蓝色”的时候，他是不是其实是指“红色”呢？另外，这种“中国”玫瑰是欧洲大陆第一次关于月季的记载，还是一种完全不同的植物呢？大约80年后，学识渊博的多明我会神父大阿尔伯特编写了一份较短的、在基督化时期的欧洲为人所熟知的园林栽培玫瑰的清单。这些玫瑰中包括白玫瑰、一种红玫瑰、一种野地玫瑰——可能是气味香甜的蔷薇——以及一种味道刺鼻的玫瑰，具体颜色没有说明，但是可能是来自高加索和中东的黄色异味玫瑰，尽管这种玫瑰并未见于中世纪其他用拉丁语写作的作品中。

基督教世界的红色和白色玫瑰出现在15世纪德国两幅出色的圣母子像的背景凉亭中，一幅是斯蒂芬·洛赫纳（Stefan Lochner）的超脱凡世的《玫瑰亭中的圣母马利亚》（*Madonna in the Rose Bower*，约1450），另外一幅是马丁·施恩告尔（Martin Schongauer）创作于1473年的科尔马的圣马丁教堂的祭坛画《玫瑰亭下的圣母马利亚》（*The Madonna of the Rose Bower*）。从植物学角度来看后者更为有趣。画中展示的是重瓣红玫瑰，中心有一簇金色的雄蕊，几乎可以确定这是法国蔷薇的一个园林栽培品种，法国蔷薇是欧洲中部和南部的原生品种，其栖息地向东延展至伊拉克；以及一枝白色中夹杂浅粉的重瓣玫瑰，可以确定这是阿尔巴玫瑰的某个早期品种，法国玫瑰（*Rosa gallica*）以及某种狗蔷薇的杂交品种。还有一枝处于前景非常显眼的无刺的深红色芍药；这种花在德国被称为Pfingstrosen，“圣灵降临节的玫瑰”，以纪念耶稣升天后差遣圣灵降临到其门徒面前的事件。

几乎可以确定的是大马士革玫瑰在以花卉的身份到达欧洲之前，是作为贵重的玫瑰香水而被进口的。截至16世纪，这种玫瑰在欧洲花园中的地位已经相当稳固，在早期的植物志中占有重要地位。它可能起源于伊斯兰帝国或是波斯的哈里发的花园里，法国的玫瑰栽培者、学者夏尔·若莱（Charles Joret）将这些花园看作园林栽培玫瑰的摇篮。最近的基因研究发现大马士革玫瑰的亲代不是两种，而是三种，这几种在野外都不共生：从欧洲直至亚洲西南部的法国蔷薇；从吉尔吉斯斯坦的天山山脉脚下向东直至中国的漫山遍野、开白色花朵的腺果蔷薇；以及神秘的麝香玫瑰，栖息地在上述两种玫瑰的中间地带。丝绸之路将这三种玫瑰的家乡连在了一起，蜿蜒曲折、有几条分支的丝绸之路从中国的西部边陲通达里海的南部海岸，再继续向西穿过小亚细亚进入欧洲，琳琅满目的货物、形形色色的人们、各式各样的观念和宗教往来穿梭在这条路线上。将新的玫瑰

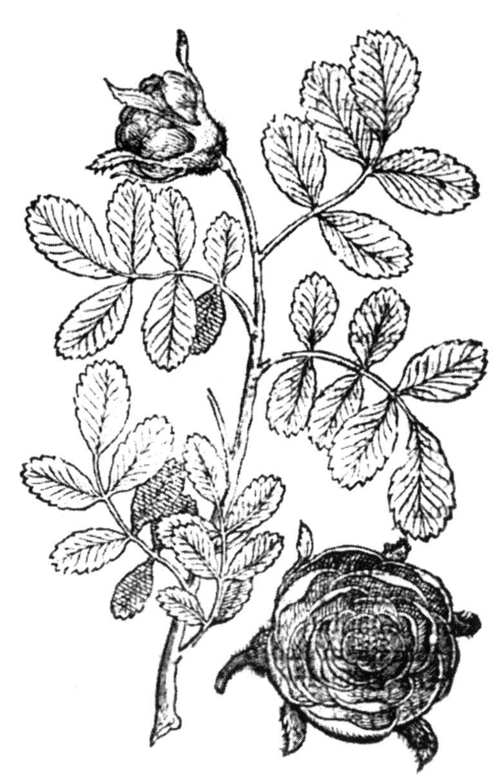

图10：来自黎凡特地区的重瓣黄玫瑰，伟大的佛兰芒植物学家卡罗卢斯·克卢修斯在其死后出版的《后续治疗》（*Curae Posteriores*，莱顿，1611）一书中对其进行了描述

带向西部的人们是植物传播的无名英雄——旅行学者、僧侣、神父、移民、为哈里发四处搜寻植物的植物学家、商人——而不是西方通常认为功劳所在却并没有实际证据支撑的十字军战士。

欧洲花园里加入法国蔷薇、阿尔巴玫瑰和大马士革玫瑰这三剑客的第四种玫瑰是百叶蔷薇，诞生于16世纪末的荷兰园艺精品，可能是来自于中东种群。荷兰和佛兰芒的植物学家们无疑是最先对这种华美的新品种玫瑰大加赞扬的人，这种玫瑰圆圆的如同小棵的卷心菜，爱德华七世时期杰出的女园艺师葛楚德·杰克尔（Gertrude Jekyll）评价其粉红色花朵的香味为“所有玫瑰中最为香甜的，那是真正的玫瑰的味道”。这是园林栽培玫瑰时机拿捏得宜再造自己形象以满足时代需求和欲望的极好的例子，它成为17世纪荷兰和佛兰芒花卉绘画大师首选的玫瑰，绚丽夺目，足以和由君士坦丁堡以及更远的地区传入欧洲的喇叭形郁金香以及其他异域花卉比肩而立，毫不逊色。就在玫瑰在这些舶来品花卉面前开始节节败退时，自中国涌入的玫瑰又引发了一轮玫瑰培育的热潮和玫瑰狂热，这表明玫瑰的各种化身在大西洋两岸均再获荣宠。

全世界约150种野生玫瑰中超过半数产地在中国，其中特种玫瑰的比例更大，几乎可以肯定地说，中国是培育杂交玫瑰品种的领头军。两千多年前汉武帝统治时期，玫瑰出现在中原地区古都长安（即今西安）附近的皇家园林中；一千年以后，著名的北宋艺术家崔白已经在他的绢本绘画作品中展示了“现代”玫瑰栽培品种中的大花重瓣月季。然而，尽管玫瑰花开遍地，野生也好，栽培也罢，中国人却没有像西方或中东的人们那样尊崇玫瑰，比如，玫瑰并未跻身代表四季的“花中四君子”之列（见第七章）。而且，尽管早期来到中国的旅行者曾记载在中国的苗圃中看到出售漂亮的玫瑰花，但是中国的花卉栽培者爱慕的却是其他的明星，例如牡丹、睡莲、菊花、茉莉花和山茶花。

从18世纪晚期开始风靡欧洲的中国玫瑰（即月季。——译者注）带来了卓尔不群的新品质。与欧洲过去褶皱的大马士革玫瑰相比，这些玫瑰仿佛是最轻盈的丝绸，颜色绚烂夺目，包括亮红色、猩红色和亮黄色；叶片闪着绿色的光泽，花蕾优雅地向上伸展着。尽管许多品种都缺少香气，但是有少数几种带着一抹清新的茶香，或是圆叶风铃草那“淡淡的香甜”。其中最佳的特点，也是与大多数欧洲玫瑰形成鲜明对比的，是中国玫瑰可以多次开花，花期一直延续到秋季。

中国玫瑰的出现引起了培育玫瑰的名副其实的狂热，领头者是法兰西第一帝国时期居住在巴黎以及周边地区的一群法国玫瑰专业种植者和业余爱好者，他们的热情投射到约瑟芬皇后的身上，相当程度上夸大了她作为法国玫瑰爱好者标志性形象的名声。对于玫瑰的狂热迅速传染了英国人、荷兰人、德国人和美国人，他们培育出了令人眼花缭乱的一系列杂交新品种和玫瑰的全新品类：诺伊斯氏蔷薇、波旁蔷薇、茶香月季、杂交中国月季、杂交四季蔷薇，以及里昂的小吉约在1867年培育出的名为“La France”（法国）的玫瑰（一种广受喜爱的杂交茶香玫瑰），成为“新”“旧”玫瑰品类之间的分水岭。美国和英国的玫瑰社团大行其道，到19世纪80年代的时候玫瑰已经在权贵圈中取代了山茶花成为切花中的女王。在纽约仲冬时节范德比尔特家族的一次晚会上，他们用5万枝最好品种的玫瑰切花让前来的1000位客人眼花缭乱，其中包括天鹅绒般柔软、花茎修长、零售价格高达1美元一枝的杰克将军（Général Jacqueminot）。玫瑰博得了社会各阶层的欢心，无论是贩夫走卒还是王公贵族都对其钟爱有加；根据英国全国玫瑰协会第一任会长，皈依英国圣公会的塞缪尔·R. 霍尔教长的记载，最优秀的新的玫瑰品种中有一些就是由工人阶层栽培并展示出来的。

20世纪和21世纪的当代玫瑰栽培者比较偏爱常年开花的玫瑰，这些玫瑰品种抗病能力强，易打理［美国的绝代佳人（KnockOut®）玫瑰甚至被称为具有类似烤箱的“自我清洁”功能］，某些培育项目中的玫瑰能够抵御极端天气——这些务实的目标都毫无疑问解释了玫瑰为什么能够经久不衰地受人们的喜爱。一些种植者在其培育计划中尤其注重美学因素。比如，英国的戴维·奥斯汀看中的是花型精致，香气宜人，繁育良好，植株健康且能抗病，结实以及那踏破铁鞋无觅处的特点——魅力。

然而，玫瑰的魅力，或者说魔力，不仅仅源自于它的美丽。在古希腊时期，作为香水成分之一的玫瑰具有其经济价值，而且无论是在西方还是东方，它都在药物学中有着举足轻重的作用。玫瑰用于香水制造的历史更为源远流长，我们了解这一点是通过一位店主的一块黏土刻写板。公元前13世纪末一场灾难性的大火摧毁了伯罗奔尼撒半岛西南部皮洛斯的宫殿后，这块刻写板意外地幸存了下来。刻写板上列出了两种芳香精油——玫瑰和鼠尾草——制作初期还会加入一种味辛的植物莎草，以使精油能更好地吸收它们的香气。精油会用于有着香味的软膏中，用来使织物柔软、具有光泽，也用作陪葬物品。希腊人还用新鲜的玫瑰、香料、芝麻油、盐和取自朱草的红色染料制作了一种芬芳的玫瑰精油。这种精油的使用者主要是男性，它还可加入其他的香水中以淡化其气味。泰奥弗拉斯托斯尤其喜欢这种精油，觉得其香味让人精神饱满。老普林尼也很喜欢这种精油，这使得玫瑰在他对更为奢侈的香水的谴责中得以幸免。

尽管亚里士多德掌握了蒸馏的原理，但是古代的人们制作香水却是通过用植物油和动物油脂浸泡花朵和香料的方式，而从不是通过用水和蒸汽的蒸馏法。蒸馏的技术在阿拉伯帝国时期得以完善，通常认为是11世纪伟大的波斯医生和博学大师伊本·西那（Ibn Sina，即阿维森纳）将其应用于香水制造，但其实早在一个多世纪之前蒸馏技术就已经开始使用了，见于另外一位波斯医生、哲学家、炼金术士拉齐的描绘。长久以来，波斯一直以玫瑰之国而著称，至少从9世纪初开始就发展起了香水产业，大部分集中在南部城市设拉子周围。德国旅行家、医生恩格尔贝特·坎普弗尔（Engelbert Kaempfer）在17世纪80年代拜访过这片地区后写道，“波斯的玫瑰比世界上其他任何国家的产量都要高，制造出的香水的质量都要高，而设拉子周边区域的玫瑰在产量和香水质量方面都要胜过波斯其他任何地方的玫瑰”。

通过蒸馏玫瑰香水还能产生一种更为浓缩的油，以小滴的形式漂浮在表面上，这种油可以通过二次蒸馏的方式提炼而产出玫瑰香精油。根据传说，这种精油的发现归功于1612年莫卧儿王朝君主贾汉吉尔与雄心勃勃、美若天仙的公主努尔·贾汗的盛大婚宴，公主在婚宴上向整条运河注入了玫瑰香水。在这对夫妇沿河划船（也许是步行）的时候，他们注意到河水表面漂浮着一层油状的浮沫，散发出东方国家从未闻到过的最为清香的香气。事实上，人们早已掌握了将玫瑰油从玫瑰香水中分离出来的技术，这种技术很有可能在欧洲、阿拉伯世界和印度得到了单独发展，意大利拉维纳的杰罗尼莫·罗西（Geronimo Rossi）对这种精油的描述要比这场婚宴早出几十年。但是这个故事却讲出了这种最为浪漫的香水的影响。这种备受欢迎的玫瑰精油从土耳其，更确切地说是现今保加利亚的卡赞勒克一带，传到了欧洲，所用的大马士革玫瑰仍然用着这个城镇的名字；土耳其和保加利亚仍旧在争抢着生产这种精油的质量和品质的霸权地位。摩洛哥和法国的香水产业更为常用的是百叶蔷薇，它们在高压状态下使用溶剂或二氧化碳从这种玫瑰中萃取“玫瑰原精油”。

尽管现代很多香水品牌仍然会有玫瑰香水，但是它的人气随着人们的品味在植物和动物——尤其是具有排泄物和性暗示的麝香和麝猫香——之间的摇摆也起起伏伏。尽管约瑟芬皇后据说非常喜爱玫瑰，她却显而易见更留恋肉欲的香气；据说在她去世 60 年之后，她在马尔迈松的寝宫中仍然飘溢着麝香的味道。约瑟芬皇后之后，更为淡雅清新的花卉香水又时兴了起来；在 19 世纪中叶一部玫瑰占据大量篇幅的作品中，法国的香水制造商欧仁·里梅尔（Eugene Rimmel）建议女性使用“毫无害处的单纯的花卉提取物，而不是那些通常含有麝香或其他可能影响大脑的成分的混合物”。

对一般的身体清洁而言，玫瑰也用处不小。清洗身体以保持清洁是相对来说比较近的事了；16 世纪的欧洲人使用反复摩擦和香水来掩盖难闻的气味。一位法国作家 1572 年在一本自助指南中写道：“用玫瑰的混合物按压和揉搓皮肤可以祛除腋窝处山羊般的臭气。”

尽管玫瑰的药用历史无法与罂粟相比，但是药用玫瑰与香氛玫瑰一样影响巨大。和对待大多数西方和中东地区的药物一样，迪奥斯科里季斯在他写于 1 世纪的伟大著作《药物论》中给出了基本的描述，区分了在希腊医药中应用不多的狗蔷薇和能够治疗眼睛、耳朵、牙龈疼痛的栽培玫瑰；描述了不同种类的疼痛；创伤以及各式各样的炎症；痢疾；呕血；以及整容术。按照希腊的体液理论，玫瑰属热湿，通常具有缓和情绪和止血的效果，“但是带有一丝体液的甜味和辛辣味，充满激情，从中显现出激烈的情绪，火红的颜色，完美，毫无缺陷的外形”，英国牧师、草本植物学者威廉·特纳引用了亚述医生梅苏的话这样说道。每一种药方都需要配制不同的制剂，戴奥科里斯还说明了如何制作玫瑰油、玫瑰酒以及祛除臭味的玫瑰香盒，女性可以像佩戴项链一样佩戴。

在西方和阿拉伯医药中使用最多的是法国蔷薇（*Rosa gallica* var.*Officinialis*），法国药剂师普罗旺斯的克里斯托夫·欧普瓦（Christophe Opoix）声称这种玫瑰是由东征的纳瓦拉国王和香槟伯爵西奥博尔德四世从圣地带回来的，但其实它的亲本种是欧洲的本地品种，而欧普瓦的故事更有可能是市民自豪感的产物。法国蔷薇属于矮生灌木，开有大朵的重瓣花朵，标志性的金色雄蕊，在都铎时期被称为“丝线”，香味浓郁。在英格兰，这种玫瑰在伊丽莎白一世时期最受欢迎，和特纳差不多同时代的威廉·兰厄姆在其《健康花园》一书中将法国蔷薇描述为可医治五十多种病痛的“灵丹妙药”，认为其可以治疗一般疼痛、背痛、腹痛、膀胱痛、痢疾、智力欠缺、乳房疼痛，以及呕吐、舌头溃疡、排尿困难、流脓、腹胀气、驱虫和外伤。其他国家的药物学顺理成章地依赖于自己国家的玫瑰，例如中医中用于治疗早泄的金樱子的干果，以及早期北美殖民者记录的在当地用于烧伤和烫伤的有止血作用的野生玫瑰。

迷恋于自己众多的园林栽培玫瑰品种的草本植物学者、兼任外科医生的理发师约翰·杰勒德画了一幅伊丽莎白时期病房中常见的迷人的玫瑰，它被建议用作温和地清洗肠胃的方法，清理“未消化的、黏液质的、偶尔还可能是胆汁质的”排泄物——麝香玫瑰和大马士革玫瑰尤其适合——以蒸馏的玫瑰水的形式服下，能强壮心脏，提神醒脑，以及用于任何需要清凉降温的小病。在阿拉伯医学中，因为玫瑰水能够“缓解热症引起的眼睛疼痛，能够安眠，这一点新鲜的玫瑰芬芳、宜人的味道也可以做到”，所以特别被建议用来治疗眼睛酸疼。就玫瑰而言，功能性和美丽紧密相连，杰勒德康复中的病人对他所说的在“正餐、蛋糕、酱汁以及其他很多美好的食物”中加入玫瑰水的建议也一定很满意，他们也会非常乐于早上享用一顿麝香玫瑰大餐，把玫瑰花瓣做成沙拉，配上油、醋和胡椒，或根据用餐人的胃口和兴致而做成其他菜式。这样做的目的除了提供用餐的愉悦之外，还能清洗肠胃中“水质和胆汁质的体液”，每 12 枝到 14 枝麝香玫瑰花朵可以使人排便六次到八次。

17 世纪的大部分时间红玫瑰、白玫瑰和大马士革玫瑰都在英国医学中占有着一席之地。伦敦的医生们将其列为五种可以酿制果酒的花卉之一，其他四种为紫罗兰、琉璃苣、迷迭香和香蜂花，玫瑰还以若干种不同的形式用于医疗中：醋、煎剂、甜酒、糖浆、干药糖剂、玫瑰酱、粉末、药片、玫瑰糖、片剂、油以及油膏，这些药方清楚地记载在医生的圣经《伦敦药典》中。它们最热烈的支持者之一尼古拉斯·卡尔培波（Nicholas Culpeper）是个标新立异的园艺师和不循常规的医生，他在英国内战中站在议会党人一边，37 岁的时候死于外伤、肺结核以及毫无节制的吸烟。作为星象园艺的拥趸，卡尔培波在威廉·兰厄姆那个玫瑰可以起治愈或有舒缓作用的小病名单中加入了梅毒和麻风的瘙痒，坚持认为不同品种的玫瑰受不同的行星影响：红玫瑰由木星控制，大马士革玫瑰由金星控制，白玫瑰由月亮控制，普罗旺斯玫瑰则由法国的国王控制。

查理二世成功复辟之后，保王党人约翰·伊夫林（John Evelyn）提出了一项激进的计划，要将所有有毒的工业清除出首都，然后用种满了“芬芳花卉”的芳香四溢的花园环绕在伦敦城的四周，这其中包括多花蔷薇，“麝香玫瑰，以及其他种类的玫瑰”——这个计划部分在于改善环境，部分则是象征性的，旨在消除查理二世复辟之前空位期的“毫无节制的工业烟囱的浓烟”。在自然哲学家罗伯特·波义耳的药物试验中，玫瑰继续担任着重要角色。他童年时期疾病缠身，眼睛的问题更是一直困扰着他。但是随着医药更为专业化，到 18、19 世纪玫瑰开始从病房中消失了；英格兰药用红玫瑰的栽培缩减到了萨里郡的米彻姆周围仅仅 10 英亩，在牛津郡和德比郡也还种植了一些。

到了 20 世纪初，玫瑰在主流药物学中已经基本上无足轻重，仅在民间偏方和非传统药物的一些边缘疗法中使用，以及因其美学价值而受到重视。野玫瑰果在二战期间经历了短暂的“复苏”，人们给战时的儿童喂食玫瑰果糖浆来替代当时短缺的柑橘以及其他能够提供维生素 C 的物质。甚至这一优点也在 1990 年受到了德国一个监管委员会的否定，认为使用野玫瑰果来治疗或预防维生素 C 缺乏的方法“有问题”。因此，在 2008 年 9 月的一次世界骨关节炎大会上，一则说明某种野玫瑰果粉末的专利产品可以缓解骨关节炎患者的疼痛的公告既代表了古代医药在这方面的重大突破，也证明了野玫瑰果的清白，尽管相对于一般的疼痛而言，关节疼痛并未出现在普遍认为的玫瑰制剂可以治疗的疾病列表中。然而在新的研究中，研究员发现这种粉末不仅能够消炎，还似乎能够使软骨细胞避免炎症的侵袭和自溶。

玫瑰的卓越风姿、它在日常生活以及死后世界中的诸多用途以及它赋予污浊生活的香甜芬芳都有助于诠释其经久不衰的声誉。然而，玫瑰真正的力量在于来自不同社会以及不同时代的人们用这种花卉表达了他们自己，这实际上将玫瑰转型成了人们内心深处的价值观的象征——文化、宗教、政治——或只是用玫瑰来讲述他们的故事。尽管西方的玫瑰和东方的莲花之间有着饶有趣味的差异，在西方文化中仍旧没有任何一种花卉能够比得上人们所赋予玫瑰的“含义”之多样。在西方，玫瑰在逐渐成长为绝世芳华的过程中慢慢积累了各种含义，而在东方，莲花从最开始就在解释世界起源的创世神话中占有一席之地。

在玫瑰家族中，代表爱情的红玫瑰历史最为久远。德国化学家、香水专家保罗·耶利内克对此困惑不解，因为这种玫瑰的香气中不含有任何一种撩人的催情气味，例如吲哚（动物粪便的成分之一，花卉中所含吲哚的作用主要是为了吸引昆虫），最后他认为问题的关键并非在于玫瑰的味道，而是玫瑰的颜色和外形，他认为这两点代表的是女性的身体和亲吻。在耶利内克看来，暗示着“成熟女性的丰满和韵味”的含苞待放的花蕾以及在它盛放时散发的令人难以自抑的香气都是“玫瑰生命过程的外在表现，男人们看在眼里，感觉在心里，撩拨着他们的性幻想”。

古希腊人也注意到了这一点，我认为这才是玫瑰的故事真正开始的时候：公元前 7 世纪后半叶诗人萨福（Sappho）在代表爱与性的女神阿芙洛狄忒的圣殿前种下了玫瑰，以祈求女神在“点着乳香的祭坛”中间现身于“优雅的苹果树丛”中：

寒冷的溪流潺潺地穿过
苹果枝头，一簇年轻的
蔷薇丛把阴影投在地上
颤动着的叶片，没有
深沉的睡眠

（罗洛 译）

罗马人更是将这一概念发挥得淋漓尽致。在他们看来，玫瑰是春的使者，是迷人的年轻女子手中的花，例如 2 世纪描绘海神尼普顿的地面马赛克镶嵌画中手捧玫瑰花篮、袒露上身的少女以及罗马行省时期突尼斯沙拜的四季场景。玫瑰也——而且是非常明显地——与维纳斯相关联，维纳斯是希腊爱神阿芙洛狄忒的罗马化身，从公元前3世纪开始就主宰一切有关性的事宜，不管是凡人与天神之间、还是凡人之间的纠葛都归其管辖。在奥维德记载罗马各种节日的《岁时历》（*Fasti*）中，维纳斯主宰的是4月，4月在奥维德的历书中是一年的第二个月，紧跟在其丈夫战神马尔斯主宰的月份之后；这位诗人规劝罗马的母亲、新娘以及那些摒弃了良家妇女装束的女人——交际花和普通的妓女——去清洗维纳斯的雕像，将其擦干，擦亮其金色的项链："现在要给她其他的花，现在要给她刚刚绽放的玫瑰。"在第一个祭祀维纳斯和朱庇特的节日，奥维德建议妓女们向这位女神献祭，颂扬其神圣之美，"向女神奉献她喜爱的桃金娘和薄荷，以及夹杂在玫瑰花束中的灯芯草。"

自此关于玫瑰的联想形成了两条分支，一方面玫瑰与浪漫爱情联系在一起，另一方面与肉欲联系在一起。两条分支在法国中世纪的杰作《玫瑰传奇》（*Roman de la Rose*）中合二为一。这部长诗在1225年由纪尧姆·德洛里斯（Guillaume de Lorris）开始创作，在大约五十年后由让·德默恩（Jean de Meun）完成，成为当时最负盛名也是最富争议的作品之一，一方面因其人文主义启蒙精神而备受赞扬，另一方面书中对性爱的绘声绘色的——或像一些人评价的——毫无必要的描写则被严厉谴责为下流猥亵，仇视女性。

这首长诗描述了一个梦境，诗中的"梦中情人"进入了一座四面有围墙的花园，他在花园的那喀索斯喷泉的"危险之镜"中瞥见了一朵玫瑰，就此坠入爱河。在花园的诸多玫瑰中，他选择的那枝玫瑰让人们想起了耶利内克的观点。绯红的花蕾纯真无邪，"正是造物主的杰作"，端坐在树苗一般笔直的茎上，不弯不斜，它的周围弥漫着"香甜的芬芳……当我闻到它的气息时，我只能束手就擒”。但是当他趁机获得香吻一枚时，玫瑰丛却忽然移动到了有人把守的城堡的围墙后面，之后的篇章由德默恩续写，叙述转而进入一处语言文字的战场，寓言人物就他们的不同意见而争论着，直到情人从两根柱子中间狭窄的缝隙中挤了过去，向玫瑰发动了最后的攻势。当他确定他“绝对是第一个”从此路径进入的人时，他随性地取走了花蕾，这种行为从现代角度看来似乎无异于强奸：

> 我抓住了玫瑰花蕾的树枝，它比任何柳枝都要新鲜，当我能用双手握住花蕾的时候，我开始轻轻地摇晃着它，同时小心翼翼不让自己被刺到，因为我尽力不想让它收到任何惊扰……终于，当我摇晃花蕾、伸手触摸它的内部以仔细观察她的花瓣时，我在上面撒了些许种子。这玫瑰花蕾在我看来是如此美丽，我恨不得能看遍它的每一个角落。结果，我将种子混合直至无法分开；这样我使得整个柔软的玫瑰花蕾更宽、更长。

对《玫瑰传奇》批判最为猛烈的评论家之一是抒情诗人克里斯蒂娜·德皮桑（Christine de Pizan），她的丈夫是法国查理六世的大臣，于1390年去世。在其夫去世后不久，她开始了诗歌创作。针对为将女性的“玫瑰花蕾”神圣化寻求《圣经》支持的厚颜无耻的行为，指责与反指责的声音你来我往。德皮桑的一位支持者愤怒地斥责道，这首诗歌的守护者们是否被圣路加的“凡头生的男子，必称圣归主”一句带入了歧途呢？德皮桑借诗歌来推进她的思想，在1402年创作了《玫瑰之歌》以作为对此的回应。诗中的她也是在梦境中被要求建立一套骑士制度，规定“心爱迷人的玫瑰”只能赐给那些珍视女性品德与名誉的骑士，这与将女性的“玫瑰”视为信手拈来之物的让·德默恩形成了鲜明对比。（英国的嘉德勋章骑士沿袭了用玫瑰装饰领环的传统。）

德皮桑将她的故事安排在圣瓦伦丁节，以纪念这一天作为情人们互换爱情信物——传统上是玫瑰——的时机，但是当时圣瓦伦丁节作为爱人们的节日才是刚刚“发明”的，显然是拜英国诗人乔叟和他的圈子所赐。在乔叟的诗《众鸟之会》中，他选择了殉难的圣瓦伦丁的纪念日 2 月 14 日这一天以纪念每年一度的群鸟聚集起来求偶的季节，尽管没有人清楚为什么这位圣人会与春天的第一次交配扯上关系，而且那时的天气丝毫没有春天的意味。

饶有讽刺意味的是，将玫瑰加入情人节庆祝的正是《玫瑰传奇》的主要批判者克里斯蒂娜·德皮桑。她一定会憎恶后来的许多作家对待玫瑰的猥亵下流和含沙射影——首当其冲的就是莎士比亚，在他眼中，少女的青春好似成熟的“花蕾”供人采摘，但是一旦花朵绽开、“盛放”，它的新鲜便即可失去。莎士比亚利用了伊丽莎白时期丰富的俚语储备，其中玫瑰有着诸多含义，尤其是与性有关的，例如处女的贞洁、阴部、娼妇、交际花、年轻的女孩、妓女，梅毒的疮；“采摘玫瑰”或指夺取少女的贞操或指在公开场合小便。然而，莎士比亚也同样用玫瑰表达了时间流逝的悲哀以及女性消逝的美丽，正如克里奥佩特拉痛苦的呼喊：

> 瞧，我的姑娘们；
> 人家只会向一朵含苞未放的娇花屈膝，
> 等到花残香消，
> 他们就要掩鼻而过之了。
>
> （朱生豪 译）

海尔克亚·克鲁克（Helkiah Crooke）在其解剖学课本中，以成熟的玫瑰颇为引人注目地展示了女性的性器官的结构图。克鲁克和莎士比亚差不多同时代，是个医生，后来成为贝特莱姆医院的主管。克鲁克在写到女性生理结构的时候，将处女膜描述成为由“小片的肌肉与膜状物”构成，整体形似“摘掉了带着绒毛的叶子，含苞待放的小朵玫瑰”。克鲁克后来扩大了视野，将这个比喻调整为“最初绽放的香石竹”。

于是时至今日，玫瑰在诗人、画家、剧作家、心理学家、精神分析学家以及各科医疗专业人士的作品中逐渐成为代表性爱以及女性性器官的暗喻。（弗洛伊德将女性的外阴比作玫瑰，但是他所说的花看起来却更接近山茶花。）近年来，英国诗人乔·沙普科特（Jo Shapcott）对奥地利诗人里尔克（Rainer Maria Rilke）描写玫瑰的法语诗篇仔细审视，得出结论说，里尔克笔下的玫瑰就是女人，而且“不仅如此——花瓣—空隙—花瓣——这些诗歌代表的是女性的外生殖器”。在如此的解读启发下创作的诗篇中，沙普科特让自己的玫瑰作出回应，指出里尔克的偏颇之处，“说到，事实上：‘不是那样的，而是这样的’”。例如，里尔克的《玫瑰　第九首》中那“赤身裸体的圣女撩人的气味”，已经超过了单纯的诱惑成为最终的爱人，和夏娃去之甚远但却仍然“毫无例外地代表着人类的堕落”，沙普科特的《玫瑰圣地》中这些元素却无一存在：

现在，你已经使我成为圣徒；
圣女玫瑰，摊开双手，
带着上帝的气息，浑身赤裸。
但是，我，已经学会了，
爱恋霉菌的气味，
因为，虽非夏娃，

是的，我仍旧散发着人类堕落的气息。

在两位诗人的斗嘴中，他们都指出了玫瑰表达相互矛盾的圣洁与世俗的观念的卓越能力，就像在基督纪元初期的几个世纪，教会神父们竭尽所能地想要把这种被异教联想所玷污的花朵划作非法一样。基督教和犹太教一样，发源于巴勒斯坦和地中海东部多石的沙漠地区，早期的基督教并无花卉的容身之地；在《创世记》描述的伊甸园中没有花卉的踪迹，《塔木德经》或《圣经》中也只有少数的几种花，至少在最初的希伯来语《圣经》中是这样。玫瑰花环和花冠尤其受到鄙视，早期的神父更是禁止人们对它们的使用，将这种恣意的、世俗的花冠与耶稣基督的荆棘冠冕进行了对照。但是渐渐地有了一个令人欣喜的转变，玫瑰甩掉了异教的外衣成为基督教圣像画中一个出色的象征符号，既包括象征着圣母马利亚的贞洁的白玫瑰，也包括象征耶稣受难的红玫瑰，尤其是耶稣受难的圣痕——对其狂热的崇拜在中世纪晚期达到了顶峰，描述圣痕的语言变得愈发地病态和色情。

玫瑰实现从罪人到圣人的转变用了好几个世纪的时间。早期基督教会受到严重的迫害，玫瑰开始出现在基督教殉道者们经历的天堂的幻象以及圣人们的传奇故事中，例如圣则济利亚，先是在浴缸中被沸水熬煮，然后被斩首，原因是她向上帝发誓守贞拒绝将贞操献给她的丈夫；还有圣多萝西，她的殉难也散发着同样的天堂玫瑰的香味。(匈牙利的圣丽莎的“玫瑰的奇迹”是后期的一个例子，据说她偷偷带给穷人的面包变成了玫瑰，使她的慈善行为能够不被人察觉。）随后神学家和教会领袖开始将玫瑰融入了他们的思想中：例如圣安博认为在人类堕落之前的伊甸园中，玫瑰并没有刺，间接地将圣母马利亚比作了没有刺的玫瑰，这一想法在后来圣伯纳德的《雅歌讲道集》中得到了发展。

据说圣本笃在他位于苏比亚科的隐修山洞外面种植了一小片玫瑰花园，花朵使他感官愉悦，棘刺促使他克制肉欲。甚至真正的玫瑰也竟然降临到上帝的居所，因其药用价值在修道院的药用花园中进行种植，并最终获准用于教堂的装饰。僧侣们一定也是对它们宠爱有加。当查理曼大帝的宗教以及教育顾问阿尔琴告别他亲爱的小修道院的时候，他用诗赞扬了那里的玫瑰和百合："走廊里回荡着花园里苹果树的香气，白色的百合和小小的红玫瑰混杂在一起。"玫瑰顺理成章地出现在了另一位本笃会修士、当时的赖谢瑙隐修院院长瓦拉弗里德·斯特拉博（Walahfrid Strabo）在9世纪中叶所作的卓越的园艺诗歌中。他将玫瑰保留到最后，赞扬其为"花中之花"，因其美丽、芬芳、玫瑰油的诸多治疗功效而受到尊敬，是"医治人类小病的良方"。正如我们在第二章中所提到的，他在诗歌的结尾思考了玫瑰和百合的宗教意义，两种花，他说道："都受到了如此地热爱和广泛地尊重，它们经年累月一直是教会最宝贵的财富的象征：玫瑰象征了殉教者所流的鲜血，百合则是其信仰的闪耀的徽章。"

瓦拉弗里德的时代之后，尽管百合作为象征圣母马利亚纯真无瑕的花卉的重要地位依旧，玫瑰却一点一点地站稳了脚跟，成为教会至高无上的花卉，天主教会举行宗教仪式时的"金色玫瑰"，工艺精湛、用于教堂礼拜，几个世纪以来教皇在欢欣星期天时对其赐福宣布为圣物，并授予给卓越的教堂、礼拜堂、王室成员、军队要员以及内阁。但丁用一种至高无上的花为他的《神曲》画上了句号：天堂本身就是一朵纯洁无瑕的白色玫瑰，香气传递至整个永生世界，花朵巨大，其中包括天堂的"两边"，分别是天使和圣徒的位置，圣母马利亚坐在最高的花瓣上，距离太阳最近。威廉·布莱克将同样的玫瑰想象成一枝巨大的向日葵（见第三章），但是在但丁看来，天堂玫瑰带来的是永恒荣耀的神秘幻象。美国学者芭芭拉·苏厄德把但丁对宇宙谜题的解答集中在一朵花上的尝试称为文学作品中最复杂的象征符号之一。但丁追随着他的爱人贝阿特丽采的亡魂游历了地狱和炼狱，最后到达了天堂，这位诗人把“代表着肉欲的、带有通奸性质的宫廷爱情的玫瑰”和“对其上帝的精神之爱的神秘象征以及代表着圣人、圣母马利亚、天堂和耶稣基督的花合而为一……爱对于但丁，以及所有人的精神之旅来说既是重点也是起点”。

正如基督教的诗人们用玫瑰表现了许多他们最有影响力的形象，伊斯兰世界的诗人们也是如此，尤其是古波斯王国的诗人们，13、14 世纪的伟大诗人萨迪和哈菲兹——两位诗人均来自玫瑰之城设拉子——经常歌唱玫瑰，有时候甚至“让人生厌”了。这一怠慢的评语出自薇塔·萨克维尔·韦斯特（Vita Sackville-West），但当她 1926 年前来看望她的外交官丈夫、当时任职于德黑兰公使馆的哈罗德·尼科尔森（Harold Nicolson）的时候，她毫无例外地被这个国家深深地迷住了。在她简短的回忆录《去德黑兰的旅客》（*Passenger to Teheran*）中，处处可见波斯玫瑰的身影。

玫瑰在当今伊朗的文化中仍然无处不在，无论是种植在花园中还是放置在纪念的坟墓上；或是被诗人、艺术家和神秘主义者所歌颂；抑或变身成为玫瑰香水和玫瑰精油；或是被画于装饰性的盒子上或镶嵌在宗教建筑中；或是与传统的夜莺搭配，“玫瑰与夜莺”（gul-o-bulbul）的题材，爱人搭配，在无数的诗歌、画作和地毯中出现的爱人与爱慕者的形象，就像我的桌子上摆着的这块纪念 2009 年伊朗之旅的作品，它所提供的玫瑰的形象比我的玫瑰书中所能容纳的还要多。

与基督教化的西方社会相似的是，伊斯兰世界的玫瑰也拥有宗教甚至神秘的隐含意义。先知穆罕穆德和他的追随者们也是来自于沙漠，所以在《古兰经》中并没有玫瑰。在《古兰经》许诺给信徒和殉道者们作为奖励的天堂花园中也没有玫瑰的身影，这些花园是他们可以期待着看到绿树成荫、潺潺喷泉、充足水果和凉爽凉亭的地方——实际上这些是沙漠绿洲所能带来的愉悦，在那里，他们还可以期待自己为天堂的纯贞圣女所簇拥。虽然《古兰经》并未描述天堂中存在真正的玫瑰，圣训却赋予了玫瑰宗教的起源。根据这些资料的描述，先知穆罕穆德夜行登霄的时候，他的几滴汗珠滴到了地上，汗珠滴落的地方长出了第一枝芬芳的玫瑰。后来圣训中又做了更为详尽的阐述，指出从先知身体的不同部位滴下来的汗珠创造了不同种类的玫瑰。据说，当先知看见玫瑰的时候，他亲吻了玫瑰并把它放在了自己的眼睛上。

世俗权力集团也宣称其对玫瑰拥有主权，一如他们对待纹章百合一样；如今，玫瑰是保加利亚、厄瓜多尔、英格兰、芬兰（白玫瑰）、伊拉克、罗马尼亚（狗蔷薇）以及美国的国花。据说亨利三世的妻子普罗旺斯的埃莉诺将玫瑰引入了英格兰王室纹章图案中；戴有王冠的红玫瑰——在纹章学中的颜色为 gules（即红色）——是亨利四世以及之后的君主们使用的众多徽章之一。爱德华四世在他的徽章中使用的是太阳下的玫瑰，以及从他的莫蒂默家族先祖而非约克王朝先祖那里继承来的白色（argent）玫瑰，斯图亚特王朝的君主则把英格兰玫瑰和苏格兰蓟结合在了一起。

玫瑰最著名的政治化身是都铎玫瑰，由兰开斯特家族的亨利·都铎，即未来的亨利七世发明，属于一次成功的政治行为。在玫瑰战争的尾声时期，他击败了约克王朝的理查三世，又迎娶了理查的侄女约克的伊丽莎白。为了表示这次结合，亨利创造了他的新纹章，把约克王朝的白玫瑰嵌于兰开斯特王朝的红玫瑰之内，使用这一强有力的玫瑰形象来合法化他并不稳固的王权。但是玫瑰战争却并无其事——或者，更准确地说，是后来的历史学家将历时三十多年的复杂争斗压缩成两个王朝世袭之间简单的冲突，概括到这一标签之下，而亨利·都铎和这两个王朝血统也只是勉强沾边罢了。不管怎样，战争中的双方都没有以玫瑰的名义而战：亨利的徽章是一条红色的龙，而理查的徽章则是一只白色的野猪。尽管兰开斯特家族的纹章中确实有一个是红玫瑰，可以追溯到亨利三世和普罗旺斯的埃莉诺的小儿子埃德蒙·克劳奇巴克，但是白玫瑰却只是间接地能和约克王朝的纹章搭上关系。

借助都铎王朝成功的宣传，亨利一手发明的玫瑰稳稳地与王位继承以及都铎王朝的统治权联系了起来，一时间取代了代表宫廷爱情和天主教的爱的玫瑰。经常被称为“约克和兰开斯特的”玫瑰的杂色斑驳的大马士革玫瑰，“杂色”突厥蔷薇，就出现在大致这一时间；它可能是约翰·杰勒德口中的“绯红玫瑰”，他把这种玫瑰归为麝香玫瑰一类，描述其为“白色，带上淡淡的一层粉红色”，另外，可以确定这种玫瑰是约翰·帕金森所称的“杂色玫瑰，是融合了约克和兰开斯特玫瑰特点的色彩斑驳的玫瑰”。粉白条纹相间的法国蔷薇（*rosa mundi*）后来初露头角，具体时间是1640年之前的某个时候，尼古拉斯·罗伯特为奥尔良公爵加斯东首次画了这种玫瑰。

伊丽莎白一世的许多画像中都画有都铎玫瑰，她通过画像中的都铎玫瑰巧妙地展示了自己的公众形象，这些画像就包括宫廷微型画画家尼古拉斯·希利亚德（Nicholas Hilliard）在1574年前后创作的著名的鹈鹕画像，画面上方的角落里是一枝戴有王冠的都铎玫瑰和同样戴有王冠的百合花饰，象征着她掌控着英格兰和法国的王权。女王用另外一种玫瑰作为她个人的纹章：多花蔷薇，这是一种也逐渐在园林栽培中争得了一席之地的野生玫瑰。杰勒德描述其野生品种的叶子“光彩夺目，有着迷人的绿色和非常宜人的味道”，而稍白的花朵“很少呈现紫色，香味甚微或根本无味”。园林栽培品种的叶子更大一些，“味道更香甜：花朵也更大，差不多有两倍大，味道极其芬芳”。

多花蔷薇历来是与尼古拉斯·希利亚德所创作的一幅迷人的微型画《野蔷薇丛中的少年》（*Young Man among Roses*）联系在一起的，画中一位身材纤长、为爱情所折磨而形容憔悴的年轻人倚靠在树旁，他的手放在胸口，周围是茂密的白色蔷薇丛。据说这幅椭圆形的画像画的是伊丽莎白的宠臣，第二代埃塞克斯伯爵罗伯特·德弗罗（Robert Devereux），他比女王陛下小 33 岁，最终在被爱尔兰叛乱分子打败之后不久以叛国罪被处决。他穿着和女王一样的颜色，黑色代表忠诚，白色代表童贞；花朵炫目的白色表明希利亚德没有将多花蔷薇用作创作的原型，而是转向了有麝香味的田野蔷薇（*Rosa arvenis*）来获得灵感，这种玫瑰也是莎士比亚《仲夏夜之梦》中仙后提泰妮娅花床上的“甜蜜的麝香玫瑰”。

具有政治意味的玫瑰并未止步于英国君主。现在红玫瑰是法国社会党的标志。强壮有力的紧握的拳头中攥着一枝红玫瑰的标志于 1969 年年末开始使用。红玫瑰还是英国新工党的标志，这一设计始于尼尔·金诺克担任工党领袖、彼得·曼德尔森出任工党传讯总监后重塑工党形象的过程中。美国政治中的玫瑰比其他任何地方都要突出，环绕着总统办公室的白宫玫瑰园是总统权力的强有力的象征。1986 年 10 月就是在这里，总统罗纳德·里根宣布玫瑰为美利坚合众国的国花，那是一次充满感情的演讲，里根将玫瑰和美国的史前和革命历史以及其最为宝贵的价值观编织在了一起。他讲道："我们把玫瑰作为生命、爱和忠诚的象征，作为美和永恒的象征，这是其他任何花卉无法比拟的，玫瑰象征着世俗之爱，象征着对人类和上帝之爱，象征着对国家之爱。"

如果你想要判断园丁的政治立场，只看玫瑰就足以。2008 年我参观白宫的玫瑰园时，正是布什政府的最后一个夏天，玫瑰园中十种玫瑰花中有五种是种来纪念共和党的总统或其夫人的："帕特·尼克松""芭芭拉·布什""罗纳德·里根""南希·里根"以及"劳拉·布什"，其他纪念民主党的玫瑰都被连根拔起了，其中包括"小瓢虫·约翰逊""J. F. 肯尼迪"和" 罗莎琳·卡特"。

到目前为止，受人喜爱的玫瑰不仅是个人欢愉的源泉，也是公众庆祝的来源。但是，玫瑰却投下了一层更为黑暗的阴影，将其与更为深邃的生死的奥秘联系在了一起。短语"sub rosa"（直译为"在玫瑰之下"）指的是保密的、不得泄露的对话，另外，一些秘密群体也时不时地设法吸收玫瑰的能力为己所用。

玫瑰与死亡之间的联系早就出现在了古希腊的仪式中，明显地表现在具有保护作用的玫瑰油中——带着玫瑰香气，芬芳宜人——女神阿芙洛狄忒为英雄赫克托耳的尸体敷上玫瑰油，阿喀琉斯为自己的朋友帕特洛克勒斯之死报仇，将赫克托耳杀死，并把他的尸体在尘土中拖曳。荷马在他创作于公元前 8 世纪末的《伊利亚特》中讲述了这个故事。富有的罗马人还将玫瑰带入了他们的坟冢；以非凡的保存技艺干燥保存的"圣月季"（*Rosa* × *richardii*）花冠——乔·沙普科特诗歌中的圣玫瑰（Rosa Sancta）——在下埃及哈瓦拉的罗马墓穴中完好无损地保存了下来，由英国考古学家皮特里（William Matthew Flinders Petrie）爵士于 19 世纪 80 年代末发掘出

图11：弗雷德里克·斯图尔特·丘奇神秘莫测的蚀刻画：《沉默》（约1880）

土。其中一些现在保存在基尤的皇家植物园中，将近2000年过去了，这些保存下来的玫瑰的颜色变暗了，接近木乃伊皮肤的颜色。

美国画家弗雷德里克·斯图尔特·丘奇（Frederick Stuart Church）把玫瑰和木乃伊放进了同一幅蚀刻画中，画中人的头已经像干尸一样，正在闻或是亲吻一枝（黄色的）玫瑰。让人颇有些毛骨悚然的巧合是，这幅画创作于皮特里发现玫瑰干花几年之前，后来画家又创作了同一幅画的水彩和油画版。法国人对这一意象尤为着迷，称其为“奇怪至极但是个性十足”，评论家们也依旧在推测着它的含义。丘奇着迷于灵魂转世再生的概念以及埃德加·爱伦·坡和奥迪隆·雷东（Odilon Redon）的作品，他可能想要展示的是木乃伊在从玫瑰中吸取生命。这些转型的玫瑰影响了炼金术（现代化学的前身）——炼金术最初追求的目的是物质上的——将贱金属转化成黄金——最后却渐渐获得了一层更具精神方面意义的意味，寻求将精神转化成为苏醒的灵魂的瑰宝。在炼金过程中，玫瑰主要象征着结合，即“化学婚礼”，或者说是活性的阳性元素（红国王）和被动接受的阴性元素（白皇后）之间的神秘联姻。这与现实生活中“红色的”亨利·都铎与“白色的”约克的伊丽莎白之间的婚姻有着令人不安的相似，尤其是，炼金术中的国王和王后经常被描绘成玫瑰，红色代表男性，白色代表女性。

20世纪伟大的精神分析学家荣格（Carl Gustav Jung）对炼金术的精神和心理阐释越来越着迷，他将玫瑰作为他超验主义的象征符号之一，代表心理完整，另外两个象征是法轮和曼荼罗（来自梵语表示自成整个合一的符号），荣格学派分析学家菲莉帕·坎贝尔（Philippa Campbell）将其解释为：“一个包含着所有悖论的圆圈，其中心便是光芒四射的玫瑰。如果我们在我们的混沌中追寻曼荼罗，我们就会得到一个能将被忽略被遗忘的事物带入我们意识中的象征符号。”

早在荣格之前，炼金术中的玫瑰就已经展示了宗教改革运动中最奇怪的分支之一：繁荣于16世纪末17世纪初的德国，神出鬼没的宗教组织玫瑰十字会，这一教团如此神秘以至于连它是否真的存在都无法确定了。这次运动与普法尔茨选帝侯腓特烈五世的崛起相关，他与英格兰国王詹姆士一世的女儿伊丽莎白·斯图亚特公主的婚姻预示着新教将翻开新的一页。这是一次短暂的美梦，随即就破灭了：信奉新教的腓特烈五世公然违背信奉天主教的哈布斯堡王朝的意志接受了波希米亚王冠之后，带着王后伊丽莎白到达布拉格，他们在那里只统治了一个冬天，后来被称为“冬王和冬后”。

甚至是在婚礼之前，两份匿名的玫瑰十字会宣言就已经在德国流传开来，接下来便是炼金术士的传奇小说《克里斯蒂安·罗森克鲁兹的化学婚礼》（*The Chymical Wedding of Christian Rosencreutz*）。所有这些文本都以克里斯蒂安·罗森克鲁兹为中心，他是玫瑰十字会的创始人，玫瑰十字会显然是一个重新复兴的教团，向其追随者宣传可以让他们找回天堂的亚当所享受的“真实、光明、生命以及荣耀”。这三份作品引起了一阵狂热。然而在围绕这一“教团”的各种谜团中，玫瑰十字会运动的始作俑者在他们将基督教的两大象征——十字架与玫瑰——融合在一起，用玫瑰来软化耶稣受难像的十字架的时候就叩开了玄学的成功之门。当腓特烈五世的军队在白山战役中被哈布斯堡王朝的部队击溃，他和伊丽莎白被迫永久流放海牙的时候，玫瑰十字会的玫瑰在地下伸展着吸根，所到之处争论四起——最初是在荷兰和法国，再后来是在19世纪末欧洲那动荡不安的世纪末的氛围中，弥漫于各种隐修教派中。接下来被迷住的是爱尔兰诗人、爱国者叶芝，他甚至加入了“黄金黎明协会”。在叶芝看来，玫瑰是西方的生命之花，与东方的莲花拥有同样的力量；奥尔西娅·盖尔斯（Althea Gyles）为叶芝于1897年出版的《神秘的玫瑰》（*The Secret Rose*）设计的镀金封面上，非写实的生命之树像蛇一样盘绕的树枝中间是一座十字架，而十字架的中心则放置了一枝四朵花瓣的玫瑰。

对于其他诗人来说，这种愈加黑暗的、充满隐秘的玫瑰同样可能包含着毁灭的种子。威廉·布莱克在其早于叶芝一个世纪之前出版的《天真与经验之歌》（*Songs of Innocence and Experience*）中，把现代社会的种种弊病塞进了他的《病玫瑰》：性病、卖淫、剥削、腐败、人类之间纠缠不清的关系。另外，同一诗集中他的《美丽的玫瑰树》却因嫉妒而不再理睬诗人，可她的尖刺却是诗人唯一的快乐。对于像约里斯－卡尔·于斯曼（Joris-Karl Huysmans）这样贪图享乐的作家来说，玫瑰是一种“自命不凡、随波逐流、愚蠢的花……只应该存在于年轻女孩所画的瓷灯座上”。持相同论调的还有超现实主义者乔治·巴塔耶（Georges Bataille），他把怒气撒在了玫瑰身上，视其为资产阶级女性魅力的完美象征，声称："甚至是最美丽的玫瑰都会被它们［中央的］多毛的性器官所糟蹋。因此，玫瑰的内在与它外在的美丽根本不相符；如果扯掉花冠上的所有花瓣，剩下的只是丑陋不堪的一丛毛发。"

这想必就是玫瑰的意义——不是指巴塔耶描述的那种玫瑰，而是实际上，他能按照他的意愿随意塑造玫瑰。或许就像格特鲁德·斯泰因（Gertrude Stein）那句著名的评价一样，"罗丝像玫瑰一样，就像玫瑰之如玫瑰"，但是那又是哪种玫瑰呢？翁贝托·艾柯（Umberto Eco）偶然想到用玫瑰作为他所作的中世纪惊险小说的书名，将其定名为《玫瑰之名》（*Il nome della rosa*），他说到，因为玫瑰的"含义如此之丰富以至于现在几乎没有什么含义保留下来了"。然而，他一概而论的否定忽略了的正是使得玫瑰如此特别的多样性。确切地说，正是因为玫瑰有着如此多的含义以及表现形式，我们才能借用它来讲述我们自己的故事，不论是个人的，还是集体的。罗纳德·里根总统在他宣布玫瑰作为美国国花的时候恰恰就是这样做的，他为了这次宣布收集了有关玫瑰的各种事实和野史。他正确地指出了在阿拉斯加发现的玫瑰化石证明"玫瑰在美洲拥有非常久远的历史"；但是据称是第一任总统乔治·华盛顿以他母亲之名命名为"玛丽·华盛顿"的玫瑰实际上属于诺伊斯氏蔷薇，这一门是在他离世后才出现的。

最怪异的玫瑰"历史"之一要数金樱子（*Rosa laevigata*），它在1916年成为佐治亚州的州花。金樱子是法国人安德烈·米肖（André Michaux）所写的北美第一本《植物志》（*Flora*）中包括的仅有四种据说是"原生"的美洲玫瑰中的一种，这种玫瑰和一万六千多名切罗基印第安人被迫离弃家园，重新安置到俄克拉荷马州的事件神秘地联系到了一起。传说切罗基族的母亲们悲痛欲绝，无法照顾她们的孩子，所以部落的长者们祈祷上天显灵以安抚她们的情绪。第二天，无论母亲们的眼泪掉落在哪里，那里就会长出一枝美丽的玫瑰：白色代表母亲们的悲伤，中心的金色代表她们被夺走的家园，每枝茎上的七片叶子代表切罗基的七个部落。这种鬼话一句都不要信！金樱子的茎通常有三片叶子，而不是七片，而且这种玫瑰也并非是美国原生物种。它来自中国，15 世纪早期的《救荒本草》中绘制了这种玫瑰；没人知道它是如何达到美洲，又是如何在 18 世纪 80、90 年代米肖到访美国的时候已经在南部诸州落地生根。

在玫瑰的故事中，虚构的故事几乎和事实一样受到认可。“玫瑰，噢，纯粹的矛盾”（“Rose，oh reiner Widerspruch”）：这是里尔克为自己的墓碑撰写的简短的墓志铭的第一句，他的墓在瑞士拉龙山间城堡教堂的墓地中。甚至连诗人都不敢奢望自己能够把握这种非比寻常的花的本质。

第六章

# 郁金香

这个故事说明了人类的愚蠢。

——兹比格涅夫·赫伯特

《郁金香的苦味》

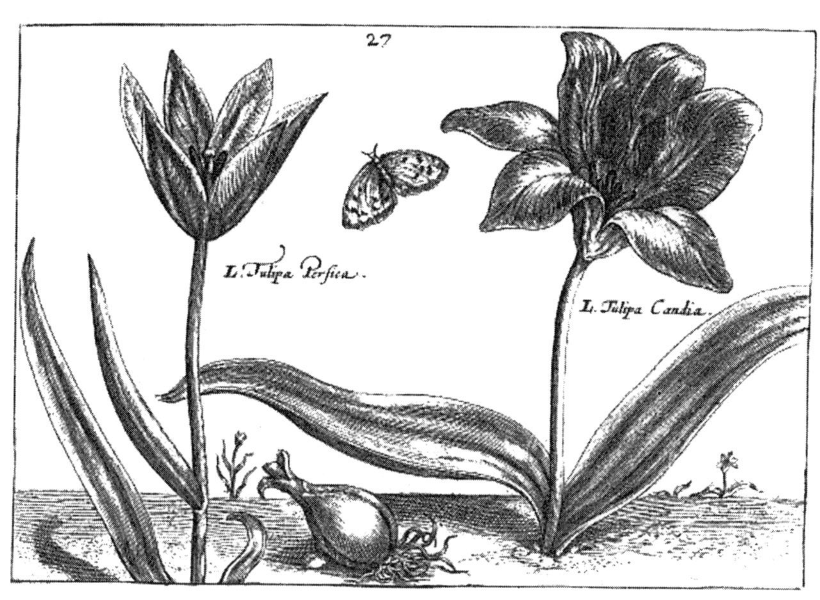

几年前，我的表妹从阿姆斯特丹给我寄来了一包郁金香种球。那是些艳丽的鹦鹉郁金香，鲜红的花瓣上点缀着火焰般跳动的黄色，褶皱的边缘像是精心装饰的丝绸。我带着一丝疑虑把它们种在了门前，期待着它们给我惊喜。虽已仲春，花却开得甚是喜人。于是，向来更为钟爱朴素的黑白色调的我期待着它们来年的开花。我按照书上的指示把它们从土中挖出来又重新种了回去。但是当它们第二年开花的时候却又变回了相貌平平的黄底红花，没了一丝褶皱。那火焰般的辉煌，难道是我记错了吗？还是哪个垂涎三尺的邻居偷偷弄走了我珍爱的郁金香，就像大仲马著名的传奇故事中的黑色郁金香一样？

郁金香的故事本就是一个希望燃起又幻灭的故事。审视着窗外如风景画的早春时节的荷兰郁金香田，或是在郁金香开花时节伊斯坦布尔公园中的大批郁金香，很难想象一个如此不起眼的花的种球就价值连城，也难想象对它过于贪婪的爱造成的破坏。美国文化评论家迈克尔·波伦（Michael Pollan）称今天的郁金香为千篇一律、丝毫不变，就像油漆颜色卡片似的。但是我的鹦鹉郁金香却似乎有着让我们惊诧的本事，在这千篇一律中展现出其旧有的特质。

与这本书中所有其他的花都不同的是，郁金香没有一丁点儿的实际用途。它在伊朗和土耳其的民间传说、诗歌以及信仰中的象征意义在欧洲并无对等的产物，欧洲的郁金香通常要么表示生命转瞬即逝的本质，要么表示人类是何其愚蠢。大多数的郁金香没有香味或香味甚微。郁金香魅力的唯一来源就是它的美丽。没错，鳞茎可以食用，而且以前也确实是有人吃的（通常是被误认为是洋葱了），但充其量也只能说味道不是那么难吃罢了。

那么郁金香到底是什么地方如此地吸引人呢？在郁金香最为出名的荷兰，以及它的故事真正开始的地方，奥斯曼土耳其，均是如此引人注意。17 世纪 30 年代时出现的不可避免的荷兰郁金香热在大约一个世纪以后在土耳其再度流行的郁金香热潮中再现，当时这个给欧洲带去第一枝郁金香的国家陷入了狂热的郁金香热潮，郁金香在统治阶层激发的热情让土耳其苏丹丢了他的帝国，而大维齐尔则掉了脑袋。然而，欧洲人和奥斯曼土耳其帝国钟爱的郁金香却是截然不同的品种，欧洲郁金香的花朵肥大，呈喇叭形，而土耳其郁金香的花朵则瘦小苍白。情人眼里出西施，这是毫无疑问的，但是郁金香的故事却清楚地说明美是一个文化概念。

尽管欧洲有自己本土的郁金香品种，但却并没有立即认出土耳其的郁金香，而是把它当成了另外一种花。最先指出这种在君士坦丁堡的花园中四处疯长的美丽的“红色百合”的真实身份的是法国博物学家皮埃尔·贝隆（Pierre Belon），他在 16 世纪 40 年代末周游希腊、小亚细亚、埃及、阿拉伯和地中海东部沿岸诸国，之后出版了他对所观察到的众多“奇异之事”的详尽描述。显然，这些土耳其的“百合”让他困惑不已，因为虽然它们的花朵很像白色的百合，叶子和根却相差甚远。

贝隆恰如其分地描述了土耳其人对花的无与伦比的热爱——甚至是没有香味的种类。他们会心满意足地将这些花掖在包头巾的褶层处，和贝隆的法国同胞喜欢将几种花混合成小花束不同，他们更喜欢单支的花朵。土耳其人也是老练的园艺家，他们的市场生意兴隆，异国运到君士坦丁堡的树木花草，只要花漂亮，买家就乐意付钱。

也很有可能就是这些外国船只第一次将土耳其郁金香带回了欧洲，因为几乎所有早期的权威研究都认为土耳其以及广义的奥斯曼帝国是这些美丽非凡的新的郁金香的源头，这些郁金香在贝隆初次见到它们大约十年之后到达了欧洲——来自君士坦丁堡的种子，来自黑海边的克里米亚港口城市卡法（今费奥多西亚）的早花郁金香，来自马其顿东部海滨卡瓦拉的晚花郁金香。英国植物学家约翰·杰勒德则将网撒得更大，提到郁金香还生长在色雷斯、意大利、黎巴嫩的的黎波里以及叙利亚的阿勒颇，“我花园中的植物来自上述地区”。法国人查理·德拉谢内·蒙斯特赫内（Charles de la Chesnée Monstereul）错误地将郁金香的原产地定在了锡兰（即斯里兰卡），同样的错误也出现在大仲马 19 世纪的小说《黑色郁金香》（*The Black Tulip*）中，小说称僧伽罗语是“创造了郁金香这一造物主的杰作”的第一种语言。

事实上，郁金香的家乡从欧洲南部一直延伸到西亚和中亚，主要以中亚的天山和帕米尔 - 阿莱山脉为中心，黑海和里海之间的高加索山脉也是中心地带。大概有 18 种野生品种的郁金香生长在安纳托利亚地区，占了差不多全世界 100 种左右郁金香的近五分之一——随着突厥民族的迁移从中亚带来了更多的品种，使得土耳其成为这种花继续传播过程中的主要角色。

既然郁金香名声大噪的第一站是土耳其以及中东的国家，它的故事从这里讲起似乎也是理所应当的——就从 1453 年征服君士坦丁堡的穆罕默德二世治下的奥斯曼土耳其说起。奥斯曼帝国统治下的土耳其见证了园林艺术的蓬勃发展。在拜占庭艺术中默默无闻的郁金香跻身四大名花（另外三种是玫瑰、风信子和康乃馨）之列，1453 年之后出现在了许多公共建筑物和喷泉上，以及 15 世纪末开始制造的著名的伊兹尼克彩陶制品上。突厥人早在奥斯曼帝国征服拜占庭之前就深爱着郁金香，因此他们为拜占庭艺术注入了一股新的自然主义的生命力，早期程式化的棕叶饰为更为具象的花朵形象所代替。他们没有考虑希腊和罗马，而是借鉴了东方的园林文化，借鉴了波斯以及伊斯兰艺术风格。莫卧儿王朝后来在热爱园艺的国王巴布尔以及贾汉吉尔的推动下，将这一艺术风格带到了阿富汗和印度。

郁金香得以大放异彩的另一个艺术领域是诗歌创作。早在 11 世纪，波斯的诗歌中就闪耀着真实的和隐喻的郁金香，遍布平原草场，崇山峻岭，游弋的花园和多石的沙漠，它们的颜色被比作红宝石、红玉髓、鲜血、王子的旗标，甚至是珊瑚墨水瓶底部的些许墨水。郁金香是典型的春的使者（在罗马充当这一角色的是玫瑰），它让波斯和土耳其的诗人想起来了红唇香腮，其来自野外的身世使它作为“遥远的东欧草原的陌生来客”而独树一格，被上流社会和谈论玫瑰的对话排除在外。

土耳其的情况与波斯相同，对花的热爱带有神的称许的记号。按照苏非派苦行僧的说法，所有的园丁都将会升上天堂，继续他们的工作，因为花本来就属于那里。在土耳其神秘主义者眼中，郁金香备受保佑，已故的伊斯兰学者安内玛丽·席默尔（Annemarie Schimmel）是这样解释的：它的名字“lâle”就包括了“hilâl”（新月）中的字母，新月是伊斯兰的象征；更为重要的是，这些字母也出现在“Allâh”（安拉，即真主）中。但是民间传说却为郁金香涂上了一层更为阴暗的色调，据称郁金香的起源可以追溯到土耳其民族英雄费尔哈德身上，他为了获得席琳的芳心，用了十年的时间不辞辛苦地从山中挖出一条隧道，然后却得知席琳已经在他挖掘隧道期间死去了，于是用斧头自杀身亡。鲜红的郁金香突然从他的血中绽放出来，一如希腊神话中维纳斯和阿多尼斯故事中的风信子。

在宫廷中，郁金香以及奥斯曼帝国的花卉栽培大概是在苏丹苏莱曼一世（约 1520—1566）统治下开始占据了优势地位，他将郁金香绣在了自己的织锦缎长袍上，又在坐骑的盔甲上浮雕上郁金香的图案。土耳其的花商开始用野生郁金香培育栽培品种，统称为“Lâle-i Rûmi”（即奥斯曼郁金香），他们偏爱的花形也从早期伊兹尼克彩陶上圆肚皮的花朵变成了杏仁形的花朵，其花瓣拉伸得异常纤薄，像吹制玻璃一样。奥斯曼帝国也大量种植郁金香。据说苏丹塞利姆二世（Selim Ⅱ）1574 年曾经从叙利亚的一个贵族那里订购了 50000 个郁金香种球（尽管有其他传言说订购的是 500000 株百合种球，而不是郁金香）。

对郁金香到底为何种花卉的困惑慢慢地在西方蔓延开来，它不是被称为“lâle”，而是“tulipan”，与表示包头巾的土耳其词汇“dülbend”接近。翻译的混乱通常认为是由哈布斯堡王朝派驻苏莱曼一世宫廷的使节布斯贝克（Busbecq）造成的，他在君士坦丁堡生活了八年，后来以一系列饶有趣味的信件的形式讲述了他的经历，这些据称是当时写就的信件实际上创作于多年之后，那时他的记忆已经开始逐渐模糊。

布斯贝克在日期为 1555 年 9 月 1 日的一封信中回忆起了他在 1554 年 11 月首次去往君士坦丁堡的旅行，几乎可以肯定的是他将这次旅行与他后来在 1558 年 3 月的一次旅行记混了，他信中描述的郁金香和其他花应该是在那个时候才会开花。在阿德里安堡（Adrianople，即今埃迪尔内，靠近希腊和保加利亚）逗留了一天之后，布斯贝克一行人动身前往君士坦丁堡，途中邂逅了“花海，有水仙花、风信子以及土耳其人称为‘tulipan’的花。看到它们在仲冬时节开花让我们很惊讶，那实在不是一个有利于开花的季节……郁金香没有什么香味，但是却因为它的美丽和五彩斑斓的颜色而备受喜爱”。

一般的说法是同样是布斯贝克将第一批土耳其郁金香引入了欧洲的花园，但事实上这两件事都和他毫无瓜葛。差不多 1559 年 4 月初的时候，一枝红色的郁金香已经在市政议员 J. H. 赫尔瓦特位于奥格斯堡的宏伟壮观的巴伐利亚花园中怒放，花籽则是得于拜占庭或是卡帕多奇亚。由于郁金香从花籽到开花需要至少五年的栽培时间，因此议员赫尔瓦特的郁金香早在布斯贝克踏上前往君士坦丁堡的旅程之前就已经种下了。瑞士博物学家康拉德·格斯纳（Conrad Gesner）观察并描述郁金香的时候用的是“Tulipa Turcarum”的名字，当时他正忙着给贝隆的老东家瓦勒瑞乌斯·科

图 12：欧洲最早的园林栽培郁金香，由瑞士博物学家康拉德·格斯纳于 1559 年首先观察并描述

达斯（Valerius Cordus）所作的迪奥斯科里季斯《药物论》注释本作修订。两年之后在这本书出版的时候，格斯纳在书后附上了他有关郁金香的笔记，他的兴趣大增要归功于他在之前得到的两枝郁金香的图画，画中的郁金香一红一黄，画作可能得自于他在帕多瓦、威尼斯或是博洛尼亚的熟人。

尽管格斯纳描述他的郁金香有八个被片（花瓣和外层的萼片），相应的插图——欧洲第一幅郁金香木版画——展示的却是一枝圆肚皮的花，六个花瓣的顶端外翻，花茎从宽大褶皱的、像海草一样水平伸展开去的叶子中直挺挺地长出。格斯纳描述说，它的花香宜人，清新，让人放松，但是香气却很容易消散。瑞典植物学家卡尔·林奈后来将这些郁金香定名为格氏郁金香（*Tulipa gesneriana*）以向他致敬，这一名称涵盖了所有 16 世纪和 17 世纪欧洲繁盛一时后来却消失了的栽培品种郁金香。

尽管如此，布斯贝克对土耳其“tulipan”的描述有助于解释“tulip”一词在大多数欧洲语言中的演变。波斯语和奥斯曼土耳其语中的“lâle”一词都是野花的通称，与之相对的“gül”则表示栽培品种。在奥斯曼土耳其，园林栽培郁金香被称为“dülbend lalesi”或是“turban lâle”，无疑是因为这些是土耳其的鲜花热爱者别在他们的包头巾上的花，因此郁金香的欧洲名称充其量只是部分翻译错误，而非完全的误译。“lâle”在奥斯曼土耳其语中后来逐渐用于表示红色的野花；它作为“血之花”和“苦难之花”进入了神秘主义著作中，而“gül”象征着灵魂处于“haraka”（即灵魂得到恩宠）的状态。（直至今天，郁金香在伊朗仍然是殉难者之花，在纪念两伊战争死难者的墓地中可以见到它的身影；另外，它还以非写实的形象出现在了伊朗的国旗上。）随着时间的推移，“gül”开始用来专指玫瑰，同样地，“lâle”则用来指郁金香。在欧洲人看来，第一批土耳其郁金香确实很像奥斯曼土耳其苏丹头戴的奇异的包头巾。约翰·杰勒德说道："在其开花几日之后，花朵之顶端及边缘向后卷起，类似土耳其包头巾，被称为'Tulipa''Tolepan''Turban'，以及'Tursan'，这就是它的名字来源。"

在格斯纳之后，土耳其郁金香在欧洲迅速增长的植物学著作中大量涌现，一如它们在欧洲最好的花园中蓬勃生长。佛兰芒植物学家伦贝特·多东斯（Rembert Dodoens）在其1568年出版的观赏花卉和芳香花卉的著作的第一版中就写到了郁金香，不过在他五年前出版的植物志中却没有提及郁金香。皮埃尔·佩纳（Pierre Pena）和马蒂亚斯·德洛贝尔（Matthias de L'Obel）在他们于1570年合作编写的《新植物志》（*Stirpium Adversaria Nova*）中介绍了一种产于威尼斯的长茎郁金香；德洛贝尔在其1581年的植物志中又描述了另外几种。

但是最为成功地记录了欧洲对这种来自东方的艳丽的新品种与日俱增的痴迷的人是佛兰芒植物学家卡罗卢斯·克卢修斯（Carolus Clusius），他第一次提及郁金香是在1570年，之后只要有机会，他都会写到郁金香，即便在与主题并不相关的时候。克卢修斯是欧洲植物学历史上的一个关键人物，他曾在蒙彼利埃跟随杰出的法国医生和博物学家纪尧姆·龙德莱（Guillaume Rondelet）学习医学，并在为哈布斯堡王朝皇帝马克西米利安二世监理维也纳的皇家花园时搜集了大量有关郁金香的信息。

郁金香早期在低地国家的经历几乎是一路坎坷。克卢修斯在维也纳讲述了这样一个故事，一位安特卫普商人收到了他在君士坦丁堡的朋友寄来的精致的布料，还有数量不少的种球。他把这些种球当作了洋葱，就让人在火炭上烤了一些，然后用油和醋加以调制；

它们一定是不和他的胃口，因为他把剩下的种球埋在了他的花园里，并很快就忘记了它们的存在。得以幸存下来的少数几个被某个名叫约里斯·赖伊（Joris Rye）的梅赫伦商人救了下来，他是一个有着巨大热情的植物爱好者。“我一定要说，”克卢修斯写道，“多亏了他的悉心照料和热情，我后来才能看到郁金香开花，它们多姿多彩，不仅宜人，而且悦目。”

到克卢修斯把郁金香写进其1576年出版的西班牙植物学研究中时，欧洲已知的郁金香品种已经包括了黄色、红色、白色、紫色和杂色的早花郁金香，以及红色和黄色的晚花郁金香。七年之后，他在介绍奥地利植物的书中就已经确定了34个不同的种类，其中包括一种巨型的开三朵花的晚花郁金香和四种“过渡型的”郁金香，其花期介于早花和晚花郁金香之间。他对于郁金香的研究总结在其专著《珍稀植物史》（*Rariorum Plantarum Historia*）中，这本书在他1593年搬到莱顿时已经基本完成，但是直到1601年才出版。

欧洲郁金香数量的迅速增长有效地证明了这种花的主要魅力所在：它惊人的颜色组合。克卢修斯认为除了罂粟之外，其他任何花都不具备这一特点。“因为它的颜色或是全黄，或是全红，或是全白，或是全紫，”他说明道，“但是有时人们可以在同一个花朵中看到两种甚至更多颜色的混合。”与其他人所说的不同，他从来没有见过蓝色的郁金香，而且他非常谨慎，只描述他自己亲眼看到过的植物，他会记录某种黄色的郁金香有着新鲜蜂蜡或者藏红花的香气，以及这种花香的减弱或是消失；他也会记录花朵颜色的变化：例如，娇艳欲滴的红色变得难看、毫无光泽，而深紫色变淡，成为大马士革玫瑰或是普罗旺斯玫瑰的颜色。

郁金香已经展现出了颜色混合的迹象，正是这一点对于郁金香热起了推波助澜的作用，表现为——用英国植物学家约翰·雷（John Ray）的话来说——普通的郁金香变成“不同种类的几种灿烂的颜色，各种颜色混搭的、带花边的、带条纹的、羽状边缘的、镶边的、带有玛瑙状纹路的、带有大理石般斑驳花纹的、分层的或带斑点的，令人惊叹不已”。欧洲人被这种完全不可预期的变化深深地迷住了。新生的郁金香并不一定会长得像其父母，而且你永远不可能预测一株单色的郁金香何时会变种。对于这种变幻莫测的美丽，顺理成章的反应就是赌一赌它的颜色。

克卢修斯仅靠观察就几乎揭开了郁金香突变颜色的秘密，他从1585年就开始注意到，之前开红色花朵的郁金香可能会突然开出混合着黄色和红色的花朵，“有时是黄色在中间，有时是红色，或两种颜色呈射线状排列，沿着边缘分开”。同样地，黄色的郁金香会展示出红色和黄色，紫色的会展示出白色和紫色。克卢修斯继续说道：“而且我还发现，任何一朵这样变换颜色的郁金香通常都会在之后香消玉殒，它只是想要在死之前用这多种颜色来愉悦主人的视觉，好似在向他作出最后的告别。”

正如克卢修斯所怀疑的那样，杂色的郁金香实际上是病株，感染了由蚜虫传播的病毒；无论是火焰状还是羽状花纹，这些被视为极度美丽而备受赞赏的现象实际上预示着其植株已时日无多。不知就里的培育者们为了要把朴素的颜色便成有着羽状花纹的金色，算是进行了不折不扣的郁金香炼金术。法国花商查理·德拉谢内·蒙斯特赫内并不信服病株的说法，他拒绝透露改良郁金香的“秘密”，希望将这个秘密带给“富有求知欲的圣人们”。约翰·雷挑出了可能发生颜色突变的郁金香颜色（“橘黄色，硫黄色，鸽灰色，亚麻灰，灰黄色，或任何其他浅颜色或少见的颜色”），并建议将球茎分别种在肥料充足的土壤和贫瘠的土壤中，以加速突变的过程。

英格兰18世纪杰出的园艺师菲利普·米勒以植物学家、园艺作家理查德·布拉德利（Richard Bradley）作为可靠的信息来源，引用了一位布鲁塞尔的种植者和一位伦敦的绅士的种植情况，前者的土地基本上可以确保将普通培育的品种变成漂亮的杂色郁金香，后者的郁金香花坛总是能长出有条纹的郁金香。米勒还转述了布拉德利的意见，建议通过扎住郁金香花茎中的一部分——但不是全部的——导管来检查颜色是如何循环的。但是对于另一些方法他却不太理会，例如，将根浸泡在有颜色的液体中，将郁金香种在有颜色的土壤中，在根中加入有颜色的粉末，或是拿有颜色的丝绸穿过根部。（所有这些手法都在他七年之后出版的那本极其成功的《园丁词典》中消失了踪迹，书中只是建议每年在新土中种植郁金香。）

药剂师约翰·帕金森警告说要谨慎对待忽然变为红色或黄色的白色郁金香，认为这种“毫无意义的别出心裁”可能只是园艺家耍的花招或是其自己的错误导致。荷兰占星园艺家亨利·范·奥斯滕（Henry van Oosten）与其他人一样大惑不解，他将一些郁金香而不是所有郁金香变幻莫测的颜色突变归因于“一些郁金香有能力接受这样的影响，而其他一些则不能”。然而，该来的总是会来。郁金香在欧洲的早期阶段，种球和花籽殷切地从一位植物爱好者手中传递到另一个手中，以标志他们之间的友谊和关系。在克卢修斯到达威尼斯之后的那年，“德高望重的奥杰尔·德·布斯贝克”——正打算动身前往巴黎去处理奥地利女大公伊莎贝拉的事务——送给克卢修斯一批他前一年得自君士坦丁堡的郁金香花籽和种球。克卢修斯觉得这些花籽时间太长，不能发芽了，就推迟到了来年才种下这些种子，当他看到长出了数量可观的郁金香的时候他一定很高兴，特别是它们在五六年之后会开出不同颜色的花朵。其中一些可能机缘巧合来到了英格兰，因为威尔士作家、地理学家理查德·哈克卢伊特（Richard Hakylut）1582 年记录到，在过去的四年里，“一种叫作郁金香的五颜六色的花从奥地利维也纳来到了英格兰，以及另外那些不久之前来自君士坦丁堡的郁金香，这些郁金香都是来自于一位杰出的卡罗卢斯·克卢修斯先生”。

克卢修斯还从各种不同的来源得到了另外一些罕见的郁金香：“慷慨的范海因斯坦夫人”给了克卢修斯来自拜占庭的罕见的开硫黄色花朵的郁金香的一个侧枝（这枝花没能挨过 1586 年的寒冬，克卢修斯不再为皇室效劳之后，只得放弃了他种在威尼斯的小花园中的种子）；有的来自布鲁塞尔的贵族让·布瓦索（Jean Boisot）；莱顿植物园管理委员会秘书约翰·范赫格兰德（Johan van Hogelande）给了克卢修斯一幅郁金香素描，以及他唯一的一个郁金香种球，这株郁金香有着尖尖的花瓣，最初开绿色的花，花瓣边缘逐渐变为淡黄色，最后变成鲜艳的红色。克卢修斯从博物学家、收藏家雅克·普拉托（Jacques Plateau）那里得到的另外一幅绿色郁金香的素描图，描述说画中的郁金香看起来像一棵小菜花，但却“不乏优雅”。当收藏家们真心诚意地喜欢他们的稀有植物的时候，这样颇具绅士派头的礼尚往来效果不错。但是郁金香的商业价值逐渐升高，克卢修斯在威尼斯、法兰克福以及之后莱顿的花园中的珍贵的郁金香种球反复遭劫。1581 年他的仆人不告而别，之后一些重要的植物——包括几箱子郁金香种球———就出现在市场上。第二年克卢修斯丢失了他大部分的杂色郁金香，他后来发现这些独一无二的品种生长在一位威尼斯贵族女士的花园中，她矢口否认她是从克卢修斯的仆人那里买来的这些郁金香。另外那些花卉鉴赏家也同样身处险境。

随着郁金香的价格继续节节攀高，市场力量粗暴地干预了之前建立在友谊规则基础上的贸易。现在的实际情况是，每个人都在卖花，有钱人从工匠那里买花不是出于对花卉的热爱，而是为了在他们的朋友面前炫耀。沮丧至极的克卢修斯向他的一位同事，人文主义者尤斯图斯·利普修斯（Justus Lipsius）吐苦水说：

> 带头开始这种买卖的人真该死！我一直都有自己的花园，有时是为了自娱自乐，也有时可以为我的朋友们服务，在我看来，他们也能从这个爱好中得到乐趣。但是现在，当我看见那些一无是处的人们，有时甚至是那些我连名字都不知道的人们，他们的要求如此地无礼，有时我真的想干脆就放弃这一爱好算了。

不管克卢修斯私底下作何感想，这位园艺师兼学者继续寻找着新的郁金香品种和它们可能的用途。克卢修斯对测试郁金香鳞茎的催情作用的失败经历依然记忆犹新——他把郁金香鳞茎交给了一位威尼斯药剂师，而这位药剂师却忘了在进行试验之前把这些鳞茎像兰花根一样用糖腌渍——他很高兴地说到药剂师约翰·米勒终于在一个类似的试验中记得把郁金香的鳞茎糖渍了。虽然并不知道试验结果如何，但是据说它们的味道比兰花根要好吃得多。（约翰·帕金森在他自己身上进行了同样的试验，但是却称食用的量不足以判断它们的“催情效果”。）

郁金香贸易与日俱增的商业化让克卢修斯大失所望，他将他的注意力转向了野生的郁金香，并将这些花写进了他于1601年创作的杰作中：来自亚平宁山脉的气味芳香的郁金香（*Tulipa sylvestris*）；来自法国南部纳博讷的郁金香（*Tulipa sylvestris* subsp. *sylvestris*，由马蒂亚斯·德洛贝尔采集然后寄给了他在荷兰的朋友们）；来自西班牙的郁金香（*Tulipa sylvestris* subsp. *australis*，来自阿兰胡埃斯附近的山区，由西班牙国王的园丁寄到了荷兰）；以及来自拜占庭的郁金香，推断应该是娇小的克里特郁金香（*Tulipa saxatilis*），他拿到手时上面还带着“这是我的花”的题词。克卢修斯最后的郁金香在 1611 年才开花，那时候他已经去世两年了。这些郁金香中正好包括了野生的波斯郁金香，即以他的名字命名的克氏郁金香（*Tulipa clusiana*），在佛罗伦萨有一个漂亮花园的意大利园艺爱好者马泰奥·卡奇尼先是寄给他一幅素描，然后寄来了小鳞茎。这种郁金香原产于波斯，它的花朵尤为精致，稍微比纳博讷或西班牙郁金香大一点，外壁是粉红色，内壁雪白，它的外围被片长而尖，内侧被片略呈圆形。卡奇尼送来的第二种（更为昂贵的）波斯郁金香鳞茎只长出了一片叶子，而且很快就凋谢了。当克卢修斯 5 月将鳞茎从土中掘出来的时候，他发现鳞茎十分干瘪，内部已经空了。

尽管有这些挫折，克卢修斯对植物世界非凡的多样性仍旧充满信心。他在介绍他的波斯郁金香的时候写道：“尽管对植物学的探究似乎已经达到了顶峰，但是几乎每天我们都会得到有关某些之前从没有人描述过的新的植物的知识；这一研究是无止境的。”

就在早期植物学家们歌颂自然界的绚丽多彩的同时，包括约里斯·赫夫纳格尔（Joris Hoefnagel）在内的微型画画家正忙于将花卉变成艺术作品。赫夫纳格尔是安特卫普一位家财万贯的钻石商人的儿子，1591 年搬到法兰克福，在那里加入了以克卢修斯为中心的荷兰艺术家和知识分子圈子。像许多欧洲艺术家一样，花卉逐渐成为赫夫纳格尔作品的一个重要主题。郁金香的走俏可以在愈来愈流行的花谱中觅得踪迹，这些花谱的目的是炫耀艺术家们的资助人的植物收藏——例如，巴西利乌斯·贝斯莱尔为艾希施泰特采邑主教创作的《艾希施泰特花园》，以及皮埃尔·韦莱（Pierre Vallet）描写法国国王花园中花卉的作品——以及为了满足有钱的收藏家们对异域的动植物越来越大的兴趣。

在这些新的花谱中最著名的是小克里斯平·帕斯的作品《花园》，最初在1614年以拉丁文出版，之后很快又有了法语、荷兰语和英语版本。大部分的图版展示的都是蓝天下荷兰平坦的地貌上生长的植物；视角非常低，似乎画家是趴在地上作画的。杰出的英国植物学家约瑟夫·班克斯爵士曾经拥有过一张手稿，画中是一枝以约翰·杰勒德命名的漂亮的红黄相间的郁金香。

尽管英国引进郁金香的时间要稍晚于欧洲大陆，但是其冲击力毫不逊色。还是从约翰·杰勒德那里，你能捕捉到对这种“奇特的、异域的花朵”的新奇以及富于变化的惊叹之情，所有“勤勉认真的草药师”都想能更多地了解这种花。根据杰勒德的记载，英格兰最早种植郁金香的人之一是伦敦莱姆街的药剂师詹姆斯·加勒特，那里是花卉爱好者的聚集地，他们很多都是佛兰芒裔或是法国胡格诺派教徒后裔，其中包括丝绸商人詹姆斯·科尔（James Cole）和回来定居的马蒂亚斯·德洛贝尔（Matthias de L’Obel）。克卢修斯在16世纪80年代和90年代造访伦敦的时候都是住在这里，或许还带了一些郁金香，詹姆斯·加勒特将它们种在了他在阿尔德门城墙边的花园里。加勒特本来的目标是要通过种植他自己培育的以及从海外的朋友那里得到的郁金香而掌握整个属的脉络，但是在尝试了20年后他放弃了这一想法，因为每次种植都会出现新的颜色；杰勒德说到，想要逐一描述这些颜色就好像是滚动西西弗斯的巨石，或是数砂粒。

尽管如此，杰勒德还是大胆尝试描述了当时英国的七种主要的郁金香，包括博洛尼亚郁金香、法国郁金香、黄色郁金香、各种红白郁金香、一种像苹果花颜色的郁金香，以及马蒂亚斯·德洛贝尔提到的无数其他种类的郁金香。伦敦雪丘的药剂师托马斯·约翰逊在差不多35年之后修订杰勒德的植物志的时候，就完全回避了对郁金香的描述，而是把读者指向了欧洲的约翰·西奥多·德布里、埃马努埃尔·斯沃特和法国国王的花匠让·罗班的花谱，以及同是药剂师的约翰·帕金森的园林花卉著作。郁金香是一种没有药用价值的园林花卉，虽然如此，约翰逊还是提到它们的鳞茎可以糖渍，或是用其他方式调味，既不难吃，也不令人讨厌，“还是不错的，而且营养丰富”。

在帕金森专门为生活安逸因而“钟爱”花卉的贵妇们所写的气派的园林花卉书中，他在卷首插图的伊甸园以及书中文字里赋予了郁金香核心的角色，郁金香穿插在百合和黄水仙之间，两者的特点都有一点体现在了郁金香上。他一共确认了差不多140种不同种类的郁金香，“后来很多追寻大自然多样性的探索者发现，我们这个时代比我能想到的之前的任何一个时代都更加乐于追寻这些宜人的植物，满足好奇心以及对稀有品种的渴望”。他依据原产地确认了许多早花的种类：卡法，博洛尼亚，意大利，法国，克里特，亚美尼亚，君士坦丁堡以及他最近才得以亲眼见到的克卢修斯的罕见的波斯郁金香。他还提到了他的朋友约翰·查德赛特（John Tradescant）展示给他看的一种白色的郁金香，他的这位朋友不久之后就接下了查理一世和他的法国妻子亨利埃塔·玛丽亚王后在奥特兰宫的皇家花园、葡萄园以及桑蚕管理人的差事。

我们可以从查德赛特那里一窥郁金香是如何进入英国花园的。老查德赛特并不是狂热的郁金香迷，不过他在哈勒姆买了800个郁金香种球，后来又在布鲁塞尔买了500个种球，那时他正在低地国家以及法国北部旅行，为他当时的东家、英格兰财政大臣罗伯特·塞西尔（Robert Cecil）大肆采购花草树木。塞西尔当时正忙着在哈特菲尔德庄园兴建一座漂亮的新花园。那一年是1611年，距离郁金香狂热的开始还有20年时间，购买郁金香是100个种球10先令，比他在布鲁塞尔买的稀有的欧洲百合和鸢尾或是他用26先令买的两盆紫罗兰和一盆花籽要便宜很多。后来他又为自己位于南兰贝斯的花园买了很多的郁金香，并且一丝不苟地在他那本帕金森的园林花卉书上记录它们的名称，其中包括驻君士坦丁堡专使彼得·维克爵士寄给他的“卡法郁金香”。这本书现藏于牛津博德利图书馆。与托马斯·约翰逊一样，他在他的花园目录中没有记录单枝郁金香的名称，只是列出了“多种多样的优雅的郁金香”和“50种有各种火焰般图案的郁金香”。

在伊莱亚斯·阿什莫尔的帮助下，查德赛特的儿子约翰在其众多的“精美的郁金香”中至少能说出30种不同种类的名称；其中的五种出现在了他的朋友亚历山大·马歇尔的画作中，马歇尔是一位殷实商人和绅士，同时也是充满热情的园艺师、昆虫学家和有着非凡才能的业余艺术家。1641年马歇尔在小查德赛特位于南兰贝斯的住处逗留过一段时间，每天都在奥特兰宫流连，而且无疑已经开始写作他的《查德赛特先生精选花卉集——精心绘制于羊皮纸上》（“Booke of Mr. TRADESCANT's choicest Flowers and Plants, exquisitely limned [painted] in vellum”）。那本集子现已无处可寻，但是马歇尔自己的花谱保存了下来，其中有五种郁金香也是查德赛特种植的，紫色白色相间的“西布伦”，以及四种珍贵的红白相间的品种“曼氏红白郁金香”“葡萄牙的路易”“罗宾玛瑙色郁金香”以及“城堡”。

最后一种郁金香的另一位赞赏者是威尔士的花卉爱好者托马斯·汉默（Thomas Hanmer）爵士，他在英国内战时期开始时站在国王查理一世一边，但是后来获准带着其家人前往法国。他的妻子在巴黎去世之后，汉默回到了英格兰，再婚后定居在威尔士边境地区的贝蒂斯菲尔德，当地的土壤和空气使得他大部分稀有的郁金香逐渐死去。他向他的好朋友日记作家约翰·伊夫林悲叹了它们的命运。约翰·伊夫林比他小八岁，在他德特福德的家赛伊大宅的花园中种植花卉时汉默给了他不少意见，并且还寄给他不少根茎和鳞茎，其中也包括郁金香的。

尽管自己损失惨重，汉默仍然赞扬郁金香是“鳞茎植物中的女王，它的花朵外形美丽，颜色丰富、令人赞赏，花纹繁复多样”。为了打发共和政体时期的强制休闲时间，他将他对植物和园艺的热爱倾注到了一本园艺手册中，到 1659 年他已经完成了该书的手稿，但是直到差不多三个世纪之后才出版。这本园林手册加上他的小记事本的笔记，让我们得以一睹一座精心呵护的 17 世纪中叶的花园，那里面满是最新奇的花朵，踩在时尚变化的风口浪尖上。与帕金森类似，汉默只选择那些最明艳照人、最漂亮的郁金香用语言来描述其颜色的变化，而这些词汇在今天已经弃而不用了：amaranthe（紫色）、aurora（深橘色）、bertino（蓝灰色）、furille-mort（枯萎叶子的颜色）、gilvus（非常淡的红色）、grideline（亚麻灰）、isabella（灰黄色）、minimme（灰褐色）、murrey（深紫红色）、quoist 或 queest（鸽灰色）以及 watchet（天蓝色）。他的书里记载，最初英格兰的园艺师只重视纯白色有紫色和红色条纹的郁金香，但是法国的品位不知不觉地影响着英格兰，现在“我们（像法国人一样）看重任何奇特颜色的混合，即使没有白色，比如这种带有黄色或灰黄色的花也很珍贵；我们把所有新颜色的郁金香称作时尚，但是有着漂亮的紫色或蓝紫色和白色的花朵依然非常昂贵，很值钱”。

正如约翰·伊夫林解释的那样，让郁金香成名的不是它有多少种颜色，而是“底部、花托和花型上”不同色度的品质、活力，以及不同颜色的混合和排列，这些都要遵循一定的规则，这个规则被称为“精品原则”：颜色要分布均匀、华丽、恰到好处、内外分明，使得“一种颜色不会冲淡另一种颜色，反而会为其增添光泽，就像一幅美丽的油画”。还有一点很重要，色带（在法语中称作“panache”）应该从底部开始，然后向边缘延展，与贝壳的花纹类似。

显然地，汉默不仅具有园艺的才能，而且兼备交友的天分。约翰·雷在其《植物志》里给汉默的献词中，称他为“真正高贵的、钟爱独创性的爱好者”，解释说汉默是第一个将以他名字命名的精美的郁金香“汉默玛瑙色郁金香”（Agate Hanmer）带入英格兰的人，那是“一种美丽的花，有三种漂亮的颜色，淡亚麻灰色、深红色和纯白色，通常互相分离，带条纹的、玛瑙状纹路的，排列完美，一直持续到花期结束，子房和花药吹散出去”。汉默的朋友甚至跨越了敌我的界限，他在1655年曾将“一棵非常不错的汉默玛瑙色郁金香的种根”送给另外一位著名的郁金香迷，克伦威尔手下的约翰·兰伯特（John Lambert）将军，他曾经买下了亨利埃塔·玛丽亚王后位于温布尔登的漂亮的意式别墅和花园。汉默将这一任务托付给了“罗斯”，据推测应该是复辟之后为查理二世打理花园的约翰·罗斯，然后汉默又在来年再次拿郁金香当礼物，将包括“美人儿苏珊”和“美人儿伊莎贝尔”在内的不错的郁金香品种送给了将军。在其位于贝蒂斯菲尔德的花园中，汉默在种有花径的结节园中间的四个狭长花床中种植了郁金香，他仔细地将它们成行种植，一起种下的还有长寿花、水仙、贝母、银莲花、康乃馨、仙客来，从约翰·雷所给的种子长出的鸢尾、春番红花、风信子、西洋樱草以及一株双冠帝王贝母。他对种植郁金香的说明表现出了同样的细心，谈到最适合的土壤（一份沙、两份混有腐叶的土或两份来自田地的松软沃土以及一点腐烂且筛过的牛粪）；种植的花床（边上稍微

图 13：议会党人约翰·兰伯特将军热爱郁金香的形象被流亡荷兰的保王党人印在扑克牌上加以嘲讽

培一点土，宽不要超过 4 英尺，以方便除草和观赏）；天气防护措施（用木质框架撑起来的亚麻布）。布可以拉到一边，以接受阳光照射以及适当的观察："现在花商们四处奔走，观察并享受着花园的乐趣，欣赏着春天开花的新品种，不耐烦等着看迟开的少见颜色的花苞，用小木棒去把花苞捅开，差点就干脆用手指去破坏花苞了。"

托马斯·汉默爵士可能是在法国培养了他对郁金香的热爱，早在荷兰的郁金香热爆发之前，那里就展示出了一种独特的法兰西风格的郁金香热，而且基本上也并没有受到荷兰郁金香热的波及。最早一批研究郁金香的专著之一《郁金香种类纲目》(*Traitté compendieux et abregé des tulippes et de leurs diverses sortes et espèces*，1617）即诞生于法国。书中称，大自然创造的每一个漂亮的物种都是在超越自己。据说在17世纪最初的二十年中，单枝郁金香种球的成交价钱就等同于生意兴隆的商户的价钱（例如，酿酒厂价值30000法郎），而且作为彩礼很受未来岳父母的欢迎。在整个17世纪中，接下来诞生了更多的郁金香专著，反复地将“花中女王”的王冠加在郁金香的头上，并对郁金香与日俱增的人气做出大胆的断言。其中最为夸夸其谈的要属查理·德拉·谢内·蒙斯特赫内（Charles de la Chesnée Monstereul）1654年出版的《法国园艺师》(*Le Floriste François*)，这本书将全部篇幅放在郁金香上，就好像这是唯一值得种植的花卉似的。作者错误地将郁金香的起源地定位在僧伽罗，所以他认为郁金香没有香味是由于其从温暖的气候环境运输至寒冷的地方所造成的；他宣称，如果郁金香能够保留住它的香气，那么它就集合了所有花卉的完美特质。葡萄牙人将郁金香送给佛兰芒人之后，法国人——“爱慕着这些人间的神”——把它带回家乡，“作为比其他任何国家都要更有好奇心的民族”，法国人找到了使其臻于完美的方式。

郁金香的数量激增，从1617年第一部郁金香专著中指明的二十几个品种增长到17世纪中叶时蒙斯特赫内列出的450种。它们毫无疑问地在法国的花园里大放异彩。储备最为丰富的花园之一属于皮埃尔·莫兰（Pierre Morin），他来自于巴黎苗圃世家，他们的家族为包括南兰贝斯的查德赛特家族在内的全欧洲充满求知欲的园艺家供应植物。约翰·伊夫林（John Evelyn）至少来参观了两次，发现不少值得赞赏的地方：莫兰的椭圆形花园，他为赛伊大宅设计花园时模仿了这一形制；莫兰珍藏的贝壳、花卉和昆虫；他种植的郁金香、银莲花、毛茛以及番红花，伊夫林认为这些花卉“非常精美”“堪称稀世珍品”，在开花时节吸引着大批志趣相投的仰慕者。当他 1651 年再次来参观时，莫兰告诉他，“单单郁金香就有 10000 种。”至于莫兰指的是在他花园里还是总体上 10000 种就不清楚了。莫兰在他的植物目录中列出了他所拥有的最为稀有的 100 种郁金香的名称。钱包没有那么鼓的顾客也可以放心，他那里出售很多不那么贵重的品种，价格合理。

几乎可以肯定的是，欧洲的郁金香热主要发生在荷兰。然后，那些让自己向来平和的本性随着郁金香热失去了控制的人，一方面被这种土耳其奇迹之花非凡的——而且是极其变幻莫测的——美丽所吸引，另一方面，在稀有的郁金香捕获了鉴赏家和收藏家的想象力之后，本来已经很高的郁金香的价格开始势不可当地飙升，这可能获得的巨额财富也蛊惑着他们。

很多人已经将郁金香的故事娓娓道来，这其中包括安娜·帕沃德（Anna Pavord）的《郁金香》（*The Tulip*）、迈克·达什（Mike Dash）的《郁金香狂热》（*Tulipomania*）、黛博拉·莫盖茨（Deborah Moggach）的虚构的《郁金香热》（*Tulip Fever*），以及最近的安娜·戈德加（Anne Goldgar）有大量研究做基础的《郁金香狂热》（*Tulipmania*），书中对几个广为流传的神话提出了怀疑，质疑到底发生了什么事情，以及其原因何在。人们很难对 17 世纪荷兰渐趋疯狂的郁金香市场与触发了 2008 年全球经济崩溃的错综复杂的金融产品打包之间的相似之处视而不见。当郁金香狂热在 1637 年达到顶峰时，没人见过而且经常是没有主人的郁金香种球被卖给没钱支付的买家，他们希望能够以更为不菲的价格将种球转卖出去。那是一个期货市场，完全丧失了与现实的联系；他们称那个时候的市场为“风中的贸易”。

然而，毋庸置疑郁金香非凡的美丽成为那时的风尚。偏向加尔文主义的荷兰人长期以来培育出了对于花卉以及对于描绘客观世界的愉悦的绘画的热爱。像东印度公司的雇员、眼光敏锐的彼得·芒迪（Peter Mundy）那样的旅行者，很满意于他们小小的花园和栽满稀有种球和花卉的花盆，以及挂在平庸的商店里的画作。郁金香将这两种爱好合二为一；郁金香的兴起恰巧发生在新的花卉绘画流派日趋完善之时。这一流派的代表人物包括老扬·勃鲁盖尔、安布罗修斯·博斯查尔特父子、罗兰·萨弗里和丹尼尔·西格斯。古怪的是他们的郁金香总是沐浴着诱惑的光泽，经常位于画作的最重要的右上角，并与不同季节的花混合在一起。尽管画作中的原型是真正的花，艺术家买不起珍稀的品种，就在花园中素描完成的，但这些都是类似郁金香贸易本身的园艺幻想的演练。对于那些不再能够负担得起郁金香的家庭来说，一幅由一流花卉画家所作的绘画无疑更在承受范围之内。

“傻瓜和他们的钱要分道扬镳了。”这是勒默尔·菲斯海尔（Roemer Visscher）在他1614年一本流行的寓意画册中所说的，插图中有两枝丰腴的郁金香花朵，它们的价钱在当时估计就已经让人眉毛一跳了。就像任何市场一样，价格由需求和供给来驱动，杰出的植物学家约斯特·范·拉维林（Joost van Ravelingen）据此总结说，价格最高的郁金香并不一定是最美丽的，却仅仅因为是最为稀有的，特别是当其只有一位主人的时候，这位主人就可以随意操纵它的价格。

最负盛名的带有火焰状花纹的郁金香之一“永远的奥古斯都”（Semper Augustus）的价格证实了这一观点。这种郁金香的一位早期爱慕者是荷兰的编年史家尼古拉斯·范·瓦森纳（Nicolaes van Wassenaer），当他在阿姆斯特丹州长阿德里安·波夫（Adriaen Pauw）博士坐落在海姆斯泰德的花园中见到和其他一些郁金香一起种植在一个镶着镜子的小阁四周的这种郁金香之后，他将其称为1623年最美的花。瓦森纳显然是为之着迷："花是白色的，蓝色的底部带着胭脂红，一道火焰状花纹直通顶部，从未有哪一位花商见过比这还美丽的花。"

那时一枝"永远的奥古斯都"种球开价1000荷兰盾（1000法郎），那是郁金香热达到顶峰之前十几年的事情，第二年春天"永远的奥古斯都"的种球仅剩12个，价格也上升到了每枝1200法郎，但是这种郁金香唯一的主人——大概就是波夫博士——打了退堂鼓，担心出售它们会使价格下降。1625年发生的事情如出一辙，当时价格升到了3000法郎，主人仍然不愿意出售。到1633年，号称一个种球的成交价涨到了5550法郎，到了1637年——郁金香市场崩溃的那一年——要价达到了三个种球30000法郎。那时一个人的平均年收入只有150法郎，单单一枝"永远的奥古斯都"种球能够让你在阿姆斯特丹的运河边上买一座最贵的房子，有花园，有马车房。

稀有郁金香品种的价格飙升不可避免地吸引了一批新的客户进入了这个市场，这就是克卢修斯大力谴责的那一群人。但是大体上，买家和卖家还是来自"中间"阶级：鉴赏家、几名重要的艺术家和普通市民，例如商人、熟练的工匠、制造商和专业人士，这些人经常因为家庭、宗教、职业或者居住区域的关系而联系在一起。他们投机的野心吸引了说教小册子的作者们，他们把这场郁金香闹剧的参与者们画进了愚人帽形状的交易帐篷或是愚人马车中，同时交易价格也在继续上升。1636年，也就是郁金香市场崩溃的前一年，一位反郁金香狂热的小册子的作者计算得出，购买一枝"总督”郁金香种球（2500 法郎）的价钱可以花得更有价值：购买 27 吨小麦、50 吨黑麦、4 头肥牛、8 头胖猪、12 只肥羊、2 豪格海葡萄酒、4 桶啤酒、2 桶黄油、3 吨奶酪、1 张配亚麻布寝具的大床、1 整套衣服和 1 只银制酒杯。

由于交易的对象是郁金香种球，销售的时间是在开花季节之外，一般在 6 月和 10 月之间。一些种植者会委托人为郁金香画像，通常是画某一个品种，有时是有名称的，有时是已标价的。这些画像会被收入郁金香画册，一定程度上充当销售目录，另外当这些画出自像朱迪思·莱斯特（Judith Leyster）、安东尼·克拉斯（Antony Claesz）和德国人雅各布·马雷尔（Jacob Marrel）那样有名的艺术家之手时，它们本身也就成了艺术品。大部分的销售都是在由花卉种植者协会支持下的酒馆中进行的。这些协会的建立是为了管理买家和卖家之间的交易。价格通过仲裁或公共拍卖来确定，在那之后所有人——买家、卖家、见证人——都会由买家做东，喝个酩酊大醉。这种贸易十分兴旺，以至于荷兰议会考虑过要对郁金香征税，但却没能在投票时获得必要的同意票数。

如果小册子作者道听途说的证据是正确的，那么让人难以相信的事情发生了。1637 年 2 月 3 日星期二，一群郁金香的买家卖家聚集在哈勒姆的一家小酒馆内，准备进行交易。作为这一天贸易的开始，一名协会成员以 1250 法郎的价格拍卖一磅郁金香种球。没人出价。拍卖人将价钱降到 1100 法郎，然后是 1000 法郎，还是没人出价。有关郁金香贸易摇摇欲坠的谣言早就已经流传开来，拍卖失败的消息使贸易陷入了停滞状态。看来悲观主义者的预测是对的：一旦市场充斥了更多的卖家，数量超过买家，信心就会破灭，市场就会崩溃。

两天之后还是在阿尔克马尔进行了一场拍卖，会上成交的郁金香种球的均价稍低于 800 法郎（等同于莱顿手艺精良的木匠两年的工资），少数几种珍贵的品种最后的成交价格更甚从前：据说一枝“总督”卖出了 4203 法郎的价格，一枝带侧枝的“范恩纯森上将”郁金香种球则卖出了 5200 法郎。但是作为这次拍卖会卖家的沃特·巴托洛梅乌斯·温克尔的遗孤们似乎始终没能套现他们的收益。哈勒姆失败的拍卖会让种植者感觉到了破产的威胁，2 月 23 日，他们在阿姆斯特丹匆匆召开了一次会议，会上他们希望通过确定一个郁金香合同的截止日期（1636 年 11 月）能够解决危机。在此之前拟定的合同均被视为有效，因此可被强制执行，而 11 月之后的合同可以通过支付协议价的 10% 来取消。荷兰高等法院随后撤销了此决定，宣布自 1636 年初起的所有未完成的交易均为无效，并委托当地的执法官解决由此产生的一切纠纷。

郁金香热的告终不可避免地会有牺牲品，但是安娜·戈德加对当时的记录进行了仔细筛查之后表示个人破产的报道有不少夸大的成分，最为猛烈的批评来自于反郁金香的小册子的作者们，他们长篇大论的指责为后来的报道添油加醋了不少。确实有一些个人有经济损失，其中包括风景画家扬·范戈因（Jan van Goyen），众所周知他在郁金香热告终前的最后几个星期内大笔投资在郁金香上，在郁金香市场崩溃之后 20 年后在穷困潦倒中过世。但是范戈因同时也大规模投机土地生意，而且仅仅是因为郁金香热而破产的文书记录寥寥无几。荷兰经济在整体上并没有受到严重影响，但是更为持久的却是对荷兰人精神上的打击。

郁金香表现出了顽强的抗压能力，继续生长在花园中，出现在荷兰黄金时代的绘画中，在画家们悉数清点了他们的损失以及他们客户失败的投资后，发现郁金香行业只不过经历了轻微的衰退。1637 年反常的价格飙升之后，尽管价格不可避免地急剧下降，漂亮的郁金香品种仍然价格不菲。当彼得·芒迪在郁金香市场崩溃三年之后的1640年周游低地国家时，他写道："郁金香的根茎价格让人不可思议。"在郁金香热退去的第二年，荷兰画家雅各布·赫里茨·克伊普（Jacob Gerritsz Cuyp）描绘了荷兰平坦的地平线上一整片带火焰状花纹和羽状花纹的郁金香，画上还有一只蝴蝶和两只带着羡慕表情的青蛙。如果他所画的郁金香全部都是"永远的奥古斯都"的话，其总值可以让他一次性买下阿姆斯特丹运河边一整条街的最好的房子。在欧洲的其他地方，漂亮的新品种的价格依然居高不下，而法国作家大仲马的小说《黑郁金香》的故事就是开始于1672年的海牙，就好像郁金香市场的崩溃从未发生过似的。

也许欧洲已经痊愈了，但是相隔不到一个世纪之后就爆发了第二次郁金香热，这次是在苏丹艾哈迈德三世（1703—1730年在位）统治下的奥斯曼土耳其，尤其是从1718年开始由苏丹的女婿内夫谢希尔的易卜拉欣帕夏作为大维齐尔和他联合统治的那几年。当初把郁金香送到欧洲的国家现在自己开始承受迷恋这种有致命诱惑的花所带来的后果。后来的历史学家称之为"郁金香时期"，以此来反映苏丹以及他的大维齐尔对花卉的着迷和文化上的过激行为，他们对郁金香共同的热情影响了奥斯曼土耳其民间生活的方方面面。

这两个人倒是挺般配。苏丹，有良好的教养，崇尚享乐主义，极端贪得无厌，将国家事务交由他的大维齐尔来处理，自己专心享乐，致力于一系列结合了奥斯曼帝国巴洛克与法国洛可可风格的建筑工程。清真寺、陵墓和人工喷泉在伊斯坦布尔到处兴建，同时，新修建的带有土耳其式凉亭和精致花园的宫殿把博斯普鲁斯海峡和金角湾的滨水区装点成了人间天堂。再来说说易卜拉欣帕夏，举止文雅，富有教养，绞尽脑汁想要满足苏丹挥霍无度的突发奇想，给奥斯曼土耳其帝国带来了最初的和平，同时，他对西方国家的主动接触以及对国家机构的牢牢控制激起了较为保守的社会群体的不满。

随着易卜拉欣帕夏登上历史舞台，郁金香开始成为苏丹艾哈迈德三世宫廷夜夜笙歌和挥霍无度的象征。这时候的郁金香经过苏丹艾哈迈德三世的首席花匠塞伊汗·穆罕默德·拉烈萨瑞的改良已经改头换面，成为优雅的杏仁形状，其被片延伸成为尖尖的匕首状。一个多世纪以来，监管培育郁金香和水仙的新品种一直是苏丹的首席花匠的任务，由其来主持一个由水平高超的花匠组成的委员会，这个委员会负责检查新的栽培品种，只选择那些在他们看来完美无缺的花朵进行命名，然后将它们的资料录入委员会的目录。与荷兰的栽培品种不同的是，这里的新品种很少以它们的种植者的名字命名，而多为赞美郁金香的优美或独特的特征，例如“玫瑰园中的窈窕淑女”“赤红色的燕子”“天堂之光”，以及“送来欢乐者”。

塞伊汗·穆罕默德·拉烈萨瑞在其花卉手册中，列出了决定完美郁金香的20条规则。从本质上讲，这些规则要求郁金香的花瓣要长而且等长，不能参差不齐或者重瓣，外部和内部花瓣能够整齐合拢，掩藏雄蕊的花丝和斑点。颜色要纯正、清澈，杂色品种其底色只能是白色（这在郁金香图册中极为少见，因此可能没有那么珍贵）。更多的规则涉及花粉（不应该沾到花朵上）、花茎（长而结实）、鳞茎（大小适中），以及叶子（长，但不能过长以至于盖住了花朵）。

记录在册的“伊斯坦布尔郁金香”总计有差不多1500种。这些郁金香仅有少数几位郁金香爱好者种植，现在它们已经彻底消失了。在欧洲，价格开始飙升：备受觊觎的培育品种 Mahbud（意为“宠儿”）的一个鳞茎卖出的价钱在500到1000奥斯曼土耳其金币之间，另外，为了避免投机，奥斯曼帝国通过公布价格固定的价目单开始正式控制价格。在1726年和1727年这两年中，价目单上列出的品种数量从239种增加到306种，最贵的鳞茎是Nize-i Rummânî和Pomegranante Lance，价格仅为7.5奥斯曼金币。

但是，没有人去尝试遏制苏丹对郁金香庆祝活动的大肆炫耀。在郁金香时节，艾哈迈德三世会声势浩大地前往他建在海边的宫殿，有一众人等随行。有驳船驶往金角的按照法国设计方案新建的萨阿德·奥包德宫以及其他的娱乐地点。其中最著名的是坐落于博斯普鲁斯海峡欧洲一侧的彻拉安宫（烛宫），由苏丹穆拉德四世为他的女儿所建，后来易卜拉欣帕夏又为其妻（即苏丹的女儿）进行了大规模的重建。苏丹经常到这里来享受庆祝活动，小小的夜灯照亮了郁金香花园，背上驮着蜡烛的乌龟在花中蜿蜒而行。在苏丹自己的郁金香花园中，客人们被要求穿着与花朵相称的服装；某一个夜晚后宫的女人们装扮成商店店主，为她们唯一的顾客苏丹服务。非郁金香季时庆祝活动依然热闹，即使在冬天最冷的时候苏丹的宫殿也装饰有郁金香和香石竹。

这样毫无节制、不得人心的挥霍不可能持久，尤其是在整个帝国已经开始摇摇欲坠的时候。1730年9月，在波斯重新获得了土耳其人占领的土地、波斯士兵屠杀了驻扎在大不里士的土耳其卫戍部队之后，终于引发了公开的暴动。苏丹和他的大维齐尔都在度假，易卜拉欣帕夏的两个女婿正在忙着打理他们在博斯普鲁斯海峡另一侧的花园。王室人员直到两天之后才返回。为了保住自己的性命，苏丹最终下令勒死他的大维齐尔和他的两个女婿，但是为时已晚；苏丹被迫让位给他的侄子马哈茂德一世，后者转而处决了这次暴动的头目。

与苏丹政权的挥霍无度有着密不可分联系的郁金香已经走到了尽头。花园和供享乐的宫殿全部被毁。尽管郁金香终究还会回到伊斯坦布尔——即便到现在还有一年一度的庆祝活动，托普卡珀宫下方的居尔哈尼公园绽放着数不尽的碗形或是有尖角的郁金香，艾米尔冈公园的博斯普鲁斯海峡回荡着歌舞升平的声音，这声音让苏丹的欢宴在人们的记忆中栩栩如生——20 世纪 30 年代，一位来到伊斯坦布尔的欧洲旅行者报道说"对郁金香的狂热已经一去不复返了"。易卜拉欣帕夏的著名的花园变成了福特汽车工厂，彻拉安宫，抑或是"那些从马尔马拉海直到黑海散布在博斯普鲁斯海峡两岸的有着精致花园的古香古色的木制海滨别墅，全部已无处可寻"。

荷兰和土耳其这两次郁金香热的爆发，揭示了这种花仅仅凭借它的美丽就能够吸引其迷恋者的超凡力量。土耳其文化中已经将郁金香作为天堂的一种象征，带着一丝神圣的意味，而在欧洲，郁金香大体上已经与宗教毫无关系；药剂师托马斯·约翰逊将郁金香等同于耶稣基督的登山宝训中的铃兰，也是基于它们"令人惊叹的美丽"以及"无限的颜色种类"，超过了其他任何一种花。

然而，即便是在当时也已经有不同的意见，也许是因为被大肆夸耀的郁金香却令人惊奇地很难为人所喜爱。郁金香的栽培品种一方面华丽灿烂、光彩夺目，但也可能显得僵硬、冷漠，这种充满阳刚之气的花朵与玫瑰的阴柔之美形成了鲜明的对比。郁金香在《花语》（*Antheologia, or the Speech of Flowers*）一书中就展示出了这另外的一面。这是一本克伦威尔执政下古板的共和政体时期出现的一本小册子，作者已不可考。这本小册子通常被归于缺乏热情的保皇党托马斯·富勒（Thomas Fuller）名下［他最出名的作品是《英格兰名人传》（*Worthies of England*）］。小册子带有一种不易察觉的颠覆分子的腔调，书里包含了塞萨洛尼基（当时属于土耳其）花园里花卉之间的一段轻松愉快的对话。

最先开口的是玫瑰，悲叹着她已经被郁金香所取代，尽管她拥有公认的独一无二的“香气和美貌”，以及她死后更为高尚的美德——玫瑰露和玫瑰干花可以治愈各种各样的病痛。玫瑰问道，这个暴发户郁金香有什么的啊，不就是“肤色漂亮但散发着臭味的家伙，美丽外貌包裹下的丑东西”吗？至于它的药用价值，从来没有一位医生提到过它，也没有希腊文或拉丁文的名字。但“就是这个家伙长满了所有的花园，人们肯为了它的根茎一掷千金，而我，玫瑰，却遭受冷落、轻蔑，在贵族的手中孕育出来，却只能生长在自耕农的花园里”。

郁金香的回答傲慢得恰到好处，认为玫瑰的抱怨无须理会，玫瑰只不过是一种蔬菜，不应该妄自把自己提升到“食物”以上的层次。郁金香说，人类无疑是“花的价值”的最佳鉴定人，至于目前没有发现药用价值，那并不代表其不存在。

> 我很确信的一点就是，要不是我拥有某种高贵的品质，大自然绝不会让我有如此美丽动人的外表；确实，要是我的叶片（花瓣）从未有过如此色彩斑斓的羽状花纹（正是这斑斓的色彩使我成为百合中的王者），没有什么特殊的品质，世界也不会认识我。

在接下来的争论中，紫罗兰支持了玫瑰的意见；它们自称，记忆中玫瑰一直是心中的“王者”，而郁金香顶多才在花园中存在了 60 年。它来自于荒野，号称有着叙利亚的血统，只不过是一种“不那么粗野的杂草”罢了。经过郑重的投票，它们得出结论，郁金香应该从花园中根除，作为外来闯入者扔到垃圾堆里去。

但是郁金香却并没有从此消失。尽管玫瑰最终会重获她的王冠，但是色彩斑斓得让人难以置信的郁金香，作为热忱的园艺爱好者种植的最早的园艺花卉之一仍然拥有一群英国追随者。最初的园艺爱好者是在园艺协会的支持下，后来是维多利亚时期遍及各个阶层的兴旺的园艺栽培，从绅士阶层到劳动阶级，催生了各式各样的协会，从涉猎广泛的综合性园艺协会到专门培育某些花卉品种的专门性协会不一而足。这将是郁金香的最后一次华丽化身。

“florist”这一词汇至少从17世纪20年代就开始使用了，在那时是指为了花卉的美丽而非其实用价值而培育花卉的爱好者，与克卢修斯圈子中的业余花卉爱好者很相似。他们只集中精力培育某些花卉品种。他们按照规定的标准种植这些花卉，目的在于测试他们的种植技术，与同好一较高下。园艺栽培者最初培育的花卉包括郁金香、康乃馨、银莲花以及毛茛，后来这个名单上又增添了报春花、风信子、西洋樱草、石竹，到19世纪30年代又增加了三色堇和大丽花。这些花卉都有着共同的特征：花朵的轮廓为圆形，花瓣边缘平滑，既没有毛缘也没有锯齿，如果是重瓣的则是纯色，尽可能是杂色的。所有的品种都能结籽，进行无性繁殖，使得它们的种植者能够开发和繁育新品种。

英国的园艺协会仿效的是荷兰的类似协会，其宗旨是在花卉爱好者的庇护者圣多萝西的保护下，聚集在一起进行“愉悦的谈话和舒心的交流”。有记载的最早的园艺协会是在17世纪30年代的诺里奇，那里是一批批从低地国家和法国流亡过来的胡格诺教徒的家园。英国园艺爱好者的盛宴在18世纪八九十年代达到了顶峰。人们在小酒馆中集会，就像荷兰的郁金香拍卖会一样，获胜的花卉在酒桌上传递欣赏。但是到19世纪末的时候，这种集会已经沦落成为饮酒的派对，拿破仑战争带来的经济低迷进一步加速了这些聚会活动的衰落。

尽管如此，人们对园林花卉的兴趣丝毫未减，特别是对郁金香的兴趣，英国的种植者开始从花籽进行培育，而不再依赖从荷兰和法国进口的根茎。最初是南方的种植者掌握着控制权，对新品种的要价超过了北方工人阶级种植者的经济承受能力；截至19世纪20年代，他们的郁金香据称已经把荷兰的郁金香挤到了第二位。但是到1840年前后，北方和中部地区的种植者开始种出了重要品种的幼苗，到了1880年，这种曾经在英国和整个欧洲大陆都风靡一时的“美丽绝伦的花”“现在已经很少种植在特伦特河以南或特威德河以北了”。

花卉栽培者与生俱来的竞争天性为这样的发展提供了动力。在伦敦园艺协会（今皇家园艺协会）的表率下，全国各地纷纷成立了园艺协会，为园艺师、花卉爱好者和佃农组织比赛，给获胜者颁发银勺子，还要发表一番趾高气扬的评价。随着比赛而来的则是规则的制定，即应该依照什么样的标准来评判，很类似于艾哈迈德三世时期苏丹的首席园艺师为郁金香制定规则以及菲利普·米勒等等早期的权威人士所做的非正式的尝试。

为郁金香和其他园林花卉确定标准的第一人出现在1832年，是言辞刻薄的乔治·格伦尼（George Glenny），《园艺杂志》（*Horticultural Journal*）的创始人，他声称是自己提出了郁金香的完美形状应为一个空心球的三分之一这一标准，之后他又抱怨说“在我公布了这一标准之后，有好几个狗杂种追着我狂吠，反对我的说法；但是一发现公众已经接受了这个标准，立刻态度大转弯，把我的标准稍加改动，就当成是他们自己发布的了”。格伦尼的标准没有考虑人工培育的纯色郁金香，涉及的是三种主要的观赏郁金香的花形、血统纯正以及花瓣纹路这三个最重要的问题：红色系（白底深红、粉色或鲜红）、紫色系（白底紫色、淡紫色或黑色），以及黄色系（黄底任何颜色的花纹）。这些颜色如何突变至关重要。有羽状边缘的郁金香应该是在花瓣周围有密集的、平滑的羽状边缘，开花时边缘完好；而有火焰状花纹的花朵，其颜色不会延展到花瓣的边缘。所有花朵的底色，无论是白色还是黄色，都应该清澈、分明，一点点不纯的颜色，哪怕是在花瓣的根基处，也会使郁金香“在相比之下失去价值”。格伦尼这最后一条标准坚定地指向了南方种植者的阵营，他们非常厌恶北方的评委所能容忍的有污点的花瓣底部。

所有评委都不赞同的是，传统的郁金香才是完美的园艺品种。花卉爱好者很自然地倾向于有着五颜六色花纹的郁金香，深深喜爱荷兰黄金时代花卉画作中力争完美的大理石状纹路，以及仍然捉摸不透的火焰状和羽状花纹的难以控制的颜色变化。由于幼苗要经过几年的培育才能开花，而且由于它们并不是真正地从种子开始长起，要种出有着完美的羽状花纹的郁金香需要炼金术士般的技能和毅力。这简直就是又一次的郁金香热，是一次每个人都希望成为赢家的博彩。

传统的园林栽培郁金香从19世纪中叶开始大获成功，到19世纪80年代它们的运势开始走下坡路，公众的兴趣点转向了威廉·鲁宾森（William Robinson）等人所倡导的更注重自然性的花园。鲁宾森是《英国花园》（*The English Flower Garden*）和极具影响力的《野性花园》（*The Wild Garden*）的作者。尽管如此，他还是在他的花园中为格氏郁金香一脉相承的晚开郁金香留出了一席之地，他称这种花为“一种在野生状态下的相貌堂堂的植物”，他将大众的注意力引向野生郁金香中“一些非常漂亮的品种”，这其中包括克氏郁金香（*Tulipa clusiana*），他对这种花的描述是“色泽精致，姿态含蓄，美丽的外形不温不火”。

但是用来催生郁金香突变的炼金术士的伎俩则被嗤之以鼻，园林栽培郁金香“被打入冷宫，陷入了辱骂声中”。为它们的逝去而感到惋惜的人中包括雷尼肖庄园的德比郡西特维尔家族的萨谢弗雷尔·西特维尔（Sacheverell Sitwell）爵士，尽管他对20世纪30年代“理所应当大为流行”的美丽的野生品种十分热爱，他仍旧希望园丁们能在花园中种上一花床的传统英格兰郁金香。花费是唯一的问题：他在1939年计算过，一个种球需要大约一个先令，一花床需要大约8英镑到10英镑，折合成今天的货币可达1760英镑。在郁金香的问题上，钱总是有最后的发言权。也许我们不应该为了西方文学作品中郁金香的身影寥寥而大惊小怪，泰奥菲尔·戈蒂耶写过一首平淡无奇的诗，晚近一些的诗人的作品质量更高一些，例如西尔维娅·普拉斯（Sylvia Plath）笔下那让人心烦意乱的郁金香，在医院中她的病榻旁望着她，穿透周围的空气蚕食着她的氧气，还有詹姆斯·芬顿（James Fenton）笔下的黄色郁金香，它们让他忆起了夏日林中那突如其来的爱情。

如今，郁金香贸易的规模又恢复到从前。全世界的花卉种球产业的年成交量估计超过10亿美元，其中最受欢迎的是郁金香和百合的种球。由于土耳其郁金香最先到达的是荷兰，荷兰已经成为世界领先的种球生产国，在生产种球的国家名单上高居榜首，生产面积约占全球郁金香产量的87%。这意味着荷兰每年生产的郁金香种球的数量超过400万株，其中仅有一半多一点是用于国外的切花生产。商业化种植郁金香的国家还有另外14个，名列前茅的国家有日本、法国、美国和波兰。土耳其并没有出现在全球生产的清单上，但是它与巴西和智利一起被列为拥有花卉种球新兴项目的三个国家。

既然郁金香杂色病已经不再是什么秘密，商业种植者们开始卖力地用他们的郁金香种球培育出不同寻常的品种，因此到了花季，荷兰的郁金香田有三分之一的面积被仅仅 18 种栽培品种所占据，郁金香田变得千篇一律。你仍然能够找到让人怦然心动的漂亮的野生品种，但是“郁金香时期”纤长的伊斯坦布尔郁金香却只能留存在记忆中了。至于当时风靡荷兰哈勒姆、阿姆斯特丹和阿尔克马尔的喇叭形的以及有羽状边缘的郁金香，要想看到它们最美丽的品种你可能需要到那些致力于培育和展示传统品种的类似于旧时园艺协会的组织中去寻找。

英国还保留了一家这样的协会：成立于 1836 年的韦克菲尔德及北英格兰郁金香协会。我在 2012 年 5 月参加了他们一年一度的展览，展览在韦克菲尔德市郊一处不知名的社区礼堂举办，具有爱国情怀的彩旗鲜艳夺目。在这里的一整个下午，我可以想象我自己身处旧时好奇的郁金香爱好者之间，眯着近视的眼睛端详着塞进啤酒瓶里整齐地排列在从房间这头一直延续到房间那头的支架台上的精致的单枝花朵：单色的培育品种、具有火焰状或是羽状花纹的传统的英格兰郁金香，依照其难以为外人所理解的分类方式（黄色系、紫色系和红色系）接受评判，沉浸在有节制的对抗和视贺的氛围中。老式郁金香的热爱者从英国各地以及荷兰和瑞典蜂拥而至，他们展示自己心爱的品种，欣赏他人的珍藏。他们的郁金香与荷兰绘画大师们所能创造出来的同样美丽、同样奇特，倘若这是一次拍卖会的话，我知道我一定会与我的钱分道扬镳——无疑会比我在理智状态下要花得多。

# 第七章
# 兰　花

污浊的空气，潮湿、闷热，夹杂着倒人胃口的味道，那是盛开着的热带兰花的味道……到处都是兰花，一片片的兰花，长着肥硕的叶子，让人心生厌烦，花茎则像是刚刚被清洗过的死人的手指。它们散发的味道浓烈得好比毯子底下热酒的气味。

——雷蒙德·钱德勒《长眠不醒》

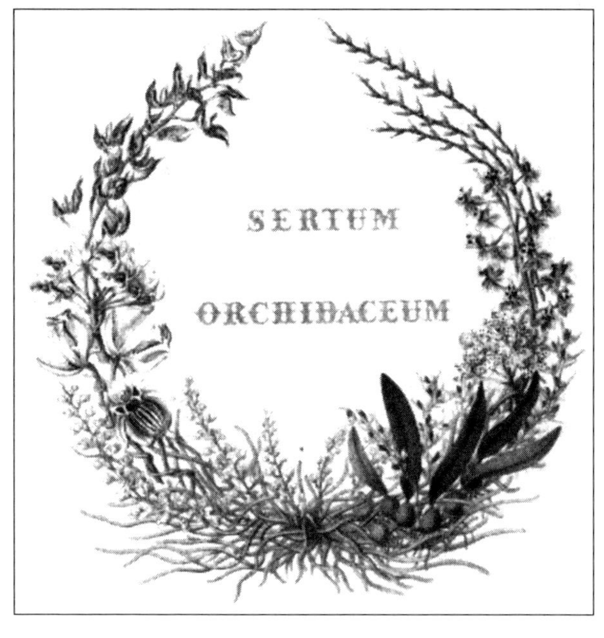

在我真正邂逅了英国本地的兰花之前，就已经认识热带的兰花了。在我八岁那年，我们全家搬到了马来西亚首都吉隆坡附近的一座新兴卫星城，在那里，我们在花园里种植了兰花，几乎把来自蜘蛛兰科的蝎子兰的所有品种都种全了。它们的外观会让人怀疑它们是巨大的蜘蛛，因此我给了它们准备了宽敞的容身之处，却还是更喜欢鸡蛋花树那让人陶醉的芬芳、木槿那火红的花朵以及篱笆外掩盖住了那片平整荒地的优雅的木麻黄树。

我对兰花的感情依然很矛盾。在我第一次参观伦敦的一场兰花展览时，它们无穷无尽的品种让我困惑。它们彼此之间的差异简直让人难以置信，发源地遍布世界各地，许许多多的稀奇古怪的成功附属物进行了独一无二的进化，确保了该植物的生生不息。（难怪查尔斯·达尔文特别喜爱兰花。）我的同伴们早早地来到了花展，一心想要买一枝“秘鲁仙履兰”（Peruvian Slipper orchid），通过走私渠道进入佛罗里达的它致使它的“发现者”被判缓刑两年，并被罚款 1000 美元，但是它现在可以尽享合法销售。他们拿出一个塑料袋给我看，里面装的是带状的叶子和根，像是苍白的蚯蚓，他们为买这些花了100英镑。我是真的大惑不解，看到我周围的人们对兰花的如此爱恋让我越发地茫然：有一个人专门搜集石豆兰（*Bulbophyllum*），该属种类繁多，但是相对而言都不太讨人喜欢，他已搜集到了450多种。这就好像是当时郁金香狂热中丧失理智的目的奇特性转移到了这种变化无常的花身上，它们有的精致优雅，有的全然丑陋，它们中有的品种长着难看的唇瓣，还有那些难以识别的不知为何物的晃晃荡荡的器官（约翰·林德利针对一种从墨西哥进口来的怪异天鹅兰斑点兰花（*Cycnoches maculatum*）悬垂着的螺旋状物提问道："它们能有什么用啊？"），而这让我无法苟同的热情也让自己略感挫败。

然而，我还是坚持不懈地学习了解最流行的兰花，等到第二次去参观兰花展览时，我已经至少能认出它们中的几种，就算称不上是朋友，也能算是相识了。其他兰花粗糙的设计还是会搅得我心神不宁，连锁超市的兰花更是让我无动于衷。你就是想去戳一戳它们，看看它们是不是真的，而且知道了它们中的一些可以连续几周开花的事实也不会让人增加对它们的好感。

可是我对兰花研究得越多，它们明显的双重性就越让我着迷。兰花在东方和西方文化中相去甚远的形象再清楚不过地说明了这一点。至少从孔子时代开始，中国的兰花就已经被视为一种极具优雅和富有美德的植物，在那些人迹罕至的地方，它们低调地生长，美丽不为人所见，因此而受到了尊敬。相比之下，西方观点中的兰花更为庸俗，根本上将它等同于性，而且还是不道德的性。甚至连它们的名字都流露出了双重性：在中文中的"兰"字，最初表示用于驱散邪灵的芳香的花，而西方的目光则落在"orchis"上，该词在希腊语中表示睾丸，据说与陆地生长的兰花的块茎很相像。

兰花的力量会不会就存在于对这种世界上最为奇特的花的极为矛盾的观点所形成的对立之中呢？

如今，兰花科（*Orchidaceae*）是地球上最大的植物科之一，具有最为多样的植物群。据邱园的皇家植物园估计，兰花的 850 个属中大约有 25000 个物种，与兰花比起来，玫瑰在其唯一一大属蔷薇属（*Rosa*）中的 150 个品种就显得微不足道了；到 2012 年 3 月为止，杂交兰花可在已确定的品种基础上再添加至少 155000 个品种，以每个月 250—300 个品种的速度增长。尽管一些物种由于过度采集或生存环境遭到破坏已经灭绝，但是每年确定的新物种仍然有 200—500 种。例如，2011 年 11 月，荷兰兰花专家埃德·德福格尔在巴布亚新几内亚附近岛屿上一处指定用于伐木的林区内，发现了世界上唯一一种真正在夜间开花的兰花——夜石豆兰（*Bulbophyllum nocturnum*）。与媒体报告一起发布的照片中，三个黄绿色的萼片环抱着花朵的袖珍花瓣，从中悬垂出长长的、灰绿色的附属物，与同样也是发现于这一地区的某种黏菌的子实体异常相似。植物学家们推断，这种兰花由夜晚觅食的蠓传粉，蠓一定是被兰花所骗以为自己落在了食物上：确实匠心独具，但是漂亮却算不上。

兰花目前分布之广泛说明，在大陆块分离之前地球上就存在有兰花，而那至少是一亿年以前。它们从最初的家园——几乎可以确定是在热带地区——与地壳板块一起慢慢漂流：石斛属（*Dendrobium*，最庞大的属之一）兰花遍布中国、印度、东南亚、马来西亚、澳大利亚以及新西兰；香子兰属（*Vanilla*，这一科中最具经济价值的植物）兰花落脚在热带美洲、非洲以及马来西亚；杓兰属（*Cypripedium*）兰花传播至北美洲、欧洲、俄罗斯、中国和日本，但是没有跨到赤道以南；兜兰属（*Paphiopedilum*）兰花的足迹延伸到了中国、印度和东南亚的热带和亚热带地区，并一路走进印度尼西亚；它们的亲戚美洲兜兰属（*Phragmipedium*）兰花穿过了中美洲，到达了巴拿马和安第斯，直至南美洲。一些可能是发现较晚的属依然在小范围内生长，例如一直很流行的卡特兰属（*Cattleya*）兰花仅在南美洲和中美洲有它们的踪迹；如今，野生的兰花生活在除南极之外的所有大洲，从阿拉斯加一直到火地岛。

就兰花的生长习性而言，兰花或为陆生植物，长有地下的块茎，或为附生植物，长在树木的树干和树枝上，通过气根从空气中汲取水分和养分；它们还有可能是岩生植物（生长在岩石上），腐生植物（依赖死去的有机物质而生），或是完全生长在地表之下，例如稀有、濒危的地下兰（*Rhizanthella gardneri*），是澳大利亚西部特有的物种——当它在 1928 年被首次发现的时候被认为是非常珍惜的物种，以至于澳大利亚全国所有的科学会议和博物馆中都有它的蜡像模型。从大小方面来说，小的兰花直径几厘米，大的兰花重量可达一吨；它们或者为以单独的茎垂直生长（单轴）或沿着水平的根茎（合轴）与假鳞茎和多个嫩芽一起横向生长。将兰花种类的多样性与外形统一起来的是兰花花朵的结构：三片萼片组成外围的轮生体，与花瓣的物质和颜色类似，内部的轮生体由两片横向的花瓣以及很大程度上已经特化的第三片花瓣组成，这片花瓣就是兰花的唇瓣，让众多兰花品种凸起的样子都与众不同。

兰花在中国的栽培历史最为悠久，一些略有夸大的统计中称兰花的物种至少可达 1000 种，分布在 150 多个不同的属中。经典的中国品种包括低温生长惠兰属（*Cymbidium*）兰花，例如建兰（*C ensifolium*）、春兰（*C goeringii*）以及多花兰（*C floribundum*），它们遍布于长江流域。中国兰花的花朵通常较小，颜色为黄绿色，经常有着紫色的条纹或斑点，香气精致，“兰为王者香”。事实上，中文中兰花的“兰”字起源于动词“拦”，表示阻止或防止，最初指的是中国年轻人佩戴在身上的几种用于驱散邪灵使其无法近身的芳香植物。当学者们开始熟悉作为室内盆栽植物的中国兰（芝兰）时，他们才在书写中编入这个字，将它与某种特定的花联系起来，但是却没有包含这种花的语言关联。

中国人对兰花的尊敬至少可以追溯到伟大的学者、哲学家孔子的著作中，那时中国的政治和军事力量已经向南部转移至现在浙江省以及和附近地区，在那里，中国兰和其他的野生兰花在岩石林立的斜坡上，长在竹林中。孔子将君子比作野生的兰花；因为就像在最为幽深的山谷中静静开放、无人欣赏却散播着芬芳的兰花一样，君子即使生活在贫困和压力中，无人问津，依然能够奋力自律，修养美德。孔子说，与品德高尚的人在一起仿佛进入了“芝兰之室”“久而不闻其香，即与人化矣”。

沐浴在孔子的赞扬声中，兰花在无意之中便被用来喻指美德和忠诚；《楚辞》的作者之一的屈原对兰花的爱慕胜过其他所有花。兰花与气势汹汹、纠缠不休的萧艾（蒿属 *Artemisia*）有着天壤之别：“宁为兰摧玉折，不作萧敷艾荣”是中国古代的一句谚语。虽盛放于偏僻之处，兰花常用来代表女性特有的优雅、欢乐喜悦以及自我克制性的高贵；在秘密之处遇到一位迷人的妓女犹如同“幽谷觅兰花”。兰花的谦逊和克制还迎合了佛教的感情，正如下面这首出自宋代著名诗人苏辙的一首诗：

谷深不见兰生处，追逐微风偶得之。
解脱清香本无染，更因一嗅识真知。

另一位与苏辙同时代的诗人黄庭坚认为兰花的芳香最为出类拔萃，对于“国香”的称号当之无愧。他说道：“生于深山丛薄之中”，即使无人观赏，它的芬芳依然丝毫不减，“霜雪凌厉而见杀，来岁不改其性也”。尽管兰花深受敬重，它出现在中国艺术中的时间却相对较晚；从秦始皇的时代开始，频繁登场的只有莲花。人所共知，唐代的画作能够让人们瞥见远景中的树木、灌木丛、竹子以及叶子，但是基本上没有花的踪迹。直到宋代花园和花卉文化才显出其重要性，那时的花鸟画尤其受欢迎；但是得以保存下来的宋代兰花画作却为数不多。13 世纪马麟的《兰花图》就是其中一幅杰出的作品，画作细致入微地运用了淡紫、

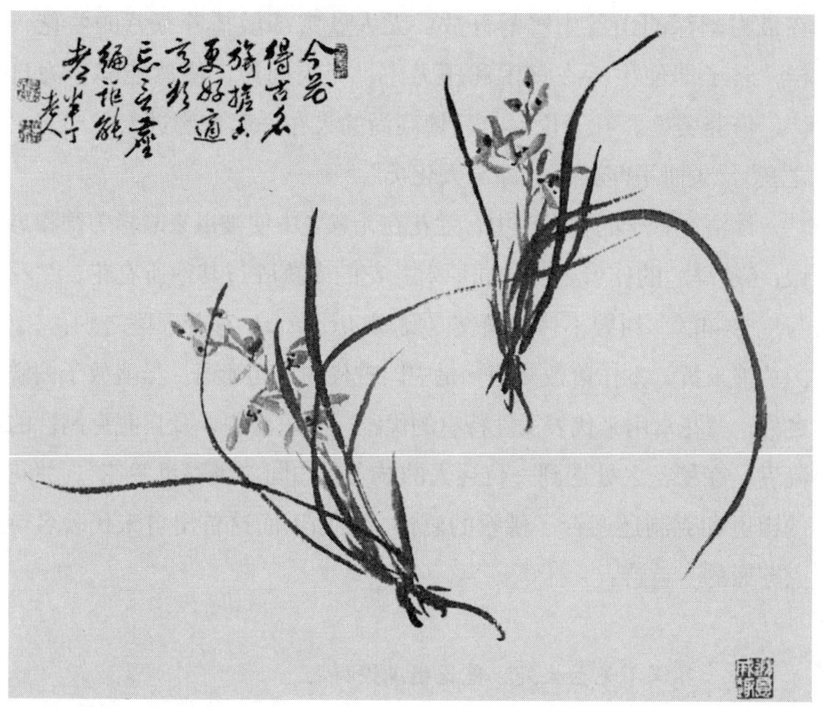

图 14：中国著名画家陈半丁（1876—1970）创作的兰花图

白色和孔雀石绿，超越了现实主义，暗示着兰花含蓄地动与静、生与死、芳香与空虚的特点。宋朝灭亡后，兰花在艺术家郑思肖的黑白画作中起了颠覆性的作用，画中独自一枝兰花飘浮于空空的背景之上，拒绝扎根在被蒙古入侵者掠走的土壤之中。

水墨画中的兰花被出色地用来表示道教中的“气”，尤其受到文人学士和女性艺术家的喜爱，“在他们的作品中，神韵似乎就飘浮于画作之上”。帮助画家提升绘画精神境界的内容出现在后来的作品中，例如《芥子园画谱》，1701 年完成的第一版包括作为“花中四君子”之一的兰花；这四种花分别与孔子所说的君子美德以及四季相关：兰（春天）、竹（夏天）、菊（秋天）、梅（冬天）。

根据《画谱》作者们的描述，绘画兰花的秘密在于“气韵”。画家的手要像闪电一样移动，画出四片叶子后再画出与之相交的第五片叶子，然后自然地将花朵画在不同的位置。“枝叶通用，如风翩翩。葩萼飘逸，似蝶飞迁。”同样，兰花的芳香则可以通过手腕的迅速一抖来传达。“幽姿生腕下，笔墨为传神。”

就像东方的园艺家们对兰花的叶子和花朵有着同等程度的欣赏一样，中国的画家们首先要学会画兰花的叶子，“叶虽数笔，其风韵飘然，如霞裾月珮，翩翩自由，无一点尘俗气”。初学者在掌握了叶子的画法之后，就开始学习画花朵。这里关键的技巧是要学习如何在兰花的中心处点缀出雄蕊，好比“美人之有目也。湘浦秋波，能使全体生动。则传神以点心为阿堵，花之精微，全在乎此”。

中国的园艺家们在种植他们喜爱的兰花方面投入了同样的感情与奉献。现存的最古老的兰花专著——1233 年出自赵时庚的笔下——描写了两种基本种类中（紫色花朵和白色花朵）的 22 种兰花。人们普遍认为在中国兰之外，这些兰花中还包括指甲兰属（*Aerides*）、虾脊兰属（*Calanthe*）、玉凤兰属（*Habenaria*）以及鹤顶兰属（*Phajus*）。在不到15年之后，另外一篇专著问世，作者是王贵学，该专著描述37个品种的兰花。那时栽培兰花在有闲阶级中十分流行，而且在很大程度遵循了道教的信仰和习俗。来自于这一时期的一份手稿——被中国的兰花热爱者们在接下来的七百年里反复地誊抄——进化成为以月为基础的兰花养护方案，它由道教占星发展而来，以反映了季节天气变化的图表为展现形式，连线代表阳（男性：阳光、温暖），断线代表阴（女性：阴凉、清凉）。

大约一千多年前，中国人对兰花的热爱通过由从中国返回日本的僧侣以及在日本定居下来的中国僧侣渗入了日本。尽管兰花在日本从未能像它在中国那般受欢迎，但是某些特别的品种对封建社会的日本的一些阶层有着特殊的吸引力——知识阶层以及那些受中国文化影响的人们；追求与众不同、引人注目的叶子的富商们；军事霸主的将军阶级以及他们管辖范围内的大名。

例如在19世纪中叶，贵族们效法德川家齐将军，喜爱叶子上有斑点或条纹的新风兰（*Neofinetia falcata*）的品种，这位将军命令他的大名去搜集罕见的品种，并举办集会来欣赏它们的斑纹。花盆上面覆盖着金网和银网，观赏者们要用纸面具挡着嘴唇，以免自己的呼吸触及兰花。大名每两年前往都城一次，据说在旅途中，他们会在他们乘坐的轿子中带上兰花，以品味那雅致的芳香。那时正在栽培的新风兰品种大约有200种，大概是现在的两倍之多。

如今，日本人将兰花区分为西方的兰花（洋兰，*Yo-Ran*，主要从开花的热带兰花改进而来）和东方的兰花［东洋兰，*Toyo-Ran*，主要从土生土长于亚洲东部温带地区的中国兰以及石斛属、斑叶兰属（Good yera）以及新风兰属（Neofinetia）衍生而出］。两种附生的石斛属原产于日本，其中包括铜皮石斛兰（*Dendrobiam moniliforme*），由德国博物学家、医生恩格尔贝特·肯普弗发现，他于17世纪末访问了日本的出岛，那时的日本在很大程度上还没有向外国人开放（参见第二章）。另外，兰花继续在日本的插花中担当配角，人们眼中的兰花优雅有加，但还是不能与梅花、桃花、樱花、映山红、芍药、紫藤、鸢尾花、牵牛花、莲花、菊花以及枫树这些传统的明星相提并论。

与中国和日本人眼中兰花的高雅和尊贵不同，西方人眼中的兰花粗俗得让人瞠目结舌。自从古希腊人以来，西方人看到兰花就想到性，这一联系传统上可归因于特奥夫拉斯图斯，他将“红门兰”写入了他影响深远、研究草药的药用特质的《植物探究》的最后一卷中。此卷的作者到底是谁现在仍然备受争议；虽然它体现出了被西方人仰视为“植物学之父”笔下的写作精髓，但是特奥夫拉斯图斯当之无愧的对植物的详细描述和分类却在这最后一卷中毫无踪影。无论它的作者是谁，他感兴趣的不是作为植物的兰花，而是它如何影响性交——这一想法在20世纪的早期颇为惊人，所以在剑桥三一学院的前院士阿托尔·霍特（Arthur Hort）爵士的权威翻译版本中干脆省略了有冒犯之嫌的那部分内容。

省略掉的那段文字实际上说的是一些植物既能助孕，也能阻孕。就兰花而言，据说它较大的块茎配上山中饲养的山羊的奶能使性交更为有效，而较小的根则会阻碍性交的效果。从古代直至17世纪，这一观点不停地出现在草药书中，通常借鉴的是出现在1世纪的迪奥斯科里季斯的《药物论》中的微小变化：如果男人食用了兰花较大的根，他们会成为男孩之父，而如果女人食用了较小的根，她们则会怀上女孩。约翰·古迪耶（John Goodyer）在他于1655年翻译的迪奥斯科里季斯的书中写道：“进一步而言，色萨利的女人们与山羊奶一起吃下较嫩的根来刺激性欲，食用干燥的根来抑制和压抑性欲。”由此将色萨利女性稳稳地摆在了性关系的主导地位。

特奥夫拉斯图斯和迪奥斯科里季斯都把这种植物称为“orchis”，以希腊语中的“睾丸”命名，据说陆地生长的兰花的块茎与睾丸很相似。“傻石”“狐石”“狗石”“山羊石”“甜心痞子”，这些都是16世纪的英格兰常用来指代兰花的名称——“石头”“痞子”等表示的含义大致相当。后来兰花的拉丁名称也以性为主要特征。林奈将仙履兰称为杓兰属（*Cypripedium*），以塞浦路斯（爱之女神的圣岛）以及希腊语“鞋子”（pedilon）命名。一个多世纪后，德国植物学家普菲策尔（Ernst Hugo Heinrich Pfitzer）在以帕福斯（Paphos，神话中阿芙洛狄忒在岛上的出生地）命名相关的兜兰属时保留了与维纳斯/阿芙洛狄忒的联系。

迪奥斯科里季斯确定了四个品种的兰花，其中一种被他称为交锋没兰（*Saturion*）或鸟足兰（*Satyrium*），有三片叶子，与酸模或百合的叶子类似，但是更小，且偏红：

> 有一根裸茎，长1英尺，白色的花朵与百合类似，鳞茎状的根大得和苹果一样——红色，但是里面是白色，像鸡蛋一样，味甜，口感佳。可以将其在黑色烈酒中饮下以治疗发烧抽搐，如果想要和女人同寝也可以服用它。因为据说它还有激发性欲的功效。

迪奥斯科里季斯在将兰花的根茎归为春药一类的时候，他想到的是古代的“药效形象说”，该学说认为植物的力量来自于植物的外形，但是他并没有将兰花的“治愈功效”仅限于与性有关的疾病。例如，针对一种与蜂兰相似的兰花，他特别提到它的根可以消除水肿、清除溃疡以及抑制疱疹，另外，如果涂在皮肤上，还可以缓解发炎部位，修复瘘管。以干燥的形式撒上可以阻止食肉细菌疾病，如果加入酒中饮下可以抑制肠道疾病。

中国对兰花完全不同的看法自然会有对兰花不同的解读。例如，针对被发现生长在岩石上的石斛属物种，贤人们推断说，这种植物一定是具备非凡的力量，才能够从如此坚硬的物质中汲取营养，从这样的植物中提取出来的药物定能强身健体。在中国最早的药典中，大致与迪奥斯科里季斯处于同一时代的《神农本草经》虽然借鉴了更早时期的口传经验，但是却认为石斛属兰花具有医治内伤、滋阴的功效。另外，据说坚持少量服用这种药物可以增强食欲，延年益寿。

但是，无论是在植物学的以及医疗的描述中，还是在图像研究的含义中，性依然主宰着西方对兰花的看法。荷兰南部华丽壮观的“独角兽挂毯”中依偎在独角兽腹部的野生兰花很明显地被用作生育和繁衍的象征。这些创造于中世纪盛期的壁毯表现的是猎取和捕获独角兽的画面，是表示基督的死亡与复活的寓言，而在 1500 年当爱人被他的情人捕获时，这一寓言已然被世俗化了。兰花出现在最后一张壁毯“被囚禁的独角兽”中，在这张壁毯中，爱人独角兽锁链在身，束缚于围栏之中，但是面对囚禁，他却很欣喜，背景中到处都是生育以及美满婚姻的象征：饱满的石榴、兰花、英国蓝铃花、拳参、康乃馨、紫罗兰、耧斗菜、圣玛丽蓟，甚至还有一只以其交配时吵闹的声音而闻名的小青蛙。

然而，随着植物科学的发展，人们的兴趣点慢慢地从兰花被宣称具有的对人类性行为的影响转移到了它如何繁殖上来——直到 17 世纪末，这对大多数植物来说都是一个谜题，但是兰花却让人尤其困惑，它们的籽极小，大多数的兰花，特别是陆地生长的兰花，需要特别的真菌才能在萌芽之后存活下来。德国的原始植物学家、路德教会牧师希罗尼穆斯·博克（Hieronymus Bock）推测兰花产生的不是籽，而是细微的粉尘，他相信兰花可以自然地从鸟类和兽类的精液掉入的田地或草地中生长而出。德国耶稣会会士阿塔纳修斯·基歇尔（Athanasius Kircher）同意这一观点，认为兰花出现在牲畜被聚集在一起交配的地方，颇似从维吉尔笔下的蜜蜂和黄蜂从牛马的尸体中突然出现。

已知兰花的数量一直以让人目不暇接的速度增长着。皇家药剂师约翰·帕金森在他 1640 年的草药志《植物剧场》中列出了 77 种土生土长的或欧洲的品种，他试图想在这本书中通过将兰花分为不同的等级来使其“具有某种条理”，但是却把兜兰分到了别处。一个世纪以后，园艺家菲利普·米勒确认了 20 种兰花，尽管将它们从野生的环境中移栽过来有一定难度，但是他认为这些兰花因其“极为奇特、漂亮的花朵”应该被种植在每一座漂亮的花园中。每一种兰花都有一个引人入胜的常见名字，例如“蜥蜴花，或大山羊石”“普通大黄蜂鸟足兰，或蜜蜂花”，以及“有手红门兰，花是绿色的，一些人也叫它青蛙红门兰”。这些兰花名字的品类源自花朵的第三片花瓣或唇瓣，它们的种类多得让人难以置信，“有时名字的意思是裸男，有时是蝴蝶、雄峰、鸽子、类人猿、蜥蜴、鹦鹉、苍蝇或其他东西”。

18 世纪，随着时间推移，人们更多地了解了植物性繁殖的途径；杰出的瑞典植物学家林奈甚至尝试过引入一套完全根据性特征对植物进行分类的系统（与他经久不衰的双名植物命名系体系不同的是，这一分类系统被证明是不完善的）。林奈在完成一部兰花专著的写作之后，他把兰花的数量压缩到 8 个独立的属中的 62 个物种，他将花朵的雄性性器官与雌性性器官相连或在其之上的兰花确定为“雌雄同体类”。尽管如此，兰花在文明社会看来依然是一个危险的主题。当查尔斯·达尔文的祖父伊拉斯谟试图用他冗长的诗歌《植物的爱情》（*The Loves of the Plants*）向一群年轻的女性听众介绍林奈的植物学时，他介绍了郁郁寡欢的罂粟（参见第四章），但是对明显更为性感的兰花却只字未提。

破解了兰花性谜题的人正是查尔斯·达尔文本人，他通过对植物的研究证明了他的理论，即植物更喜欢接受另外一种花的花粉来实现授粉，而不是自传花粉，兰花实现授粉的"精巧装备""与动物王国所有最为美丽的适应一样多彩，甚至堪称完美"。他用了二十年的时间来观察他在肯特郡的住处附近大量生长的本地兰花，强征亲人和朋友来帮助他观察和积累大量材料，包括受兰花吸引的昆虫，它们在花朵之间传播花粉的作用，以及温带和热带的兰花为了实现异花授粉的目的而形成的那些匠心独具的"精巧装备"。其中一个例子就是飘唇兰属（*Catasetum*）兰花的"喷射机制"，花粉通过这一机制被抛向传粉者；另外一个例子就是一些兰花用来吸引传粉者的模仿技巧。在达尔文于 1861 年 10 月写给当时邱园的副主管、身为兰花迷的约瑟夫·胡克（Joseph Hooker）爵士的信中，他宣称："我从来没有对我生活中的任何事物像对兰花那样感兴趣。"

对于达尔文来说，兰花充分证明了生物并非生来就是"理想的类型"、依照"万能的造物主"最初的设计蓝图亘古不变；相反地，"这种花改变之后的令人拍案叫绝的现在的结构是很长一段时间以来缓慢改进的结果"。在达尔文看来，兰花存在的全部目的就是产籽，兰花能成功产出"大量丰富"的籽——事实上，兰花产籽的数量如此之多以至于仅仅一株斑兰的曾孙子或曾孙女的籽就足以"为全球整个陆地的表面铺上一层统一的绿地毯"。

如果达尔文颂扬了兰花在确保自己存活方面的匠心独具，那么英格兰另外一位 19 世纪的伟人则是绝对地憎恶兰花：艺术评论家、社会思想家约翰·罗斯金（John Ruskin），他在19世纪60年代时与达尔文进行了互访。作为非科学家的罗斯金认为达尔文“讨人喜欢”，但是却排斥他的自然选择的理论，并坚持认为籽的目的是开花，而不是反过来。在罗斯金看来，花的美丽如同其他万物的本质一样是明确按照人类的指示而设计的。他非但没有认同达尔文对兰花的迷恋，反而认为某些物种“必定是低级的，而且可以说，是恶毒的”。

人们只能猜测兰花赤裸裸的性的招牌是罗斯金讨厌兰花的根源（他与埃菲·格雷的婚姻终归以从未同房为由而被宣布取消）。他在一部花卉专著——愈发不可理喻的《普洛塞耳皮娜：路边野花研究》（*Proserpina, Studies of Wayside Flowers*）——中摒弃了所有有关兰花和兰科（Orchidaceae）的内容，用希腊语“ophrys”或“眉毛”把这一科重新命名为“Ophrydae”。在罗斯金的眼中，取代了睾丸的是“一只动物紧锁的眉头”和“遮阴的头盔”；而且他无视植物学的规则，试图将他的眉兰（*Ophryds*）仅仅重分为三组：一组被他称为“Contorta”，发现于英国的草地和高山的牧场中；第二组“Satyrium”，表示“喜好酒色的丑陋”的花朵，通常呈现“青紫色的、让人不舒服的颜色”，它们的茎和突出的下花瓣一圈又一圈地缠绕在一起，“好像让人不快的弄臣伸出他们的舌头一样”；第三组是他称为“Aeria”或附生植物。在罗斯金的植物学中，用以“a”结尾的女性名字命名的植物要么漂亮，要么善良，或二者兼备，而名字以中性的“um”结尾的植物，例如鸟足兰属（*Satyrium*），“总是表示着某种明显的或暗示性的邪恶……或者是或多或少确定的与死亡之间的关联”。

可怜的罗斯金，排斥了花儿的性，选择将它们视为神圣之美的表达——他允许这种美去阐释与死相连的罂粟，但是却将这些邪恶的兰花关在门外，它们在他的世界里毫无地位可言。正如他在

1975 年写给邱园的图书管理员、植物标本的保管人的信中说到的那样："我对兰花的感情是复杂的，有着许许多多道德以及精神的疑问让我完全无法抗拒……有些观点，我不敢发表，因为担心全世界都会认为我疯了。"

但是，将"兰花"从植物学的字典中删去并不会掩盖兰花在引起传粉者的欲望方面取得的非凡成功，而且，罗斯金的观点本来就是错误的。普遍认为兰花的第三个物种通过假装提供性或食物来欺骗它们的传粉者。花园作家迈克尔·波伦去往萨迪尼亚以寻找一种特殊类型的蜂兰，这种兰花可以模仿雌性蜜蜂的外形、气味甚至是"感觉"，但是接下来却通过挫伤蜜蜂的欲望来确保实现传粉。"换句话说，这种花的交易方式与隐喻十分类似。此物代表彼物。作为植物能做到这一点相当不错。"

达尔文和罗斯金写作兰花的时间是在 19 世纪的下半叶，那时"兰花狂热症"已经在英国和西方其他国家蔓延了几十年。与郁金香热相似的是，对稀缺事物的热爱和拥有一件有着罕见美丽植物的欲念煽动着人们对兰花的热情。补充一下，种植兰花的难度之大是众所周知的；其实，在兰花的每个个体的要求被真正了解之前，有着异国风情的兰花也只不过是奇物而已，或许备受爱慕，但是却不是普通花匠的技术所能驾驭的。

第一株到达欧洲的美国兰花是作为有医疗功效的荚果而不是种植植物的香子兰（*Vanilla planitfolia*），西班牙人在墨西哥发现了这种兰花，在那里它被用来给巧克力调味，是阿兹特克人的统治者莫克特苏马非常喜爱的饮品。根据一本成书于 1552 年的阿兹特克的草药志的记载，干燥的花朵还可以与其他的成分一起磨碎，放在墨西哥木兰中，然后作为饰物挂在颈上，来保护旅行者。据说在西班牙占领之前，香子兰的荚果便作为一种芳香剂传入欧洲，但是直到三百年之后，香子兰才成功地被移栽到印度尼西亚、马达加斯加、中国、墨西哥、科摩罗（Comoros）等产地。克鲁修斯在他晚年的一部有关外国的水果和树木的作品中提到了干燥的荚果，他从伊丽莎白女王一世的药剂师休·摩根（Hugh Morgan）那里收到了一个样本，但是却没有提供有关它的来源以及用途的信息。

随着世界其他部分逐渐接受进入欧洲人的视野，医生、博物学家、外交官以及传教士送回来了报告，有时是当地特有的兰花干燥标本：汉斯·斯隆（Hans Sloane）从他的牙买加之旅中带回来的样本（尽管他错把所见的附生兰花当作了其他植物）；荷兰殖民地长官范里德（Hendrik van Rheede）从印度南部的马拉巴尔海岸带回来的样本；思格尔贝格·肯普弗从日本和爪哇岛带回来的样本；耶稣会传教士格尔奥格·冯瑟夫·卡迈勒（Georg Joseph Kamel）从菲律宾带回来的样本；以及德国植物学家格尔奥格·埃伯哈德·郎弗安斯（Georg Eberhard Rumphius）从荷属东印度群岛带回来的样本。在欧洲首先培育热带兰花的功劳也要归于荷兰人：1698 年出版的保罗·赫尔曼（Paul Hermann）的著作《巴达维亚的天堂》（*Paradisus Batavus*）中列出了一种美洲石斛兰（*Epidendrum*，当时这个名字被用于指代所有的附生兰花）的加勒比兰花，由库拉索岛（Curauao）被引进至荷兰大议长卡斯珀·法赫尔（Casper Fagel）的花园中，书中的兰花还配有精美的插图——这是出现在欧洲的第一幅热带兰花的木版画。

这要比在英格兰第一朵成功开放的热带兰花早三十多年：这一品种现在被称为勃莱特兰（*Bletia purpurea*），从巴哈马的新普罗维登斯岛寄往贵格会的布商彼得·柯林森（Peter Collinson）——寄件人不详。尽管柯林森收到寄件的时候块茎已经处于脱水状态，他还是把块茎拿给了海军上将查尔斯·韦杰（Charles Wager）爵士。韦杰在伦敦的帕森斯格林拥有一处不错的充满异域风情的花园，他把这些块茎埋在了树皮的花床中，埋了一整个冬天，来年夏天，它们开出了紫色的花朵。菲利普·米勒在描述这种兰花的起源时让人有些困惑，他认为他所拥有的这种植物的根源自巴哈马、牙买加（“在那里，已故的威廉·胡斯顿博士发现它们在高山上比比皆是”）以及柯林森指派在宾夕法尼亚州的美国植物搜寻人约翰·巴特拉姆，在那里，兰花是肯定无法在冬天的室外存活下来的。

尽管如此，热带兰花还是开始了它在欧洲的培育之路。尽管林奈在《植物种志》（1753）中记载了来自亚洲、加勒比以及南美洲的兰花，但是这些他亲自研究过的兰花几乎应该都是干燥的植物标本。相反，邱园的皇家花园的记录表明了现存的兰花逐渐进入了富有的资助人藏品行列的速度。1768 年，威尔士公主遗孀奥古斯塔公主在邱园只种植了 24 种兰花，大部分都是欧洲本地的种类，与菲利普·米勒在同年收入到《园丁词典》中兰花种类大体一致。21 年后，乔治三世的花匠威廉·艾顿（William Aiton）记录的藏品让人更为印象深刻，其中包括土生土长于欧洲、北美洲、好望角（由邱园的第一位植物收藏家弗朗西斯·马森寄来）、纽芬兰以及西印度群岛（例如，勃莱特兰，艾顿将它的收藏归功于威廉·胡斯顿博士）的兰花。书中还收入了鹤顶兰（*Phaius tankervilleae*），这种兰花来自中国，由贵格会的园艺师约翰·福瑟吉尔（John Fothergill）博士在大约 1778 年的时候引入。

在艾顿的儿子威廉·汤森·艾顿（William Townsend Aiton）任职期间，邱园的热带兰花开始了大扩张，他在 1810—1813 年新修订的《邱园植物录》（*Hortus Kewensis*）中记载本地以及外来兰花的内容有 32 页，包括来自西方以及东印度群岛、南美洲和亚洲的 46 种热带品种，以及来自澳大利亚和南非的大约 12 种兰花。几乎所有的热带兰花都为低地或陆地生的物种，因为那时采用的种植手段无法成功种植附生植物。

邱园引进众多早期热带兰花的功劳要归于植物探究和植物学扩张的杰出人物：约瑟夫·班克斯爵士，他曾与库克船长一起前往澳大利亚旅行，是国王乔治三世一切有关科学和园艺问题的顾问；中将威廉·布莱（William Bligh），他对自己珍贵的面包果货物的关心引发了一场争夺奖金的暴乱；威廉·克尔，邱园的第一位常驻中国的植物收集者；吉尔伯特·斯莱特（Gilbert Slater）和托马斯·埃文斯（Thomas Evans），二人都与东印度公司以及伦敦市郊精品异域植物花园有关系。

随着奇特的新兰花品种千里迢迢来到欧洲，兰花热逐渐在社会上层蔓延开来，同时发生的技术、社会、文化和政治因素的奇特巧合更是起到了推波助澜的作用。培育的技术和方法在进步，就在热带兰花那与众不同的美丽成为富有收集者的新宠时——他们能够负担得起全球范围内的远征收集以及在家种植的费用，园艺家们逐渐认识到"'经验法则'非但不能成功地种植兰花，反倒会杀死它们"。商业也起了一部分的作用，因为一小批专业的苗圃种植者自费远征收集：首先是伦敦哈克尼区的罗狄吉斯（Loddiges）苗圃；然后是德文郡的克雷顿和埃克塞特的詹姆斯·维奇（James Veitch）苗圃，后来拓展至伦敦的切尔西区；然后从 19 世纪 70 年代开始是赫特福德郡圣奥尔本斯的弗雷德里克·桑德（Frederick Sander）苗圃。

无论是哪种狂热，谣言和反谣言都各持己见。最早引进的让人怦然心动的兰花之一是卡特兰（*Cattleya labiata*），据说由威廉·斯文森（William Swainson）于 1818 年在巴西的奥根山收集得到，然后将其作为包装材料放在运送的其他热带植物的周围寄给了伦敦附近巴尼特一位著名的异域植物收集者威廉·卡特利（William Cattley）先生。卡特利好奇心十足，竟然种下了这些包装材料，据说就这样开出了这一物种的第一朵花；当后来的收集者们未能觅得这种颜色雅致——淡紫色的花朵带着显眼的暗红色花唇——的兰花时，这种兰花加入了据说已然“失传的兰花”的名单，这一名单让人们为之疯狂。

事实上，斯文森是在里约热内卢以北1000英里的伯南布哥州找到的卡特兰，然后寄给了威廉·杰克逊·胡克，当时即将就任格拉斯哥大学的植物学讲席教授，那是在他接任邱园的主管职位之前。胡克认为卡特兰“或许是所有兰科植物中最美丽的，它在英国的第一次开花是在我的萨福克郡花园的温室中，1818年时，威廉·斯文森先生在他访问巴西时把这种植物寄给了我”。也许是斯文森也许是胡克把它寄给卡特利，因为1820年11月在一部有关在英国花园中生长的稀有、珍奇的异域植物的分期出版的期刊中刊登了一幅漂亮的画作，画的是一朵在巴尼特开花的兰花。画作的作者是约翰·林德利，他随后成为皇家园艺学会的副秘书长以及世界一流的兰花学家。与胡克类似的是，林德利认为兰花是“我们所见过的这一目中现存的最为俊俏的物种”，并借此机会用他的朋友、资助人卡特利的名字命名了这一属，“他对收藏的热情、他在培育棘手的植物所属的植物族群方面无与伦比的成功早已让他对这一荣誉受之无愧”。

除了因为兰花是一种漂亮的植物以外，收藏兰花的狂热还需要榜样的作用——有钱有心的资助人使得每一种新发现的兰花炙手可热，因此而价值连城。英国上层阶级在这一领域的领军人物是德文郡的第六代公爵卡文迪什（William George Spencer Cavendish），帮助他的是他年轻、有才的花匠约瑟夫·帕克斯顿（Joseph Paxton），他的声望足以为他赢得爵士头衔和议会的一个席位。无论是花匠还是公爵都成为狂热的兰花爱好者，他们的相识可以追溯到1823年，那时帕克斯顿在位于奇西克的皇家园艺学会的试验花园中工作，花园是学会从公爵那里租来的土地。三年后，帕克斯顿在德文郡的查茨沃思开始为公爵工作，在他的协助下，花园面目一新。公爵的富有程度足以负担得起派出一位具有献身精神的植物收集者约翰·吉布森（John Gibson）前往阿萨姆山区所产生的费用，公爵也因此在十年内打造了英国规模最大的热带兰花的个人收藏——到1834年已经达到240个品种，是那时已知的全部品种的近四分之一，而仅仅几年之前，巴黎的雅尔丹·迪鲁瓦（Jardin du Roi）找寻到的兰花品种一共才有19种。（到1840年，林德利得以记录他所知道1980个物种。）完全失聪的公爵一生未娶，花是“他的生活不可或缺的一部分”。晚年的他无法抵抗忧郁的强烈攻势，他快乐的源头就是坐在轮椅上，被推到某种美丽的物品之前，他会凝视着它们，让自己的心情好一点，这就是花的治愈力量。

帕克斯顿认识到英国实际上已经成为热带兰花的墓地——该评论出自约瑟夫·多尔顿·胡克——他坚持认为应该根据不同的气候为兰花准备不同的花房，温度要一直低于当时的标准温度，通风要高于标准的通风程度，并保持过道水分充足。对于附生植物，他与约瑟夫·班克斯爵士一样，建议准备一个装着切成小块的苔藓和腐殖土的种植篮，在根部稍微多撒一点儿苔藓，然后把篮子挂在椽子上。一旦兰花被哄着开了花，“就可以把篮子拿下来，挂在住处温暖的房间里，在那里，如果悉心照料，兰花的花期可以持续很长一段时间”。

查茨沃思在种植兰花方面所取得的成功受到了约翰·林德

利的大力赞许，林德利以他的兰花名著《兰之花冠》（*Sertum Orchidaceum*）献给公爵，向公爵推荐“这段他最喜欢的花之中几种最为美丽的花的历史”。当林德利在描述当时所栽培的奇异却奇妙的引进兰花时，他的兴奋之情不能自已，这其中包括墨西哥兰，奇唇兰（*Stanhopea devoniensis*，现称为 *Stanhopea hernandezii*），1837 年首次在查茨沃思开花，伸展开了它“豹纹斑点的花朵，大而华丽，奇特的外形、深而柔和的颜色浑然美丽至极”，散发出混合着蜡梅、天芥菜以及一种名为“马雷夏尔”的香水的沁人心脾的芳香。同时在罗狄吉斯苗圃开放的第一枝英国兰花是一枝迷人的中国兰花金钗石斛（*Dendrobium nobile*），“可敬的东印度公司”的茶叶检查员约翰·里夫斯（John Reeves）在澳门的市场买到的它，并在后来将它供应给罗狄吉斯苗圃。来自缅甸的是一种极小的附生兰花红唇鸢尾兰（*Oberonia rufilarbris*），酷似昆虫和微小的动物。林德利若有所思地说道：“如果婆罗门人是植物学家，人们会认为他们轮回的学说源自于这些植物。”另外一种来自墨西哥、由伯明翰的贝克先生引进的兰花为天鹅兰斑点兰花（*Cycnoches maculatum*），它曾经让植物学家们整整讨论了两个星期，而现在却只能引来爱好者们赞赏的一瞥。“它无疑是大自然在最随性的心情下创造的最为珍奇的物种之一”。林德利这样写道，“有谁曾看见过这样的花吗？哪是顶部，哪是底部？那长长的畸形足，还是分趾的，我们应该叫它作什么呢？还有，那弯弯曲曲的、像是在滴血的、从一片叶子的中间伸出好像要去抓住什么东西的手指呢？”

林德利和其他那个时代的作家的作品都在无意中反复提到了詹姆斯·贝特曼（James Bateman）这个名字，是他创建了位于斯塔福德郡比达尔夫格兰奇的那座极为不拘一格、维多利亚鼎

图 15:《图书管理员的噩梦》: 乔治 • 克鲁克香克的木刻作品，出自詹姆斯 • 贝特曼的作品《墨西哥以及危地马拉的兰花》( 1837—1843 )

盛时期的花园，他也是一名著名的兰花学者。贝特曼尤为喜爱南美和中美洲的兰花，他开创了适合来自中美洲的云雾林的齿舌兰属（*Odontoglossum*）植物的低温种植技巧。在这一以夸张而闻名的领域，他的不朽杰作《墨西哥以及危地马拉的兰花》（*The Orchidaceae of Mexico and Guatemala*）是迄今为止最大部头的一部作品之一，很是配得上他的朋友乔治·克鲁克香克（George Cruikshank）创作的那幅漫画：画中这本被称为《图书管理员的噩梦》的大部头得通过滑轮才能抬得动。

与德文郡的公爵类似的是，贝特曼用他的财富来资助搜寻植物的远征，并与乔治·尤尔·斯金纳（George Ure Skinner）建立了非同一般的关系，斯金纳是一位住在危地马拉的苏格兰商人，他开始喜欢兰花的时间较晚（他最初喜欢的是自然史中的鸟儿和昆虫），之后就全身心地开始了对森林的探索，“就好像是被花的魔力深深迷住，寻觅着它的神秘栖居地”。斯金纳的危地马拉兰花帮助贝特曼在他位于“那帕斯利府邸”的家中打造了让人为之赞叹的收藏；后来维奇的切尔西苗圃专门留出一整间温室来接收斯金纳引进的植物。总计将近100种的新品种都是他的功劳，其中包括斯金纳兰（*Barkeria skinneri*），贝特曼请林德利以它的发现者的名字为它命名，以及白花修女兰（*Lycaste skinneri*）；后者的白色品种（重新命名为洁白捧心兰 *Lycaste virginalis*）是危地马拉的国花。

我们可以感觉到当斯金纳划着他的小船行驶在危地马拉伊莎贝尔漂亮的湖边时发现一株附生兰花史丹佛树兰（*Epidendrum stamfordianum*）的愉悦之情，那时的他因为感染霍乱而被阻留在那里。兰花悬浮在水面之上，散发着紫罗兰的芳香。“我就站在那里凝视着它，20分钟过去了，我才能够说服自己去打扰它一下；但是它是那么多，又那么美，很长一段时间过去了，我差不多都把小船装满了才能让我自己停手，觉得每一个样本都要比它之前的那一个要更漂亮。”

在一次对郁金香狂热的有趣再现中，斯金纳负责安排史蒂文先生位于国王大街38号拍卖室的兰花拍卖会，会上收藏家们可以出售他们种植的新品种，兰花爱好者们可以处理掉他们的收藏，其中包括詹姆斯·贝尔曼以及“伊灵公园”的劳伦斯太太，无论兰花收藏规模大小，她都是那时少数的几位女性收藏者之一。第一次兰花专场拍卖会在1842年举行，持续到了19世纪90年代，拍卖的是来自斯金纳自己和几位当时杰出的收藏家的植物：例如波希米亚的贝内迪克特·瑞子利（Benedict Roezl），被称为“或许是有史以来最为勇敢的收藏家”；让·林登（Jean Linden），卢森堡本地人，帮助开创了比利时的兰花贸易；波兰人约瑟夫·瓦色维奇（Josef Ritter von Rawicz Warszewicz）；苗圃主罗狄吉斯（Loddiges）家族和弗雷德里克·桑德（Frederick Sander）；英国植物搜寻者罗伯特·普兰特（Robert Plant）寄送给“祖鲁乡村”的少数几种兰花。这才是真正国际化的兰花贸易，伦敦则是贸易的中心。

作为时尚转换的晴雨表，拍卖会上成交的价格反映了稀缺兰花的价值，说明了要得到最为优质、最为稀有的兰花究竟需要多大的财力。在劳伦斯太太去世的1855年，她的收藏的价格在两天内就上涨了将近1000英镑；而她的“伊灵公园”整个房产的价格却比二十年前便宜9000英镑。她的儿子特雷弗·劳伦斯（Trevor Lawrence）爵士继承了母亲对兰花的热爱，于1883年以235英镑的价格购买了弗雷德里克·桑德（Frederick Sander）引进的新品种指甲兰，但是大部分兰花的价格都要比这低得多。如果比较谨慎，就有可能买到便宜货，这是关于兰花的多产作家本杰明·塞缪尔·威廉斯（Benjamin Samuel Williams）给出的建议，他扩展了他在《园丁纪事》中发表的文章，出版了《兰花种植者指南》（*The Orchid-Grower's Manual*），成为最畅销的兰花种植者手册，在1852年到1894年期间出版到了第七版。史蒂文斯的兰花拍卖会比它的创始人乔治·尤尔·斯金纳要长寿，他与其他众多植物搜寻者一样，成了为自己的热情而献身的烈士。年过花甲的斯金纳回到了危地马拉，想以最后一次拜访来结束自己的兰花事业。由于前往危地马拉的每周一次的船过于拥挤，他被耽搁在了巴拿马，在那里他热情依旧，仍然不忘搜集植物，之后返回到了加勒比海岸参加星期日的礼拜，那一晚他在多瑙河的船上用餐。据说他就是在这里染上了黄热病，詹姆斯·贝特曼在 1867 年 2 月报告给皇家园艺学会说：“星期一他感觉不适，星期二病情加重，1 月 9 日星期三就过世了。”返航的船只不仅带回来了他去世的噩耗，还带回来了他写给他的老朋友、切尔西“皇家异域植物苗圃”的詹姆斯·维奇（James Veitch）的最后一封信，那封信“写得情绪高昂，写满了有关植物的种种逸事”。

与斯金纳通信的人正是如假包换的詹姆斯·维奇的儿子，他大大地扩展了他的父亲位于德文南部克雷顿的苗圃，并于 1832 年在埃克塞特又购买了土地。1853 年，公司接手位于切尔西英皇大道“奈特与佩里先生”的伦敦苗圃，在小维奇的带领下，这家苗圃发展成为当时国内异域植物的保有量最多、最具价值的苗圃。罗狄吉斯的苗圃在租约到期时关门歇业，让维奇的异域植物苗圃当之无愧地坐上了兰花苗圃的头把交椅，出资资助苗圃自己的植物搜寻人——康沃尔的威廉·洛布（William Lobb）以及托马斯·洛布（Thomas Lobb）兄弟从 19 世纪 40 年代早期开始就为这家公司收集植物，威廉在南美洲，托马斯在亚洲和东南亚——并在“朴素却不失优雅、稍微带点儿希腊风格的温室”中展出他们的植物。这一描述写于 1859 年，出自《园丁纪事》的一位临时乡村记者，展出的兰花的品种之繁多以及花色之绚烂让他敬畏得五体投地：他在看过温带的蕨类植物馆后路过了一整间飘浮着长有气根的兰花的温室，那时的他目瞪口呆，“所有的兰花都长势极佳，同时，空气中满是芬芳，像是仅靠这些兰花蜡一般的美丽花朵所能散发出来的味道”。又转过一个弯，他身处一片猪笼草的沼泽中，然后穿过苗圃的中央小径，来到了一间长满卡特兰的温室，还有另外两间专门展出来自森林、温带兰花以及树蕨的“寄生土著”的温室。在这里，他认出了一大片虎兰（*Odontoglossum grande*），“一整片蝴蝶一般的花朵堪称完美，是我见过的最美丽的品种”，苗圃在估计温度以及这些兰花在发源地土壤中生长习性的技术方面获得成功，“没有像人们经常的做法一样把它们胡乱地堆放在一起，那样致使许多珍贵的品种毁于一旦”。

等到1906年该公司出版了公司自身发展史之时，它声称已经引进了近240种主要的兰花物种用作栽培，其中包括来自印度东北部卡西山地的漂亮的蓝色大花万代兰（*Vanda coerulea*），它的故事阐释了兰花搜寻中的苦与乐，也展示了过度热情的采摘带给当地生存环境的长久危害。1837年，探险家、植物学家威廉·格里菲思（William Griffith）最先发现了兰花，之后1850年约瑟夫·多尔顿·胡克（Joseph Dalton Hooker）在他的喜马拉雅之旅时再次与兰花邂逅。在那次旅行中，当他和同行的人在穿越可致病的沼泽时，他们的一位仆人“不幸”死于热病。在一片珍奇、神圣的无花果和榕树的小丛林中，他们在“一大片开着花的草丛”中蹒跚而行，他认为那种花是“最为稀有、最为美丽的印度兰花”，之后他们在勒内村庄附近的橡树林中发现了大量生长的这种花。他们“为邱园的皇家花园采摘了多达七人搬运量的这种优质植物”，以及另外360个花穗作为植物标本，这些标本足以在游廊的地板上堆成三堆，每堆一码高。

但是这全都徒劳无功。胡克的样本基本上都没有能够活着到达英格兰，然而与他们同行的、熟悉当地情况的一位绅士的花匠无疑更为成功：

> 他运送了一人搬运量的花到英格兰，用来销售，尽管到达时

状态很差，但是还是卖了 300 镑，单株植物的价格售价从 3 镑到 10 镑不等。如果所有植物都能活着达到，他们可以净赚 1000 镑。一位积极的收藏者可以通过在我那里出售卡西兰花轻轻松松赚到 2000 镑到 3000 镑。

那位“花匠”当然就是托马斯·洛布，他在同一年把来自卡西山地的植物运送回维奇的克雷顿苗圃——切尔西那时还没有开业。其中一株兰花在 1850 年 12 月开了花，在皇家园艺学会的一次会议上展出，很受喜爱。“大大的、柔和的浅蓝色上镶嵌着的天蓝色的花朵真是美极了。”詹姆斯·赫伯特·维奇如是描述他们最为上乘的样本。这种兰花——以及许多其他的异域兰花——向维多利亚时代的收集者们证明了它们是那么受欢迎，以至于成为濒危物种，而且直到最近都在濒危野生动植物物种国际贸易公约（CITES）制定的立法的最大保护力度之下。

异域的兰花并不是唯一受到威胁的兰花。据帕克斯顿报告，1837 年，英国最迷人的本地品种之一——杓兰（*Cypripedium calceolus*）成了“好奇贪婪”的受害者，他们为了自己的花园或为了营利而将这种花一枝枝地从地中挖出，很快地，这种花的身影便从北方最容易找到它的地方消失了。他还听说，一位约克郡的花匠曾吹嘘自己会把所有他能找到的兰花据为己有，只在地上留下了一个个的坑，当这位花匠受到“议会拟定的明确要将他施以绞刑的法令”的警告时居然毫无惧色。这种兰花活了下来——但是数量却很少。2010 年，英格兰最后剩余的兜兰之一在六年内被盗花贼侵害并受损两次之后，警方出动对它们加以保护，而那时的它已经是被保护的品种之一。现在人们普遍认为这种特别的植物是欧洲的典藏，幸亏邱园从一个英国的品种中培育出了它的幼苗，但是它的持续生存前景依然危机四伏。

至少，维奇苗圃可以声称他们培育出的兰花品种总数比他们从野外得到的兰花多出100余个杂交品种。在上一世纪之交，他们已经培育了340个杂交品种，首先在这一过程取得成功的是他们的埃克塞特领班约翰·多米尼，他将虾脊兰属（*Calanthe*）的两个物种杂交培育出了长矩虾脊兰（*Calanthe × dominyi*），它的第一朵花开放于1856年10月。约翰·林德利担心许多来自野外的所谓的“物种”只不过是自然杂交的产物，他——以多米尼的名字命名了这种花以向多米尼致敬——据说他曾经这样说道：“你会让植物学家们发疯的！”接下来便是杂交卡特兰，然后是1861年的属间杂交。多米尼用15年的辛勤工作一共成功培育出了24种杂交品种——虽显微不足道，但却为“所有未来的努力打下了根基”；他的继任者在1905年退休之前又培育了几百种杂交品种。

从19世纪70年开始，无论是单纯就虚张声势还是在规模方面，维奇的苗圃都面对着生于德国的弗雷德里克·桑德的苗圃这个敌手，他很早就结识了波希米亚探险家、兰花收集者贝内迪克特·瑞子利，这一点起到了至关重要的作用，也让他受益匪浅。喜结一段好姻缘之后，他用他妻子的钱接管了一家位于圣阿尔邦（St Alban）的老字号农业种子公司。不久之后，他定期从瑞子利收到的兰花和其他植物的货物让他收益颇丰，以至于他能够将全部的注意力放在兰花身上，截至19世纪80年早期，他大幅度地扩展了自己的业务。他后来在萨米特、新泽西以及比利时的布吕赫都建立了自己的兰花生意。

桑德的例子恰恰说明了兰花能为一个人带来多大的成就：不仅仅是因为欧洲许多国家的君主都是他的赞助人，还因为兰花走进普通人生活的功劳也要归属于他。但是他也必须要为自己的一些行为负责任：将某些地区的兰花一扫而光；派出最多可达 20 位的收集者到世界各地的丛林，为了得到高处树枝上附生兰花，这些收集者们不惜将整片地区夷为平地。桑德的收集者之一卡尔·约翰森在 1896 年 1 月从麦德林的哥伦比亚市写给桑德的信中实实在在地记载了这种破坏。约翰森答应要在早晨寄出 30 箱的兰花：

> 它们都是从混合生长着其他植物的地方采集来的，我应该已经把那里所有的植物都摘光了。现在它们在那里已经近乎绝迹了，毫无疑问这一季肯定是最后的一季。我已经采遍了达瓜河沿岸的所有地方，那里现在已经没有任何植物了；我在那里的最后几天，人们一天只能带回来两三株植物，有些人只带回来了一株。

桑德留给这个世界的让人印象更为深刻的遗产是他不朽的著作《赖兴巴赫的兰花》(*Reichenbachia*)，这部作品以伟大的德国兰花学家海因里希·古斯塔夫·赖兴巴赫（Heinrich Gustav Reichenbach）命名，在约翰·林德利与 1865 年去世之后，他成为世界顶尖的兰花专家。桑德的这本《赖兴巴赫的兰花》在 1888 年到 1894 年间出版过两个系列，每个系列包括两卷，按照时机献于维多利亚女王以及德国、普鲁士、俄罗斯以及比利时的女王或皇后。桑德开篇就刻画了与实物一样大小的兰花（既包括自然物种也包括杂交品种），配有英语、法语以及德语的说明文字。这部作品与贝特曼所作的关于危地马拉兰花的作品一样是大部头，甚至大得有点笨重，但是书中引人入胜的细微之处比比皆是：关于发现以及培育兰花的地方，它们给人们带来的兴奋与喜悦，以及种植的方法。

顺理成章地，1887年，弗雷德里克·桑德奉王室之命为庆祝维多利亚女王登基五十周年提供了大型兰花花束，展示在白金汉宫中由德国王后授予桑德先生的花瓶中。叫它作“花束”有些保守了：它有将近4英尺高，直径有5英尺，主体部分由大量的五月兰（*Cattleya mossiae*）组成，点缀着齿舌兰（*Odontoglossum*）、文心兰（*Oncidium*）、万代兰的羽饰——“简言之，就是穷尽了这种美丽花卉的所有品种”。在大蛋黄卡特兰（*Epidendrum vitellinum majus*）鲜红的花朵中能够辨认出字母VRI，顶部是一顶由文心兰和石斛兰构成的金色王冠，王冠的上面有一个金色的十字架。有关它的华丽壮观的消息在全球范围内不胫而走，新南威尔士的一份当地报纸适时地指出，花束中许多兰花都来自于女王的国土之内。

虽然兰花在慢慢地“民主化”，但是直到20世纪它们依然是（以男性为主的）力量和声望的有力象征，以英国政治家约瑟夫·张伯伦（Joseph Chamberlain）标志性的单片眼镜和兰花扣眼为代表。兰花的爱慕者们中有富有的业余人士，例如加顿公园的杰里迈亚·科尔曼（Jeremiah Colman）爵士，他在一本私人印刷的书中颂扬了自己在加顿的杂交品种，也诡秘地宣称了他的反民主原则，认为：“先有贵族父母才能有贵族子女。”位于邱园的兰花之家成为妇女权选举团成员们再合适不过的攻击对象，袭击发生在1913年2月，但是造成破坏的程度要比预期的小，而且大部分的兰花储备都得以存活下来。袭击的目的是要引起人们的震惊，以使他们注意到选举团成员们的事业。正如潘克赫斯特太太在“妇女社会与政治联盟”的每周例会上所说的那样：

我们不是要摧毁兰花之家，不是要以打碎玻璃、切断电话线、破坏高尔夫场地来赢得被袭击的人的赞同。如果大众很满意我们现在的所作所为，那就证明我们的斗争是无效的。我们就没有打算让你们满意。

人们对兰花的兴趣在世界范围内扩散开来，随着时间的推移，美洲引领了20世纪养殖兰花的潮流。继林德利和赖兴巴赫之后，哈佛大学的奥克斯·阿梅斯（Oakes Ames）教授成为世界顶尖的兰花学者，以他关于菲律宾兰花的作品尤为著名。成立于1921年的美国兰花学会（American Orchid Society）在1954年举办了第一届“世界兰花大会”，让来自主要兰花产地的业余热爱者、科学家和感兴趣的商业人士们得以会聚一堂。如今的会议由美国兰花学会与英国的皇家园艺学会联合主办，每三年召开一次，会址都选在比较偏远的地点。邱园的皇家植物园所做的研究表明，伦敦保持着其在兰花世界的中心地位，皇家园艺学会依然是维护国际兰花杂交品种注册方面的中坚力量。

与郁金香以及本书中其他花的相同之处是，工业生产技术使得兰花成为一大产业，世界范围的预计成交量约为56亿英镑，这些技术还转变了兰花的种植方式：现在许多兰花都是在无菌培养基中批量生产出来的（人类的手都没有碰过它们），为的是能够在世界各地的超市内以超低价格出售。全球范围内的共同行动也意味着兰花比其他在濒危野生动植物物种国际贸易公约保护之下的花享受到了更多的法律呵护。签订于1972年的濒危野生动植物物种国际贸易公约以监控和控制濒危物种的国际贸易为己任，关注着动物和植物的活动，包括跨越国界线的植物标本；针对其在三个附录中列出的植物，它要求进口和出口许可，以进行不同程度的控制。许多在列的兰科植物——其中包括杓兰、兜兰的所有物种，以及所有欧洲兰花——都在最严格的管控内，只允许进行人工繁殖植物的贸易，并需要获得许可。所有其他的兰科植物都被归入第二组中；这一组针对直接在野外采摘的植物，要求出口许可，但是允许有许可的人工繁殖植物的贸易。

即使有着这样动荡不安的历史，兰花在西方文学中的身影却低调得让人惊讶，它主要出现在早期的医学而不是文学作品中，但是可以确定的是那些兰花是英国本地的早春紫兰（*Orchis mascula*），当身上缠绕着娇艳美丽的花环的奥费利娅在河中溺亡时，莎士比亚塞到她的手中就是这种兰花，奥费利娅身上的花环：

> 用的是毛茛、荨麻、雏菊和长颈兰
> 正派的姑娘管这种花叫死人指头，
> 粗鲁的羊倌给它起了一个不雅的名字。
>
> （朱生豪 译）

我们从莎士比亚的同代人约翰·杰勒德的作品中对那些“不雅的名字”略知一二，还可以从北安普敦郡诗人约翰·克莱尔（John Clare）的作品中学习到一些更为礼貌的表达方式，这位诗人在他的诗歌和散文中惊人地提到了370种植物的名称，对兰花也是喜爱有加。他称莎士比亚笔下的早春紫兰为“敞口的斑点杜鹃花”以及“嘟着嘴唇的毛茛”，对在5月的正午看见它们“刚从它们的帽子中悄然而出。/这甜美的季节像它们的游吟诗人一样也为之倾倒”而赞叹不已。美国作家、博物学家亨利·戴维·梭罗（Henry David Thoreau）同样也迷恋着本地的兰花和它们“美丽、精致、仙女一般的”花朵——非常不具西方特色的观点——将大紫兰花视为“沼泽边一位精致的美女……一种在女修道院的背阴处养育出来的美丽，从未偏离出修道院的钟声”。

一种截然不同的兰花出现在了1884年出版的约里斯-卡尔·于斯曼斯（Joris-Karl Huysmans）那本公然宣扬颓废的小说《逆天》（*À Rebours*）中，其中的反面角色德森泽特（Des Esseintes）用奇形怪状的温室花朵满足着他病态的感情，那些看起来更像假花而不是真花的“荒唐植物”中自然包括了兰花。他的杓兰直接取材于拉斯金：“它们类似木鞋，或椭圆形的小碗，像是有一个人的舌头在上面向后卷曲，它的腱绷得紧紧的，就像人们看到的描写咽喉和口部疾病时所配的插图中的舌头一样。”两个像橡皮糖一样的红色的小小的翅膀完成了这一“怪异组合”，还有“一个亮亮的口袋，口袋的衬里粘满黏黏的胶水”。他在国外购买到的物品中有一支来自新格林纳达的颜色突变的淡紫色的卡特兰，散发着涂了漆的冷杉木的味道，就像玩具箱子的味道一样，“勾起了新年之日对礼物的恐惧”。德森泽特总结说，培育出了这种外形骇人的花的园艺家才是真正的艺术家，不过还是屈服于了一幅恐怖的感染了梅毒的“女人花”的画面，血红色的凤梨花在她的双腿之间开放，“剑形的花瓣在血淋淋的私密之处之上肆意张开”。

另外一位将卡特兰与性画上等号的欧洲作家是马塞尔·普鲁斯特（Marcel Proust），在他的七卷史诗般的小说《追忆似水年华》（*À la Recherche du Temps Perdu*）的第一卷中将这种兰花引入了夏尔·斯旺与妓女奥黛特·德克雷西的私人语言中（后来他把孤独的同性恋比作兰花或被丢弃在海滩上的不育的水母）。自从那次奥黛特所乘坐的马车的辕马在一处障碍物那里受惊，而斯旺得到她的允许帮她复原了她连衣裙上身上面的卡特兰（她的头发上还佩戴着更多的兰花，手中拿着兰花花束）之后，“整理卡特兰”（“faire catleya”）就成为斯旺和奥黛特之间表示“做爱”的代名词。那一夜，他第一次拥有了她，他习惯性的羞怯让他从此以后反复地以此作为托词。

赫伯特·乔治·韦尔斯（Herbert George Wells）在他具有警示性的故事《奇怪的兰花开放》（“The Flowering of the Strange Orchid”）中完美地把握了兰花本质上的奇异，嘲弄了大势已去的维多利亚时期人们收集温室兰花的狂热。故事讲述的是一位单身汉温特－韦德伯恩（Winter-Wedderburn）参加了一次在伦敦举办的兰花拍卖会，收集到这些兰花的那位年轻人死于收集的过程中，死因貌似是丛林中的水蛭吸干了他身上的血。韦德伯恩买到的物品中有一件是发现于那位年轻人尸体之下的难以确认是何物的干枯的根茎，他将这块根茎种在了他的温室中，他的管家觉得它的气根“像是从褐色中伸出的小小的白色手指”。当它最终开花的时候，韦德伯恩被它那令人作呕的气味所呛，还好他的管家救了他，管家发现他的时候他正面朝下躺在这株怪异的兰花之下，它的气根像一团白色的绳子一样缠在他的脖子上。管家英雄般地折断了这些触手，用花盆打碎了玻璃，然后把他拖到了外面。“第二天清晨，那株怪异的兰花还在那里，变成了黑色，而且正在腐烂。”韦德伯恩其他的兰花都同样地奄奄一息，但是他自己却变得目光发亮、喋喋不休，能从这次奇特的冒险经历中毫发无损让他欣喜若狂。

英国和美国的犯罪以及侦探小说也将兰花刻画成带着一种好奇的而且经常是不正常的热情的形象：雷克斯·斯托特（Rex Stout）笔下发福的侦探尼罗·沃尔夫（Nero Wolfe）所精心照料的兰花；出现在詹姆斯·哈德利·蔡斯（James Hadley Chase）描

写低俗的底层社会的惊险小说《没有布兰蒂什小姐的兰花》（*No Orchids for Miss Blandish*）的标题中的兰花，但是小说中并没有提到兰花；雷蒙德·钱德勒（Raymond Chandler）的《长眠不醒》（*The Big Sleep*）的开篇让人难忘地介绍了当钱德勒笔下的私家侦探菲利普·马洛（Philip Marlowe）前去拜访位于西好莱坞的施德恩伍德（Sternwood）将军的宅邸时所看见的兰花。男管家把他带入了温室，那里潮湿闷热的空气“夹杂着开放的热带兰花的甜得发腻的味道”。

> “你喜欢兰花吗？”将军问道。
>
> “不是很喜欢。”马洛回答道。
>
> 将军半闭着眼睛。“它们令人厌恶。它们的肉体太像男人，而它们的味道有着妓女一般的让人不舒服的甜味。”

在看完了这般恐怖的事情之后，再看看那些以自己的经历为素材来描述兰花的作家们的故事则会让人耳目一新。生于密歇根的诗人西奥多·罗特克（Theodore Roethke）在他的“温室诗歌”中回忆起了他童年时期探索由他身为苗圃主的爸爸和叔叔拥有的苗圃中巨大温室的经历，那里的兰花就在他的面前晃动，像蝰蛇一样大张着嘴，像年轻女孩儿的舌头一样娇嫩。我还想到了琼·里斯（Jean Rhys）所作的《藻海无边》（*Wide Sargasso Sea*）中的热带兰花，它讲述了牙买加女继承人安托瓦妮特·科斯韦（Antoinette Cosway）背后的故事，以及夏洛蒂·勃朗特（Charlotte Brontë）的《简·爱》（*Jane Eyre*）中疯癫的罗切斯特太太。与我自己童年中的那些花一样，是生活的一部分，就这样生长在家族的“克里布利房产”那美丽却被忽略了的花园中，在那里，它们在不可及之处茁壮成长。

> 有一枝看着像蛇，另外一枝看着像长着细长的棕色触手的章鱼，没有叶子，从弯弯曲曲的根上悬垂下来。章鱼兰花两年开花一次——开花的时候根本看不到一点儿触手的踪迹。喇叭形的花朵上有白色、淡紫色和深紫色，看着非常漂亮。气味香甜浓郁。我从来没有走近过它。

兰花依然具有将植物收集者和爱好者们诱惑到危险领域的能力，在那里他们中的一些人在追求他们的热情时践踏了合法与违法之间的界限——见证了一些作品的流行，例如苏珊·奥尔良（Susan Orlean）的《兰花贼》（*The Orchid Thief*），基于对从法喀哈契保护区州立公园的佛罗里达沼泽偷到稀有兰花的约翰·拉罗什（John Laroche）以及三位塞米诺尔人进行逮捕的故事；埃里克·汉森（Eric Hansen）的《兰花热》（*Orchid Fever*），该作品让其作者与邱园相关人士陷入了激烈的讨论。英国年轻的兰花爱好者汤姆·哈特·戴克（Tom Hart Dyke）专注于研究野外的兰花研究而不是采摘，他到中美洲的丛林去旅行；当他与同行的背包客保罗·温德尔（Paul Winder）走在巴拿马的达连地堑时，二人被游击队员俘虏，并被关押了九个月，这一切全都是出于对这种顽强不屈的花的热爱。

也有人称，从来没有哪种花像兰花一样被这样地觊觎着，或被这样地掠夺过。它甚至俘获了脾气不太好的高山专家雷金纳德·法勒（Reginald Farrer）的心，他一直认为自己是一位“纯真而愉悦的花匠”，直到那不吉利的一天，他看到了一株漂亮的金黄色的波瓣兜兰（*Paphiopedilum insigne* f. *sanderae*）。他迷惘中带着痛苦地说出了所有兰花热爱者——以及一般的花卉爱好者——的心声，他们对兰花无法抗拒的热情让他们不得脱身。

> 就在那一刻，我比以往的任何时候都更好地理解了罗密欧与朱丽叶。但是我已在劫难逃，如同那冷酷的火车头，先被卷入是衣服的后摆，然后逐渐是全身，兰花将我密密实实地笼罩在了它的巨网之中。我淹没在兰花以及可怕的账单之中；我再也不会有机会去感受无债、平静的滋味了。

# 后　记

兰花是本书七种花的最后一种，也是最出乎我意料的一种花。它被赋予的强大诱惑力让昆虫毫无招架之力，面对这样的诱惑力，人类也并没好到哪里去；它凸显了东方和西方在审视花卉时的那条鸿沟以及我们所认为的花之“含义”的巨大差异。中国的圣人以兰花的低调开放安慰自己，日本的大名在前往都城艰难的旅途中呼吸着兰花的香气以振奋精神，而雷蒙德·钱德勒笔下的私家侦探在加利福尼亚州的客户家中看到温室里开放的兰花时却因为厌恶而坐卧不宁，所有这些都表明了花能够抓住人们注意力的力量。

本书中的其他花也是如此；它们的故事展现了令人惊讶的相似之处以及更令人讶异的不同之处，让我们得以更多地了解自己。我对它们的喜爱或许并不均等，但是它们中的每一种花都赢得了我的尊敬。从一开始就与我相伴左右的是东方宗教中的莲花；随后古埃及的莲花加入了进来，当人们想要——需要——破解时间、创造以及人类历史奥秘的那一时刻，正是这种莲花的现身之时。向日葵依然让我有些毛骨悚然，也不会心甘情愿地把它种在我的花园里，但是我却热爱着它带给凡·高的希望，而且就像艾伦·金斯堡一样，我得以重获那一丝乐观：无论是在生活中还是艺术中，花都能够帮助我们改造我们的未来。在如今的我看来，百合和玫瑰永远都是相连的，它们在基督教的花卉名单以及其他文化中竞相夺取最高地位；老实说，我觉得玫瑰保住了它作为“花中女王”的皇冠，几乎在世界各地都作为终极的爱之花而受到尊崇。我认为罂粟已然展现了它的真实面目：“端庄其表，淫邪其内。”过去所说的“琼的银胸针”，然而，罂粟的花朵和种子穗那让人难以置信的美依然能够让我凝神屏息。老式的带有羽状或者火焰状花纹的郁金香品种有着不羁的美丽与华丽的光泽，它持续让我惊讶不已的是它所能激发的人类极端的荒唐行为，以及它昔日的美丽与如今栽培品种的乏味之间的巨大反差。就像我提到玫瑰时说的，我们得到的是我们值得的花，而且我相信我们值得得到比这更好的花。

因此，我要继续追寻我的花，那些由于篇幅原因我没有能够收入到这本书中的花，那些吸引了我的目光的全新的花。愈发让我着迷的是一些野草和野花：个子虽小但是却伪装极好的蜂兰，生长在英国坎布里亚郡（Cumbrian）海岸线上的安塞德（Arnside）附近河口处旁边那原本毫不起眼的草地边缘；光滑细腻的旋花蔷薇（*Rosa arvensis*）、莎士比亚的麝香玫瑰，让德文的街头巷尾香甜满溢；味道刺鼻的一株株叙利亚马利筋（*Asclepias syriaca*），排列在宾夕法尼亚森林的路边。约翰·怀特（John White，16 世纪末期“失落的殖民地”中弗吉尼亚的总督）曾经画过叙利亚马利筋，并展示给了他的朋友约翰·杰勒德；这种花出现在了杰勒德在伊丽莎白时期的著作《大植物志》中，与其相伴的还有认为那些殖民者“如果没有被杀害，或由于瘟疫或污浊的空气、血液疾病或其他致命的疾病而最终过世”就还依然还活着的热望。没有人找到他们，直至今天，他们的命运还是不解之谜。

英格兰还有最后几朵可以开花的兜兰，就在我邂逅蜂兰不久之后，我被带到了其中一朵兜兰的身边。它还没有开花，只有叶子破土而出，尽管媒体的喧嚣声不绝于耳，它的周围却没有设置保安。它是那样地低调，轮生叶序向我诉说着阿芙洛狄忒的出生地，诉说着查尔斯·达尔文和约翰·罗斯金各自所持的大相径庭的观点，诉说着兰花这一物种的起源以及花的意义。好好守护它吧：这些花卉中包含着我们的历史，是你的历史，也是我的历史。

# 致 谢

首先，我要感谢图书馆以及那里的工作人员，是他们成全了这本书的创作，并让研究工作变苦为乐。我特别要感谢皇家园艺协会的历史学家、档案管理员布伦特·艾略特博士；伦敦皇家园艺协会林德利图书馆的伊丽莎白·科佩以及伊丽莎白·吉尔伯特；大英图书馆善本阅览室的工作人员，以及伦敦图书馆的工作人员，对他们给予我的卡莱尔会员的慷慨协助我不胜感激；维尔康姆图书馆；卫斯理的皇家园艺协会林德利图书馆；邱园的图书馆和档案馆。“国际杂交兰花注册官”朱莉安·肖让我随时能够掌握杂交兰花的发展动向，而且我要再一次衷心感谢邱园的马克·内斯比特博士，他为我的手稿提出了富有见地的评论，并且让我赶上了人类植物学发展的步伐。

很多人建议我去研究花、文学以及艺术之间的千丝万缕，其中我特别要感谢克里斯托弗·拜莱斯、菲尔·贝克、凯瑟琳·马克斯韦尔教授、克里斯·珀蒂、卡米拉·斯威夫特、理查德·威廉斯以及罗伯特·欧文对书中阿拉伯名称提供的帮助。对于将我引入兰花研究的芭芭拉·莱瑟姆以及戴维·雷德莫我更是格外感激——感谢芭芭拉的热情款待，感谢戴维耐心读完了几近完成的书稿以及提出的启发性的建议。我还要特别向帕梅拉·威尔逊表示感谢，作为主人她是那样的热情、慷慨，带着我在我的祖父位于锡尔弗代尔的故居四周找寻兰花；以及其他在我写作这本书的过程中给予了我支持和帮助的朋友和家庭，特别是罗斯·弗雷尼、克里斯·波特、林恩·里奇、罗伯特·珀蒂、凯瑟琳·金、路易·伯吉斯、菲莉帕·坎贝尔、祖德·哈里斯、安德烈亚什·琼斯、迈克尔·克尔、园艺家公会已故的罗杰·佩顿以及比尔·威尔逊、朱迪丝·威尔科克斯和园艺家俱乐部的会员们。

在大西洋出版社，我要感谢本书的编辑安格斯·麦金农，以及詹姆斯·奈廷格尔；我还要高度赞扬我的代理人、联合代理公司的卡罗琳·道内孜孜不倦、满腔热忱的支持，奥利维娅·亨特以及索菲·斯卡德直到最近都在鼎力相助。最后，我很感激霍桑登信托提供的写作奖金以及皇家文学基金会为我在伦敦国王学员提供的奖金。没有以上的帮助和支持，就不会有这本书：谢谢大家。

# 参考资料

这里按照章节列出了每章的主要参考资料，完整的文献信息列在网上——请参见 www.atlantic-books.co.uk。

以下著作为本书中的几个章节打下了基础；此处列出的著作在后续部分中将仅使用其简称。

Pedanius Dioscorides, *De Materia Medica*, trans. T. A. Osbaldeston and R. P.A. Wood (Johannesburg, Ibidis, 2000).

John Gerard, *The Herball or Generall Historie of Plantes* (London, 1597).

John Gerard, *The Herball or Generall Historie of Plantes*, amended and enlarged by Thomas Johnson (London, 1633).

Henry Hawkins, *Partheneia Sacra, or The Mysterious and Delicious Garden of the Sacred Parthenes* (Rouen, 1633).

Herodotus, *The Histories,* trans. Aubrey de Sélincourt (London, Penguin Books, 2003).

Philip Miller, *The Gardeners Dictionary*, especially the fi rst edn (London,1731) and the eighth edn, revised in accordance with Linnaean botany (London, 1768).

John Parkinson, *Paradisi in Sole Paradisus Terrestris* (London, 1629).

John Parkinson, *Theatrum Botanicum: The Theater of Plants* (London, 1640).

*The Natural History of Pliny*, trans. John Bostock and H. T. Riley (6 vols,London, 1855).

Theophrastus, *Enquiry into Plants and Minor Works on Odours and Weather Signs*, trans. Sir Arthur Hort (2 vols, London, William Heinemann, 1916).

Robert John Thornton, *Temple of Flora, or Garden of the Botanist, Poet, Painter and Philosopher* (London, 1812).

William Robinson, *The English Flower Garden* (London, John Murray, 1883).

我频繁翻阅的还有以下这些批评、评论的作品。

Wilfrid Blunt and William T. Stearn, *The Art of Botanical Illustration* (Woodbridge, Antique Collectors' Club, revised edn, 1994).

Jack Goody, *The Culture of Flowers* (Cambridge University Press, 1993).

Debra N. Mancoff, *Flora Symbolica: Flowers in Pre-Raphaelite Art* (Munich, Prestel, 2003).

Andrew Moore and Christopher Garibaldi, *Flower Power: The Meaning of Flowers in Art* (London, Philip Wilson Publishers, 2003).

## 第一章　莲　花

在综合作品中，以下几部作品对古代埃及以及东方的莲花的写作格外有用：Perry D. Slocum, *Waterlilies and Lotuses: Species, Cultivars,and New Hybrids* (Portland, Timber Press, 2005)；以及 Mark Griffi ths, *The Lotus Quest* (London, Chatto & Windus, 2009)。

我翻阅了很多关于古代埃及宇宙学、神话以及文化的作品，对于以下作者和作品我要深表感谢：Donald B. Redford (ed.), *The Oxford Encyclopedia of Ancient Egypt* (3 vols, Oxford University Press, 2001); John H.Taylor (ed.), *Journey Through the Afterlife: Ancient Egyptian Book of the Dead* (Cambridge, Mass., Harvard University Press, 2010); G. Maspero, *Histoire Ancienne des Peuples de l'Orient Classique* (3 vols, Paris, Librairie Hachette,1895–9); *The Egyptian Book of the Dead: The Book of Going Forth by Day*, second revised edn (Chicago, KWS

Publishers, 1998)。

在写到图坦卡蒙墓穴中的花和手工艺品时，我查阅了：Howard Carter and A. C. Mace, *The Tomb of Tut.ankh.Amen* (3 vols, London, Cassell & Co., 1923–33); F. Nigel Hepper, *Pharaoh's Flowers: The Botanical Treasures of Tutankhamun* (London, HMSO, 1990);John Bellinger, *Ancient Egyptian Gardens* (Sheffi eld, Amarna Publishing, 2008); 以及 Lise Manniche, *An Ancient Egyptian Herbal* (London, British Museum Press, 1999), pp. 27–31。

以下作品为本书中古代埃及花园、墓穴装饰以及日常生活提供了有用的参考信息：Nathalie Beaux, *Le Cabinet de Curiosites de Thoutmosis III: Plantes et Animaux du 'Jardin Botanique' de Karnak* (Leuven, Departement Oriëtalistick/ Peeters, 1990);Alix Wilkinson, *The Garden in Ancient Egypt* (London, Rubicon Press, 1998);Tassilio Wengel, *The Art of Gardening Through the Ages*, trans. Leonard Goldman (Leipzig, Edition Leipzig, 1987);Percy E. Newberry, *El Bersheh: Part 1 (The Tomb of Tehuti- Hetep)*(London, Egyptian Exploration Fund, n.d.); 以及 J. G. Wilkinson, *Manners and Customs of the Ancient Egyptians* (3 vols, London, John Murray, 1837)。

关于古代埃及睡莲的镇静作用，请参见：William A.Emboden, 'Transcultural use of narcotic water lilies in ancient Egyptian and Maya drug ritual', *Journal of Ethno-Pharmacology*, vol. 3, no. 1 (1981), pp. 39–83; David J. Counsell, 'Intoxicants in ancient Egypt? Opium, nymphaea, coca and tobacco', in Rosalie David (ed.), *Egyptian Mummies and Modern Science* (Cambridge University Press, 2008), pp. 195–215; 以及 Joyce Tydesley, *The Private Lives of the Pharaohs* (London, Channel 4 Books, 2000), pp. 171–5。

有关古代希腊和罗马的莲花，请参见：Herodotus, *The Histories*, pp. 129–30;*The Geography of Strabo,* trans. H. C. Hamilton and W. Falconer (3 vols, London, Henry G. Bohn, 1854), vol. 3, p. 88; Theophrastus, *Enquiry into Plants*, vol. 1, pp. 351–5 (from Book 4, Chapter 8); *The Natural History of Pliny*, vol. 3, pp. 198–200 (from Book 13, Chapter 32), and vol. 4, p. 45 (from Book 18, Chapter 30);Lucius Junius Moderatus Columella, trans. E. S. Forster and Edward H. Heffner, *On Agriculture* [*De Re Rustica*] (3 vols, London, William Heinemann, 1954), vol. 2, pp. 397–9; P. G. P. Meyboom, *The Nile Mosaic of Palestrina: Early Evidence of Egyptian Religion in Italy* (Leiden, E. J. Brill,1994); 以及 Wilhelmina Feemster Jashemski and Frederick G. Meyer, *The Natural History of Pompeii* (Cambridge University Press, 2002)。

以下作品均对拿破仑的莲花作出了描绘 :*Description de l'Egypte, ou Recueil des Observations et des Recherches qui ont ete faites en Egypte pendant l'expedition de l'armee francaise* (20 vols, Paris, 1809–28), vol. 9, pp. 303–13, 以及 *Planches, Histoire Naturelle,* vol. 2, 'Botanique'。 Pierre-Joseph Redouté, *Choix des Plus Belles Fleurs* (Paris, 1827) 提到了雷杜德的蓝睡莲；还可以参见 Martyn Rix and William T. Stearn, *Redoute's Fairest Flowers* (London, Thc Hcrbert Press/British Museum, 1987)。 有关罗伯特・桑顿作品中的莲花请参见 Geoffrey Grigson's introduction to *Thornton's Temple of Flora* (London,Collins, 1951), pp. 1–13, and William T. Stearn's botanical notes, p. 20。

以下作品是我在写作印度神圣之莲花的神话历史时的主要参考资料：Dr Raj Pandit Sharma, 'Flowers and plants in Hinduism', 于 2011 年 6 月 8 日参阅网站 www.hinducounciluk.org;Heinrich Zimmer, *Myths and Symbols in Indian Art and Civilization*, ed. Joseph Campbell (Washington DC, Pantheon Books, 1947);Carol Radcliffe Bolon, *Forms of the Goddess Lajja Gauri in Indian Art* (University Park, Pa, Pennsylvania State University Press,1992); 以及 *Upanisads*, trans. from Sanskrit by Patrick Olivelle (Oxford University Press, 1996)。

关于尼泊尔、佛教以及东南亚神圣莲花的信息我查阅了：Narayan P. Manadhar, *Plants and People of Nepal* (Portland, Oregon,Timber Press, 2002);Dr Sarla Khosla, *Lalitavistara and the Evolution of the Buddha Legend* (New Delhi, Galaxy Publications, 1991);S. K. Gupta, *Elephant in Indian Art and Mythology* (New Delhi, Abhinav Publications, 1983);*The Lalita-Vistara: Memoirs of the Early Life of Sakya Sinha*, trans. Rajendralala Mitra (Calcutta, 1881);Moore and Garibaldi, *Flower Power*, p. 25;Martin Lerner and Steven Kossak, *The Lotus Transcendent: Indian and Southeast Asian Art from the Samuel Eilenberg Collection* (New York, The Metropolitan Museum of Art, 1991); 以 及 W. Zwalf (ed.), *Buddhism: Art and Faith* (London, British Museum Publications, 1985)。

有关中国和日本莲花的历史的内容请参见：Seizo Kashioka and Mikinori

Ogisu, *Illustrated History and Principle of the Traditional Floriculture* in Japan, trans. Tetsuo Koyama et al. (Osaka, ABOC-sha Co. Ltd, 1997)。有关中国文学、花园、艺术、装饰以及习俗的内容请参见：Maggie Keswick, *The Chinese Garden: History, Art and Architecture,* 由 Alison Hardie (London, Frances Lincoln, 2003) 修订 ;Arthur Waley, *The Book of Songs* (London, George Allen & Unwin, 1937);Hans H. Frankel, *The Flowering Plum and the Palace Lady: Interpretations of Chinese Poetry* (New Haven, Yale University Press, 1976);Loraine E. Kuck, *The Art of Japanese Gardens* (New York, The Japan Society, 1941);Alfred Koehn, *Chinese Flower Symbolism* (Tokyo, At the Lotus Court, 1954);Jessica Rawson, *Chinese Ornament: The Lotus and the Dragon* (London, British Museum Publications, 1984);H. A. Lorentz, *A View of Chinese Rugs from the Seventeenth to the Twentieth Century* (London, Routledge & Kegan Paul, 1972);P. R. J. Ford, *Oriental Carpet Design: A Guide to Traditional Motifs, Patterns and Symbols* (London, Thames and Hudson, 1992);Howard S. Levy, *The Lotus Lovers: The Complete History of the Curious Erotic Custom of Footbinding in China* (Buffalo, NY, Prometheus Books,1992);*The Secret of the Golden Flower: A Chinese Book of Life,* trans. Richard Wilhelm (London,Routledge & Kegan Paul, 1962); 以及 C. G. Jung, *Psychology and Alchemy*, vol. 12 of the collected works of C. G. Jung, ed. Sir Herbert Read et al. (London, Routledge & Kegan Paul, second edn, 1968)。

有关 19、20 世纪日本的莲花我查阅了 :*The Flowers and Gardens of Japan*, Ella du Cane 绘画 , Florence du Cane 配文 (London, Adam & Charles, 1908) Christopher Dresser, *Japan: Its Architecture, Art, and Art Manufactures* (London, Longmans Green & Co.,1882);Josiah Conder, *Landscape Gardening in Japan* (Tokyo, 1893);Josiah Conder, *The Flowers of Japan and the Art of Floral Arrangement* (Tokyo, 1891);Alfred Koehn, *Japanese Flower Symbolism* (Peiping, China, Lotus Court Publications,1937);Alfred Parsons, *Notes in Japan* (London, Osgood, McIlvaine & Co., 1896);Ayako Ono, *Japonisme in Britain: Whistler, Menpes, Henry, Hornel and Nineteenth-Century Japan* (London, Routledge Curzon, 2003); 以 及 Pierre Loti (a pseudonym of the French novelist and naval offi cer Julien Viaud), *Japan,Madame Chrysanthemum*, trans. Laura

Ensor (London, KPI, 1985)。

有关诗歌和艺术中的莲花的内容我查阅了以下作品：Edward S. Forster, 'Trees and plants in Homer', *The Classical Review,* vol.50, no. 3 (July 1936), pp. 97–104;Homer, *The Odyssey,* trans. Robert Fagles (New York, Penguin, 1996);Alfred Tennyson, *Oenone and Lotos-Eaters,* ed.F. A. Cavenagh (Oxford, Clarendon Press, 1915);Constance Classen, David Howes and Anthony Synnott, *Aroma: The Cultural History of Smell* (London, Routledge, 1994);Charles Baudelaire, 'Le Voyage', in *Les Fleurs du Mal* et Autres Poemes (Paris, Garnier-Flammarion, 1964), *pp.* 150–5;Howard Hodgkin, *Indian Leaves* (London, Petersburg Press, c.1982);Michael Compton, *Howard Hodgkin's Indian Leaves* (London, Tate Gallery, 1982);T. S. Eliot, *Four Quartets* (London, Faber and Faber, 1956);Peter Harris (ed.), *Zen Poems* (London, Everyman's Library, 1999); 以 及 Fu Ji Tsang, *The Meaning of Flowers: A Chinese Painter's Perspective* (Paris, Flammarion, 2004)。

Vivian Russell 在 *Monet's Garden: Through the Seasons at Giverny* (London, Frances Lincoln, 1995) 中描写了莫奈笔下的睡莲。伦敦皇家园艺协会林德利图书馆保存有拉图尔 - 马利亚克 1996/1997 年的苗圃目录。

## 第二章　百　合

Keat 笔下的百合的内容出自 'La Belle Dame San Merci', Ballad, *The Poetical Works of John Keats* (London, Maccmillan, 1884), pp. 254–6。以下是我在写作克里特岛和锡拉岛 ( 桑托林岛 ) 的米诺斯百合时查阅的主要作品 :Gisela Walberg, 'Minoan floral iconography' in *EikΩn, Aegean Bronze Age Icon ography: Shapinga Methodology,* ed. Robert Laffi neur and Janice L. Crowley (Liège, Université de Liège, 1992); Sir Arthur Evans, *The Palace of Minos* (6 vols, London, Macmillan, 1921–36); Hellmut Baumann, *Greek Wild Flowers and Plant Lore in Ancient Greece,* trans. William T. Stearn and Eldwyth Ruth Stearn (London, The Herbert Press, 1993); Maria C. Shaw, 'The "Priest-King" fresco from Knossos: man, woman, priest, king, or someone else?', in *Essays in Honor of Sara A. Immerwahr*, ed. Anne P. Chapin (Athens, The American School of Classical Studies at Athens, 2004), pp. 65–84; Christos Doumas, *The Wall-Paintings of Thera*, trans. Alex Doumas (Athens, The Thera Foundation, 1992); 以及 Lyvia Morgan, *The Miniature Wall Paintings of Thera: A Study in Aegean Culture and Iconography* (Cambridge University Press, 1988)。

有关古代埃及以及古代希腊的百合的内容请参见：Hepper, *Pharaoh's Flowers*, p. 25; Alix Wilkinson, *The Garden in Ancient Egypt*, pp. 39–40; Lin Foxhall, 'Environments and landscapes of Greek culture', in Konrad H. Kinzl (ed.), *A Companion to the Classical Greek World* (Oxford, Blackwell, 2006), pp. 245–80; *Hesiod: The Homeric Hymns and Homerica,* trans. Hugh G. Evelyn-White (London, William Heinemann, 1914), p. 81; 以及 H. B. D. Woodcock and W. T. Stearn, *Lilies of the World: Their Cultivation and Classifi cation* (London, Country Life, 1950)。

在 Theophrastus 的作品 *Enquiry into Plants* 中，他在（第一本，第六章）第二卷的 37-9 以及 45 页中讨论了百合，在第二卷的第 365 页 'Concerning Odours' 中讨论了百合的香气。Dioscorides 关于百合软膏的说明来源于：*De Materia Medica*, pp. 59–62。有关罗马的参考资料包括：*The Natural History of Pliny,* vol. 4, pp. 314–16, 366–7 (from Book 21, Chapters 11 and 74); Jashemski and Meyer (eds), *The Natural History of Pompeii*, pp. 121–2; John Henderson, *Hortus: The Roman Book of Gardening* (London, Routledge, 2004); *Ovid's Fasti,* trans. Sir James George Frazer (London, William Heinemann, 1931), p. 139; Ovid, *Metamorphoses,* trans. A. D. Melville (Oxford University Press, 1986), p. 231; 以 及 Marcel de Cleene and Marie Claire Lejeune, *Compendium of Symbolic and Ritual Plants in Europe* (2 vols, Ghent, Man and Culture, 2002), vol. 2, pp. 321–3. Nicander's description

of the lily appears in Joris-Karl Huysmans, *Against Nature*, trans. Margaret Mauldon (Oxford University Press, 1998), p. 136。

有关早期基督教以及中世纪欧洲历史中百合的内容借鉴了：Goody, *The Culture of Flowers*; John Harvey, *Mediaeval Gardens* (London, B. T. Batsford, 1981); Jennifer Potter, *The Rose: A True History* (London, Atlantic Books, 2010); Marilyn Stokstad and Jerry Stannard, *Gardens of the Middle Ages*

(Kansas, Spencer Museum of Art, 1983); Walahfrid Strabo, *Hortulus*, trans. Raef Payne (Pittsburg, Hunt Botanical Library, 1966); Marilyn Stokstad, *Medieval Art,* second edn (Boulder, Westview Press, 2004); 以及 Luigi Gambero, *Mary in the Middle Ages: The Blessed Virgin Mary in the Thought of Medieval Latin Theologians* (San Francisco, Ignatius Press, 2005)。有关拜占庭时期百合的内容请参见：A. R. Littlewood, 'Gardens of Byzantium', *Journal of Garden History*, vol. 12, no. 2 (1992), pp. 126–53; Margaret H. Thomson (ed. and trans.), *The Symbolic Garden*: *Refl ections Drawn from a Garden of Virtues, A XIIth century Greek manuscript* (North York, Ontario, Captus University Publications, 1989), p. 38; 有关"天使报喜"场景的中百合的内容请参见 Helene E. Roberts (ed.), *Encyclopedia of Comparative Iconography: Themes Depicted in Works of Art* (2 vols, Chicago, Fitzroy Dearborn, 1998); 以及 Mancoff, *Flora Symbolica*, pp. 32–3。以下作品讨论了百合十字架 :E. J. M. Duggan, 'Notes concerning the "Lily Crucifixion" in the Llanbelig Hours', *National Library of Wales Journal,* vol. 27, no. 1 (Summer 1991), pp. 39–48; W. L. Hildburgh, 'An alabaster table of the Annunciation with the crucifi x: a study in English iconography', *Archaeologia*, vol. 74 (1925), pp. 203–32; 以及 W. L. Hildburgh, 'Some further notes on the crucifix on the lily', *The Antiquaries Journal*, vol. 12 (1932), pp. 24–6。Henry Hawkins 笔下的百合冥想出现在了 *Partheneia Sacra*, pp. 28–37 中；有关圣经百合的内容请参见：Ariel Bloch and Chana Bloch, *The Song of Songs: A New Translation* (Berkeley, University of California Press, 1995), 尤其是 pp. 148–9。

基本上我所有有关鸢尾花装饰图案的信息都借鉴了法国中世纪研究家 Michel Pastoureau, 尤其是他的作品 *Heraldry: Its Origins and Meaning*, trans. Francisca Garvie (London, Thames & Hudson, 1997), pp. 98–191, 'Do historians fear the fl eur-de-lis?'

除了 John Gerard 以及 John Parkinson 的作品之外，我还就伊丽莎白时期以及斯图亚特王朝时期的百合查阅了：B. D. Jackson, *A Catalogue of Plants Cultivated in the Garden of John Gerard in the Years 1596–99* (London, 1876); Prudence Leith-Ross, *The Florilegium of Alexander Marshal in the Collection of Her*

*Majesty the Queen at Windsor Castle* (London, The Royal Collection, 2000); 以及 Rev. Henry N. Ellacombe, *The Plant-Lore & Garden-Craft of Shakespeare* (London, W. Satchell & Co., second edn, 1884), pp. 140–6。

关于早期北美洲的百合，我借鉴了：John Josselyn, *New-Englands Rarities Discovered* (London, 1672), pp. 42 and 54; Timothy Coffey, *The History and Folklore of North American Wildfl owers* (New York, Facts on File, 1993), pp. 305–6; Patrick M. Synge, *Lilies: A Revision of Elwes' 'Monograph of the Genus Lilium' and its Supplements* (London, B. T. Batsford, 1980); Denis Dodart, *Memoires pour servir a l'Histoire des Plantes* (Paris, 1676), p. 91; Mark Catesby, *The Natural History of Carolina, Florida and the Bahama Islands* (2 vols, London, 1731–43); André Michaux, *Flora Boreali-Americana* (2 vols, Paris, 1803); 以及 *Curtis's Botanical Magazine,* vol. 108, third series (1882), tab. 6650。

有关百合在中国花园以及药物学中的应用的参考资料包括：Hui-lin Li, *The Garden Flowers of China* (New York, Ronald Press, 1959), pp. 115–20; Dan Bensky and Andrew Gamble, *Chinese Herbal Medicine: Materia Medica*, revised edn (Seattle, Eastland Press, 1993); *Herbal Pharmacology in the People's Republic of China: A Trip Report of the American Herbal Pharmacology Delegation* (Washington, National Academy of Sciences, 1975), pp. 163–4; Jane Kilpatrick, *Gifts from the Gardens of China* (London, Frances Lincoln, 2007); Potter, *The Rose*, pp. 217–29; *Curtis's Botanical Magazine,* vol. 132 (1906), tab. 8102, for Wilson's *Lilium regale*; 以及 E. H. Wilson, *The Lilies of Eastern Asia: A Mono graph (*London, Dulau & Co., 1925), p. 8. The Tiger lily appears in Gertrude Jekyll*, Lilies for English Gardens: A Guide for Amateurs* (Woodbridge, Suffolk, Antique Collectors' Club, 1982, fi rst published Country Life, 1901), p. 6; 以及 Lewis Carroll, *Through the Looking-glass, And What Alice Found There* (London, Macmillan, 1872), p. 28。

有关日本百合的内容（包括 Deshima Island 的早期历史）请参见 K. Vos, *Assignment Japan: Von Siebold, Pioneer and Collector* (The Hague, SDU, 1989); Reginald J. Farrer, *The Gardens of Asia: Impressions from Japan* (London,

Methuen, 1904), p. 2; Dandra Knapp, *Potted Histories: An Artistic Voyage Through Plant Exploration* (London, Scriptum, 2003), pp. 272–5; Engelbert Kaempfer, *Amoenitatum exoticarum politico-physico-medicarum fasciculi V* (Lemgoviae, 1712), pp. 870–2; *Botanical Register*, vol. 23 (1837), tab. 2000; Richard Gorer, *The Growth of Gardens* (London, Faber & Faber, 1978), pp. 158–6; Philipp Franz von Siebold and J. G. Zuccarini, *Flora Japonica* (Lugduni Batavorum, 1835), pp. 31–5, 86–7; *Gardeners' Chronicle*, 5 July 1862, p. 623, and 12 July 1862, p. 644; 以及 Du Cane, *The Flowers and Gardens of Japan*, pp. 95–100。

我在写作 19 世纪晚期的艺术和诗歌时借鉴了以下作品 :Georgiana Burne-Jones, *Memorials of Edward Burne-Jones* (2 vols, London, Macmillan and Co., 1904), vol. 1, p. 225; Edward Burne-Jones, *The Flower Book* (London, The Fine Art Society, 1905); Ono, *Japonisme in Britain*; Richard Dorment and Margaret F. MacDonald, *James McNeill Whistler* (London, Tate Gallery Publications, 1995); H. C. Marillier, *Dante Gabriel Rossetti: An Illustrated Memorial of His Art and Life* (London, George Bell and Sons, 1899); Dresser, *Japan*, pp. 286–316; 'Love and sleep', in *The Poems of Algernon Charles Swinburne* (6 vols, London, Chatto & Windus, 1904), vol. 1, p. 272; Stéphane Mallarmé, Les Noces d'Herodiade (Paris, Gallimard, 1959), p. 64 (author's translation); *Poems by Oscar Wilde, Together with his Lecture on the English Renaissance* (Paris, 1903), pp. 215–16; Peter Raby, *Oscar Wilde* (Cambridge University Press, 1988), p. 22; Sarah Bernhardt, *My Double Life: Memoirs of Sarah Bernhardt* (London, William Heinemann, 1907), pp. 297–8; Marina Henderson, 'Women and fl owers', in Ann Bridges (ed.), *Alphonse Mucha: The Graphic Works* (London, Academy Editions, 1980), pp. 9–14; 以及 David M. H. Kern (ed.), *The Art Nouveau Style Book of Alphonse Mucha* (New York, Dover, 1980)。

花园中的百合的参考资料包括 Jekyll, *Lillies*, pp. 7, 96 and 103; Synge, *Lilies*, pp. 25–6; Helen Morgenthau Fox, *Garden Cinderellas: How to Grow Lilies in the Garden* (New York, Macmillan, 1928); 以及 Henry John Elwes, *A Monograph of the Genus Lilium* (London, 1880) and later supplements。

## 第三章　向日葵

Allen Ginsberg 的 ‘Sunflower Sutra’ 出现在他的 *Collected Poems 1947–1980* (London, Penguin, 1987), pp. 138–9; Edward Burne-Jones 对向日葵的评论出现在 Burne-Jones, *Memorials*, vol. 1, p. 225;“让人毛骨悚然的”向日葵出现在诗歌 ‘Fragment’ 中，出自 June English 的 *Sunflower Equations* (London, Hearing Eye, 2008), p. 66。

有关向日葵的起源以及培育的参考资料包括:Charles B. Heiser Jr, *The Sunflower* (Norman, Okla., University of Okla homa Press, 1976); David L. Lentz et al., ‘Sunflower (*Helianthus annuus* L.) as a pre-Columbian domesticate in Mexico’, *Proceedings of the National Academy of Sciences of the United States of America* (*PNAS*), vol. 105, no. 17 (29 April 2008), pp. 6232–7; Charles B. Heiser Jr, ‘Taxonomy of *Helianthus* and origin of domesticated sunflower’, in Jack F. Carter (ed.), *Sunflower Science and Technology* (Madison, Wis., American Society of Agronomy, no. 19, 1978), pp. 31–53; David L. Lentz et al., ‘Prehistoric sunflower (*Helianthus annuus* L.) domestication in Mexico’, *Economic Botany,* vol. 55, no. 3 (July–Sept 2001), pp. 370–6; Jonathan W. Silvertown, *An Orchard Invisible: A Natural History of Seeds* (Chicago, University of Chicago Press, 2009), pp. 135–54; William W. Dunmire, *Gardens of New Spain: How Mediterranean Plants and Foods Changed America* (Austin, University of Texas Press, 2004), pp. 32–4; Charles B. Heiser, ‘The sunfl ower (*Helianthus annuus*) in Mexico: further evidence for a North American domestication’, *Genetic Resources and Crop Evolution,* no. 55, 2008, pp. 9–13; and Davis L. Lentz et al., ‘Reply to Reiseberg and Burke, Heiser, Brown, and Smith: molecular, linguistic, and archaeological evidence for domesticated sunfl ower in pre-Columbian Mesoamerica, PNAS, vol. 105, no. 30, (29 July 2008), 在线查阅时间为 2013 年 4 月 3 日。

有关玛雅人、印加人以及阿兹特克人的研究的内容请参见 V. S. Naipaul, *The Loss of El Dorado* (Harmondsworth, Penguin Books, 1973), pp. 38 and 18; Elizabeth H. Boone, ‘Incarnations of the Aztec supernatural; the imageof Huitzilopochtli in Mexico and Europe', *Transactions of the American Philosophical Society*, vol. 79, part 2 (1989), pp. 1–107; Alan R. Sandstrom, 'Sacred mountains and miniature worlds: altar design among the Nahua of northern Veracruz, Mexico', in Douglas Sharon (ed.), *Mesas & Cosmologies in Mesoamerica* (San Diego Museum Papers 42, 2003), pp. 51–70; Zelia Nuttall, 'Ancient Mexican superstitions', reprinted from the *Journal of American Folk-lore*, vol. 10, no. 39 (Boston, Mass., 1897), p. 271; Sabine MacCormack, *Religion in the Andes: Vision and Imagination in Early Colonial Peru* (Princeton, Princeton University Press, 1991); Zelia Nuttall, 'The gardens of ancient Mexico', in *Annual Report of the Board of Regents of the Smithsonian Institution, 1923* (Washington, 1925), pp. 453–64; Fray Bernardino de Sahagún, *Florentine Codex, General History of the Things of New Spain, Book 9 – The Merchants* (Santa Fe, The School of American Research and the University of Utah, 1959), no. 14, part X, pp. 33–5; *Codex Ixtlilxochitl, Bibliotheque Nationale, Paris (Ms. Mex. 65–71)* (Graz, Akademische Druck, 1976), 108r., and p. 31; 以及 Joseph Acosta, *The Naturall and Morall Historie of the East and West Indies,* trans. E. G. (London, 1604), Book 4, Chapter 27, pp. 282–4。

我在写作向日葵引进欧洲的内容时的主要参考资料包括:Nicolas Monardes, *Joyfull Newes out of the Newe Founde Worlde… Englished by John Frampton* (2 vols, London, Constable, 1925, from an original of 1577), vol. 2, p. 23; John Peacock, *The Look of Van Dyck: The Self-Portrait with a Sunfl ower and the Vision of the Painter* (Aldershot, Ashgate, 2006); Rembert Dodoens, *Florum et Coronariarum Odoratarumque Nonnullarum Herbarum Historia* (Antwerp, 1568); Gerard, *The Herball* (1597), pp. 612–13; Simon Varey et al. (eds), *Searching for the Secrets of Nature: The Life and Works of Dr Francisco Hernandez* (Stanford, Calif., Stanford University Press, 2000), pp. 106–7; Simon Varey (ed.), *The Mexican Treasury: The Writings of Dr Franciso Hernandez* (Stanford, Calif., Stanford University Press, *c.*2000); Parkinson, *Paradisi in Sole*, pp. 295–7。有关向日葵中斐波那契的螺旋式排列的更多信息请参见 Ryuji Takaki et al., 'Simulations of sunfl ower spirals and Fibonacci numbers', *Forma*, vol. 18 (2003), pp. 295–305；以及 John A. Adam, *Mathematics in Nature: Moulding Patterns in the Natural World* (Princeton, Princeton University Press, 2003), pp. 216–21。

以下是我在写作北美洲向日葵时的主要参考资料 :Thomas Hariot, *A Briefe and True Report of the New Found Land of Virginia,* a facsimile edition of the 1588 Quarto (Ann Arbor, The Clements Library Associates, 1951); Kim Sloan, *A New World: England's First View of America* (London, British Museum Press, 2007), pp. 110–11; Theodore de Bry, *A Briefe and True Report of the New Found Land of Virginia* (Frankfurt, 1590), plate XX, 'The Towne of Secota'; Samuel de Champlain, *Voyages to New France,* trans. Michael Macklem (Ottawa, Oberon Press, n.d.), pp. 40–41; 以及 Daniel E. Moerman, *Native American Medicinal Plants: An Ethnobotanical Dictionary* (Portland, Timber Press, 2009), pp. 228–9。

有关欧洲人眼中向日葵奇特的美丽的内容请参见：Blunt and Stearn, *The Art of Botanical Illustration*, pp. 102–6; Basilius Besler, *Hortus Eystettensis* (2 vols, Nürnberg, 1613), vol. 2, Quintus Ordo., fols 1 and 2; Crispin de Passe, *Hortus Floridus* (1614–17); Emanuel Sweert, *Florilegium* (Frankfurt, 1612); E. F. Bleiler (ed.), *Early Floral Engravings* (New York, Dover Publications, 1976); Leith-Ross, *The Florilegium of Alexander Marshal*, p. 137, 'Large Sunflower – Liver-colord Dog in miniature'; 以及 Gloria Cottesloe and Doris Hunt, *The Duchess of Beaufort's Flowers* (Exeter, Webb & Bower, 1983), pp. 54–7, plate 29。

为了追查向日葵的象征力量，我参考了：Erika von Erhardt-Siebold, 'The heliotrope tradition', *Osiris*, vol. 3 (1937), pp. 22–46; Ovid, *Metamorphoses,* p. 82; Peacock, *The Look of Van Dyck*, p. 146; E. de Jongh, 'Bol vincit amorem', *Simiolus: Netherlands Quarterly for the History of Art*, vol. 12, no. 2/3 (1981–2), pp. 147–61; Hawkins, *Partheneia Sacra*, pp. 48–58; Sir Kenelm Digby, *A Late Discourse...Touching the Cure of Wounds by the Powder of Sympathy* (London, 1658); Daniel de la Feuille, *Devises et Emblemes* (Amsterdam, 1691); and *Emblems for the Entertainment and Improvement of Youth* (London, 1750)。有关 William Blake 笔下向日葵的内容请参见：Mary Lynn Johnson, 'Emblem and symbol in Blake', *The Huntington Library Quarterly,* vol. 37 (February 1974), pp. 151–70; William Blake, *Poems and Prophecies* (London, Everyman's Library, 1991), p. 29; Albert S. Roe, *Blake's Illustrations to the Divine Comedy* (Princeton, Princeton University Press, 1953), pp. 193–6, and plate 99; 以及 Potter, *The Rose*, pp. 89–91。

我在写作 18 世纪到 19 世纪英国花园中向日葵时的参考资料包括：Philip Miller, *The Gardeners Dictionary*; Thomas Fairchild, *The City Gardener* (London, 1722); Robert Furber, *Twelve Months of Flowers* (London, 1730); Jane Loudon, *Gardening for Ladies; and Companion to the Flower Garden,* fi rst American edn, ed. A. J. Downing (New York, 1848); 以及 William Robinson, *The English Flower Garden,* eighth edition (London, John Murray, 1900), pp. 583–5。

有关向日葵在"花语"中的内容请参见 Beverly Seaton, *The Language of Flowers* (Charlottesville, University Press of Virginia, 1995); Potter, *The Rose*, pp. 422–6; B. Delachénaye, *Abecedaire de Flore ou Langage des Fleurs* (Paris, 1811), pp. 154 and 95; Charlotte de Latour, *Le Langage des Fleurs, Nouvelle edition augmentee* (Brussels, 1854); 以及 Taxile Delord, *Les Fleurs Animees* (Paris, 1847)。

有关 19、20 世纪中艺术和装饰中的向日葵的内容请参见 Walter Hamilton, *The Aesthetic Movement in England* (London, Reeves & Turner, 1882); Wilde, *Poems*, p. 215; William Morris, 'The story of the unknown church', *Oxford and Cambridge Magazine* (January 1856), pp. 28–33; Debra N. Mancoff, *Sunfl owers* (Chicago, The Art Institute of Chicago, 2001); Burne-Jones, *Memorials,* vol. 1, p. 225; Elizabeth Aslin, *The Aesthetic Movement: Prelude to Art Nouveau* (London, Elek, 1969); Lillie Langtry (Lady De Bathe), *The Days that I Knew* (London, Futura, 1978), pp. 74–5; *Punch,* vol. 80 (25 June 1881), p. 298; 以及 *The British Architect* (10 November 1882), p. 534。

以下是我在讨论 van Gogh 笔下的向日葵时的主要参考资料 :Judith Bumpus, *Van Gogh's Flowers* (Oxford, Phaidon, 1989); 网站 vangoghletters.org/vg, 信件 657, 665, 666, 668, 721, 739, 856, 881; *The Real Van Gogh: The Artist and His*

*Letters* (London, Royal Academy of Arts, 2010); 以及 Douglas W. Druick and Peter Kort Zegers, *Van Gogh and Gauguin: The Studio of the South* (New York, Thames and Hudson, 2001)。

有关向日葵20世纪历史的内容请参见 Putt, 'History and present world status', in Carter (ed.), *Sunflower Science*; Norma Paniego et al., 'Sunfl ower', in C. Kole (ed.), *Genome Mapping and Molecular Breeding in Plants*, vol. 2, *Oilseeds* (Berlin, Springer-Verlag, 2007), pp. 153–77; Silvertown, *An Orchard Invisible,* pp. 135–54; Andrew Evans*, Ukraine* (Chalfont St Peter, Bradt Travel Guide, second edn, 2007), pp. 37–8; http://www.hort.purdue.edu/newcrop/afcm/sunfl ower.html: D. H. Putnam et al., 'Sun flower', in *Alternative Field Crops Manual* (University of Wisconsin-Madison, WI 53706, November 1990), 查阅日期为2011年4月6日; http://www.netstate.com/states/symb/flowers/ks_wild_native_sunfl ower.htm; *Kansas Statutes,* Chapter 73, Article 18, Sections 73–1801; Craig Miner, *The History of the Sunflower State, 1854–2000* (Lawrence, Kan., University Press of Kansas, 2002),pp. 13–15; 以及 http://www.tate.org.uk/whats-on/tate-modern/exhibition/unilever-series-ai-weiwei-sunfl ower-seeds。

## 第四章　罂　粟

Othello 的言语出自 The Arden Shakespeare's *Othello*, third edn, ed. E.

A. J. Honigmann (Walton-on-Thames, Thomas Nelson & Sons, 1997), Act 3 Scene 3, lines 334–6, p. 230。对罂粟的裁决出自 John Ruskin, *Proserpina: Studies of Wayside Flowers* (2 vols, Orpington, George Allen, 1879–82), vol. 1, p. 86; Gerard, *The Herball* (1597), pp. 295–8; Parkinson, *Theatrum Botanicum*, pp. 365–9; 以及 Friedrich A. Flückiger and Daniel Hanbury, *Pharmacographia: A History of the Principal Drugs of Vegetable Origin Met with in Great Britain and British India* (London, Macmillan, 1879), pp. 40–43。

我在写作培育罂粟时的主要参考资料包括：Sir Ghillean Prance and Mark Nesbitt (eds), *The Cultural History of Plants* (New York, Routledge, 2005), pp. 199–200; 以及 Daniel Zohary and Maria Hopf, *Domestication of Plants in the Old World*, second edn (Oxford, Clarendon Press, 1993), pp. 128–31。更

多细节可参见 Mark David Merlin, *On the Trail of the Ancient Opium Poppy* (Cranbury, NJ, Associated University Presses, 1984)。有关苏美尔人、亚述人以及埃及人使用罂粟的内容请参见：R. Campbell Thompson, *A Dictionary of Assyrian Botany* (London, The British Academy, 1949); R. Campbell Thompson, *The Assyrian Herbal: A Monograph on the Assyrian Vegetable Drugs* (London, Luzac, 1924); Manniche, *An Egyptian Herbal;* Abraham D. Krikorian, 'Were the opium poppy and opium known in the ancient Near East?', *Journal of the History of Biology,* vol. 8, no. 1 (Spring 1975), pp. 95–114; Hepper, *Pharaoh's Flowers*, pp. 10 and 16; Professor Dr P. G. Kritikos and S. P. Papadaki, 'The history of the poppy and of opium and their expansion in antiquity in the eastern Mediterranean area', *Bulletin on Narcotics*, vol. 19, no. 3 (July–September 1967), pp. 17–38。

有关古希腊和罗马的罂粟以及罂粟的使用请参见：Homer, *The Iliad,* trans. E. V. Rieu, updated by Peter Jones with D. C. H. Rieu (London, Penguin, 2003); Homer, *The Odyssey*, p. 269; John Scarborough, 'The opium poppy in Hellenistic and Roman medicine', in Roy Porter and Mikulás Teich (eds), *Drugs and Narcotics in History* (Cambridge University Press, 1995), p. 4; Theophrastus, *Enquiry into Plants*, vol. 2, pp. 253, 279–81 and 289–91 (from Book 9, Chapters 5, 12, 15); Dioscorides, *De Materia Medica*, pp. 611–15 and 608–11; Robert T. Gunther (ed.), *The Greek Herbal of Dioscorides... Englished by John Goodyer* (Oxford, 1934), p. 460; *The Natural History of Pliny,* vol. 4, pp. 196–7 and pp. 275–7 (from Book 19, Chapter 53, and Book 20, Chapter 76); Giulia Caneva and Lorenza Bohuny, 'Botanic analysis of Livia's painted flora (Prima Porta, Rome)', *Journal of Cultural Heritage*, vol. 4 (2003), pp. 149–55; Wilhelmina Feemster Jashemski, *The Gardens of Pompeii, Herculaneum and the Villas Destroyed by Vesuvius*, vol. 2, *Appendices* (New York, Aristide D. Caratzas, 1993), pp. 349–53; Jashemski and Meyer (eds), *The Natural History of Pompeii*, pp. 139–40; H. Roux and L. Barré, *Herculaneum et Pompeii: Receuil General des Peintures, Bronzes, Mosaiques etc.* (8 vols, Paris, Firmin Didot, 1875–7), vol. 1, plate 14; 以及 Ovid, *Metamorphoses,* p. 267。

有关 Demeter 及其女儿 Persephone(又名“Kore”，女孩)的简要历史请参见：Simon Hornblower and Antony Spawforth (eds), *The Oxford Classical Dictionary* (Oxford University Press, 1996), pp. 447–8。有关德国浪漫主义中向日葵的内容请参见 Peter Wegmann, *Caspar David Friedrich to Ferdinand Hodler: A Romantic Tradition* (Frankfurt, Insel, 1993), pp. 72–5; 以 及 Novalis (Friedrich von Hardenberg), *Hymns to the Night,* trans. Mabel Cotterell (London, Phoenix Press, 1948), pp. 23–5。上尉 Colonel John McCrae 的诗歌 ‘In Flanders Fields’ 首次匿名刊登在 *Punch* (8 December 1915), p. 468。

中世纪欧洲罂粟的主要参考资料包括:Pierre-Arnaud Chouvy, *Opium: Uncovering the Politics of the Poppy* (London, I. B. Tauris, 2009); Harvey, *Mediaeval Gardens*, pp. 29–35; John Harvey, ‘Westminster Abbey: the infirmarer's garden’, *Garden History*, vol. 20, no. 2 (1992), pp. 97–115; H. R. Loyn and J. Percival, *The Reign of Charlemagne: Documents on Carolingian Government and Administration* (London, Edward Arnold, 1975), pp. 64–73; Potter, *The Rose*, pp. 85–7; 以及 Strabo, *Hortulus*, pp. 48–9。

有关伊丽莎白时期以及斯图尔特王朝时期罂粟的内容请参见 Gerard 的 *Herball*, pp. 295–8 and pp. 368-72 in the revised (1633) edn; Jackson, *A Catalogue of Plants*; Edmund Spenser, *The Faerie Queene*, taken from Edwin Greenlaw et al. (eds), *The Works of Edmund Spenser: A Variorum Edition* (11 vols, Baltimore, The Johns Hopkins University Press, 1932–57), vol. 2, pp. 90–91; Parkinson, *Paradisi in Sole*, pp. 284–7; Aymonin, *The Besler Florilegium*, p. 404; Crispin de Passe, *Hortus Floridus* (Utrecht, 1614); Sweert, *Florilegium*; and Besler, *Hortus Eystettensis*, Book 2, summer plants of the twelfth order [*duodecimus ordo*] , fols 7–10。

有关 18 世纪以来花园罂粟的内容请参见：Miller, *The Gardeners Dictionary*; Henry Phillips, *History of Cultivated Vegetables*, second edn (2 vols, London, Henry Colburn, 1822), vol. 2, pp. 57–77; Henry Phillips, *Flora Historica: or the Three Seasons of the British Parterre Historic ally and Botanically Treated,* second edn revised (2 vols, London, 1829), vol. 2, pp. 188–97; Mrs Loudon, *The Ladies' Flower-Garden of Ornamental Annuals* (London, William Smith, 1840), pp. 18–23; Robinson, *The English Flower Garden*, pp. 206–7; 以及 Nori and Sandra Pope, *Colour by Design: Planting the Contemporary Garden* (London, Conran Octopus, 1998), pp. 100–103。

我在写作罂粟在药物学中的应用时参考了很多资料，包括：Parkinson, *Theatrum Botanicum*, pp. 365–9; C. E. Dubler, 'Afyun', *Encyclopedia of Islam,* second edn, ed. P. Bearman et al. (Brill, 2011), *Brill Online*, British Library, consulted 19 August 2011; John Scarborough, 'Herbs of the fi eld and herbs of the garden in Byzantine medicinal phar macy', in Antony Littlewood et al. (eds), *Byzantine Garden Culture* (Washington DC, Dumbarton Oaks Research Library & Collection, 2002), pp. 182–3; Martin Booth, *Opium: A History* (New York, St Martin's Press, 1998), p. 104; Luis Gogliati Arano, *The Medieval Health Handbook* (London, Barrie & Jenkins, 1976); Gilbert Watson, *Theriac and Mithridatium: A Study in Therapeutics* (London, The Wellcome Historical Medical Library, 1966); Flückiger and Hanbury, *Pharmacographia*, pp. 40–42; 'Paracelsus', Encyclopaedia Britannica Online Academic Edition, 2011, 查阅时间为 2011 年 8 月 19 日；Henry E. Sigerist (ed.), *Paracelsus: Four Treatises,* trans. C. L. Temkin et al. (Baltimore, Johns Hopkins University Press, 1941); William Langham, *The Garden of Health* (London, 1597), pp. 506–9; William Turner, *A New Herball Parts II and III,* ed. George T. L. Chapman, Frank McCombie, Anne Wesencraft (Cambridge University Press, 1995), pp. 486–9; Gervase Markham, *The English House-wife* (London, 1637), pp. 6–12; David E. Allen and Gabrielle Hatfi eld, *Medicinal Plants in Folk Tradition: An Ethnobotany of Britain and Ireland* (Portland, Timber Press, 2004), pp. 77–8; Donald Watts, *Dictionary of Plant Lore* (Oxford, Academic Press, 2007), p. 278; Roy Vickery, *A Dictionary of Plant-Lore* (Oxford University Press, 1997), p. 268; 以 及 *Pharmacopoeia Londinensis* (London, 1618), p. 112。 有 关 Thomas Sydenham 的内容请参见 C. G. Meynell, *Thomas Sydenham's Observationes Medicae and Medical Observations* (Folkestone, Winterdown

Books, 1991), p. 172; 以及 John D. Comrie, *Selected Works of Thomas Sydenham, M. D., with a short biography and explanatory notes* (London, John Bale, 1922), p. 1。John Jones 博士在 *The Mysteries of Opium Reveal'd* (London, 1700), pp. 294 and 295 中列出了他推荐的鸦片；还可以参见 Alethea Hayter, *Opium and the Romantic Imagination* (London, Faber and Faber, 1968), p. 31。

旅行者讲述的鸦片烟瘾的故事出自：Jean Chardin, *Voyages du Chevalier Chardin en Perse, et Autres Lieux de l'Orient* (4 vols, Amsterdam, 1735), vol. 3, pp. 14–15; Baron François de Tott, *Memoirs of Baron de Tott*, trans. from the French (2 vols, London, 1785), vol. 1, pp. 141–3; Edward G. Browne, *A Year Amongst the Persians* (London, Adam and Charles Black, 1893); 以及 *Memoirs of ****. Commonly known by the Name of George Psalmanazar; A Reputed Native of Formosa* (London, 1764), pp. 56–63。

我对 Thomas de Quincey 的引用出自第二版的 *Confessions of an English Opium-Eater* (London, Taylor and Hessey, 1823); 有关 Mike Jay 所写的关于 Berlioz 富有洞察力的文章,2002 年第一次在"英国广播公司第三电台"上播出，请参见 http://mikejay.net/articles/opium-and-the-symphoniefantastique/。还可以参见 Ernest Hartley Coleridge (ed.), *Letters of Samuel Taylor Coleridge* (2 vols, William Heinemann, 1895), vol. 1, pp. 229 and 240; M. H. Abrams, *The Milk of Paradise: The Effect of Opium Visions on the Work of de Quincey, Crabbe, Francis Thompson and Coleridge* (New York, Harper & Row, 1970); 以及 Robert F. Fleissner, *Sources, Meaning, and Infl uences of Coleridge's Kubla Khan* (Lewiston, The Edwin Mellen Press, 2000)。De Quincey 的 *Confessions* 的两个法语翻译分别是：Thomas de Quincey, *L'Anglais Mangeur d'Opium*, trans. Alfred de Musset (Paris, 1828); 以及 Charles Baudelaire, *Les Paradis Artifi ciels: Opium et Haschisch* (Paris, 1860)。还可以参见 Le Poison', in Baudelaire, *Les Fleurs du Mal*, p. 73。有关吸食鸦片或鸦片酊的个人的内容请参见 Hayter, *Opium and the Romantic Imagination*, and Barbara Hodgson, *In the Arms of Morpheus: The Tragic History of Laudanum, Morphine and Patent Medicines* (Vancouver, Greystone Books, 2001)。Cocteau 的评论出现在

Jean Cocteau, *Opium: The Diary of an Addict*, trans. Ernest Boyd (London, Longmans, Green & Co., 1932), p. 16; 以及 Dorothy Wordsworth's in *The Grasmere Journal*, revised by Jonathan Wordsworth (New York, Henry Holt and Company, 1987), p. 64。有关鸦片引入英国的内容请参见 Loudon, *The Ladies' Flower-Garden,* pp. 18–23; 有关 Fenland 罂粟的内容请参见 Allen and Hatfi eld, *Medicinal Plants in Folk Tradition*, pp. 77–8。

以下作品对本书西方艺术中的罂粟的写作很有帮助 :Celia Fisher, *Flowers of the Renaissance* (London, Frances Lincoln, 2011); Roberts (ed.), *Encyclopedia of Comparative Iconography*; and Mancoff, *Flora Symbolica*。有关"花语"的内容请参见 Potter, *The Rose*; *Le Langage des fleurs, ou les Selams de l'Orient* (Paris, 1819); de Latour, *Le Langage des Fleurs*, pp. 275 and 225; John Ingram, *Flora Symbolica; Or, the Language and Sentiment of Flowers* (London, Frederick Warne & Co., 1870), pp. 140–1; Mrs E. W. Wirt of Virginia, *Flora's Dictionary* (Baltimore, Lucas Brothers, 1855), p. 102; 以及 Delord, *Les Fleurs Animees*, pp. 242–4 ( 作者翻译 )。

我在写作"鸦片战争"时的主要参考资料有 Peter Ward Fay, *The Opium War, 1840–1842* (Chapel Hill, University of North Carolina Press, 1975), and Hsin-pao Chang, *Commissioner Lin and the Opium War* (Cambridge, Mass., Harvard University Press, 1964), 由 Toby and Will Musgrave, *An Empire of Plants: People and Plants that Changed the World* (London, Cassell, 2000) 作为补充。我还就有关细节参考了 J. F. B. Tinling, *The Poppy-Plague and England's Crime* (London, Elliot Stock, 1876); Duarte Barbosa, *A Description of the Coasts of East Africa and Malabar in the Beginning of the Sixteenth Century*, trans. Hon. Henry E. J. Stanley (London, Hakluyt Society, 1866), pp. 221–3; Flückiger and Hanbury, *Pharmacographia*, p. 41; Booth, *Opium*; 以及 Nathan Allen, *An Essay on the Opium Trade* (Boston, 1850)。有关美国加入"鸦片战争"的内容请参见 Diana L. Ahmad, *The Opium Debate and Chinese Exclusion Laws* (Reno and Las Vegas, University of Nevada Press, 2007), 尤其是 pp. 20–21; 有关如今毒品走私的内容请参见 Tom Kramer et al., *With drawal Symptoms in the Golden Triangle: A Drug Market in Disarray* (Amsterdam, Transnational Institute, 2009)。 Mark Twain 所描述的吸食

鸦片的小屋出现在 *Roughing It* (Berkeley, University of California Press, 1972), pp. 353–5; Michael Pollan's report, 'Opium, made easy, one gardener's encounter with the war on drugs', in *Harper's Magazine*, vol. 294, no. 1763 (April 1997), pp. 35–58; 无辜的罂粟田地出现在 L. Frank Baum, *The Wizard of Oz* (Chicago, George M. Hill, 1900), Chapter 8. Conan Doyle's story, *The Man with the Twisted Lip*, 由 George Newnes 出版。

有关鸦片化学和药物学的内容请参见：Rudolf Schmitz, 'Friedrich Wilhelm Sertürner and the discovery of morphine', *Pharmacy in History*, vol. 27, no. 2 (1985), pp. 61–74; Scarborough, 'The opium poppy in Hellenistic and Roman medicine', p. 12; Flückiger and Hanbury, *Pharmacographia*, pp. 53–4; Hodgson, *In the Arms of Morpheus*; Ryan J. Huxtable and Stephen K. W. Schwartz, 'The isolation of morphine – first principles in science and ethics', *Molecular Interventions*, vol. 1, no. 4 (October 2001), pp. 189–91; Susanna Fürst and Sándor Hosztafi , 'Pharmacology of poppy alkaloids', in Jeno Bernáth (ed.), *Poppy: The Genus Papaver* (Amsterdam, Harwood Academic Publishers, 1998), pp. 291–318; 以及 James A. Duke, 'Utilization of papaver', *Economic Botany,* vol. 27 (October–December 1973), pp. 390–400。有关如今毒品贸易的内容请参见 Jeno Bernáth, 'Overview of world tendencies on cultivation, processing and trade of raw [opium] and opiates', in Bernáth (ed.), *Poppy*, pp. 319–35; United Nations Offi ce on Drugs and Crime, *World Drug Report 2011* (New York, United Nations, 2011), pp. 45–86; 以及 *Herbal Pharmacology in the People's Republic of China*. Amitav Ghosh 的小说 *Sea of Poppies*, 由 John Murray (London, 2009) 出版，以及 Camilla Swift 的文章 'The romance of Midland Farm' 收录在 *The Garden,* vol. 136, no.6 (June 2011), pp. 384–7。

## 第五章　玫　瑰

Rilke 的诗歌出自 'Les Roses II' in *The Complete French Poems of Rainer Maria Rilke*, trans. A. Poulin Jr (Saint Paul, Minn., Graywolf, 2002), p. 3。有关玫瑰的完整资料请参见 Jennifer Potter, *The Rose: A True History* (London, Atlantic Books, 2010)。Arthur Evans 爵士在 *The Palace of Minos*, vol. 2, part 2, pp. 454–9

中对挖掘进行了描述；还可参见 Arthur O. Tucker, 'Identification of the rose, sage, iris, and lily in the "Blue Bird Fresco" from Knossos, Crete (ca. 1450 B.C.E.)', *Economic Botany*, vol. 58, no. 4 (Winter 2004), pp. 733–5。有关玫瑰早期历史的其他参考资料包括 : Herodotus, *The Histories*, p. 550; A. S. Hoey, 'Rosaliae Signorum', *The Harvard Theological Review*, vol. 30 (1937), pp. 13–35; 以及 R. D. Fink, A. S. Hoey and W. F Snyder, 'The Feriale Duranum', *Yale Classical Studies*, vol. 7 (1940), pp. 115–20; *The Natural History of Pliny*, especially vol. 4, pp. 310–14 (from Book 21, Chapter 10); Naphtali Lewis, *Life in Egypt under Roman Rule* (Oxford, Clarendon Press, 1985); Jashemski and Meyer, *The Natural History of Pompeii*; 以及 Annamaria Ciarallo, *Gardens of Pompeii* (Los Angeles, J. Paul Getty Museum, 2001)。

有关查尔曼大帝时期玫瑰的内容请参见：Loyn and Percival (eds), *The Reign of Charlemagne*, p. 73; 有关拜占庭时期玫瑰的内容请参见 Costas N. Constantinides, 'Byzantine gardens and horticulture in the late Byzantine period, 1204–1453: the secular sources', in Littlewood et al. (eds), *Byzantine Garden Culture*, pp. 87–103。我在写作摩尔人统治西班牙时期的主要参考资料包括 :*Le Livre de l'Agriculture d'Ibn-al-Awwam,* trans. J.-J. Clément-Mullet (2 vols, Paris, 1864), pp. 281–3; 以及 John Harvey, 'Gardening books and plant lists of Moorish Spain', *Garden History*, vol. 21, no. 1 (1993), pp. 118–20。Jerry Stannard 在 'Identifi cation of the plants described by Albertus Magnus, *De Vegetabilibus*', *Res Publica Litterarum, Studies in the Classical Tradition*, vol. 2 (1979), pp. 281–318 中命名了中世纪的玫瑰。有关 Martin Schongauer 的 *The Madonna of The Rose Bower* 的内容请参见 Fisher,*Flowers of the Renaissance*, pp. 20–21 and 94–5。

Charles Joret 在 *La Rose dans l'Antiquite et au Moyen Age* (Paris, 1892) 中探索了玫瑰的波斯起源。 有关大马士革玫瑰起源的内容请参见 Hikaru Iwata et al., 'Triparental origin of Damask roses', *Gene*, vol. 259 (2000), pp. 53–9。以下参考资料对我在写作有关玫瑰逐渐传播的内容时很有帮助：Zohary and Hopf, *Domestication of Plants*, pp. 248–9; 以及 Andrew M. Watson, *Agricultural Innovation in the Early Islamic World: The Diffusion of Crops and Farming*

*Techniques 700–1100* (Cambridge University Press, 1983)。Jekyll 对洋蔷薇的评价出自 Gertrude Jekyll and Edward Mawley, *Roses for English Gardens* (London, Country Life, 1902), p. 12。

有关中国玫瑰的两部不错的参考资料是 Guoliang Wang, 'Ancient Chinese roses', in Andrew V. Roberts (ed.), *Encyclopedia of Rose Science* (3 vols, Amsterdam, Elsevier Academic Press, 2003), vol. 1, pp. 387–96; 以及 'A study on the history of Chinese roses from ancient works and images', *Acta Horticulturae*, no. 751 (2007), pp. 347–56。关于中国苗圃的报告出自 Sir George Staunton Bt, *An Authentic Account of an Embassy from the King of Great Britain to the Emperor of China* (2 vols, London, 1797)。

有关针对法国最铁杆的玫瑰爱好者 Josephine 皇后的再评价请参见：Potter, *The Rose,* pp.178–204, 有关 19 世纪玫瑰狂热的内容请参见 pp. 363–90。Dean Hole 的评论出自 Samuel Reynolds Hole, *A Book about Roses* (Edinburgh, William Blackwood & Sons, 1869 年以及之后的众多版本）。在诸多有关玫瑰育种的后期参考资料中，我参阅的资料包括 Pat Shanley and Peter Kukielski (eds), *The Sustainable Rose Garden: Exploring 21st Century Environmental Rose Gardening* (New York, Manhattan Rose Society, 2008), pp. 57–66; 以及 David Austin, *The Rose* (Woodbridge, Garden Art Press, 2009)。

我在写作玫瑰香水时的参考资料包括:Theo phrastus, 'Concerning odours', 在他所作的 *Enquiry into Plants*, vol. 2, pp. 323–89; R. J. Forbes, *Short History of the Art of Distillation* (Leiden, E. J. Brill, 1948); J. Ch. Sawer, *Rhodologia: A Discourse on Roses and the Odour of Rose* (Brighton, W. J. Smith, 1894), 有关 Engelbert Kaempfer 对波斯玫瑰的评论请参见 p. 23,Geronimo Rossi 的评论请参见 p. 25; Wheeler M. Thackston (ed. and trans.), *The Jahangirnama: Memoirs of Jahangir, Emperor of India* (New York, Oxford University Press, 1999); Eugene Rimmel, *The Book of Perfumes* (London, Chapman & Hall, 1865); 以及 Georges Vigarello, *Concepts of Cleanliness: Changing Attitudes in France since the Middle Ages*, trans. Jean Birrell (Cambridge University Press, 1988)。

有关玫瑰治愈作用的参考资料较为广泛，请参见：Potter, *The Rose*,

pp.293–331 以及 492–6。主要参考资料包括 :Dioscorides, *De Materia Medica*; Turner, *A New Herball: Parts II and III*, p. 545; Langham, *The Garden of Health*, pp. 532–40; *Herbal Pharmacology in the People's Republic of China*, p. 206; Josselyn, *New Englands Rarities Discovered*, p. 58; Gerard, *The Herball*, pp. 1082–4; Nicholas Culpeper, *Pharmacopoeia Londinensis: Or the London Dispensatory* (London, 1653); Benjamin Woolley, *The Herbalist: Nicholas Culpeper and the Fight for Medical Freedom* (London, HarperCollins, 2005), 尤其是 pp. 174–6; John Evelyn, *Fumifugium: Or The Inconvenience of the Aer and Smoak of London Dissipated*(London, 1661), pp. 24–5; Robert Boyle, *Medicinal Experiments: Or, A Collection of Choice and Safe Remedies* (London, 1731); *Herbal Drugs and Phytopharmaceuticals on a Scientifi c Basis*, second edn (Stuttgart, Medfarm, 2001), pp. 424–6; 以 及 *Nursing Practice*, 22 September 2008。

本书中关于玫瑰作为“爱之花”的讨论开始于 Paul Jellinek, *The Psychological Basis of Perfumery,* ed. and trans. J. Stephan Jellinek (London, Blackie Academic & Professional, 1997)。在众多其他的参考资料中，以下作品尤其值得一提 :Anne Carson, *If Not, Winter: Fragments of Sappho* (London, Virago, 2003); Ovid's *Fasti*; Guillaume de Lorris and Jean de Meun, *The Romance of the Rose*, trans. Charles Dahlberg (Princeton, NJ, Princeton University Press, 1971); Thelma S. Fenster and Mary Carpenter Erler, *Poems of Cupid, God of Love* (Leiden, E. J. Brill, 1990); Joseph L. Baird and John R. Kane, *La Querelle de la Rose: Letters and Documents* (Chapel Hill, North Carolina Studies in the Romance Languages and Literature, no. 199, 1978); 'The Parliament of Fowls', in Geoffrey Chaucer, *The Riverside Chaucer,* ed. Larry D. Benson (Boston, Mass., Houghton Miffl in, *c.*1987), p. 389; Jack B. Oruch, 'St Valentine, Chaucer, and Spring in February'; in *Speculum*, vol. 56 no.3 (1981), pp. 534–65; Gordon Williams, *A Dictionary of Sexual Language and Imagery in Shakespearean and Stuart Literature* (3 vols, London, The Arthouse Press, 1994), 请参见有关花苞、花朵、花环、玫瑰、天鹅绒的条目；Eric Partridge, *A Dictionary of Slang and Unconventional English,* second edn (London, George Routledge & Sons, 1938); 以及 Helkiah Crooke,

*Mikrokosmographica: A Description of the Body of Man* (London, 1615)。Rilke 的诗歌 *Les Roses IX* 出现在 Rilke 所作的 *The Complete French Poems*, pp. 6–7 中；以及 Jo Shapcott 的 'Rosa Sancta' 出自 *Tender Taxes* (London, Faber and Faber, 2001), p. 67。

Potter 所作的 *The Rose* 在 Chapter 5, 'The Virgin's Bower', pp. 73–91 中审视了基督教玫瑰的逐渐浮现。St Cecilia 的故事出自 Jacobus de Voragine, *The Golden Legend: Selections,* trans. Christopher Stace (London, Penguin Books, 1998); Dorothy 的故事出自 David Farmer, *The Oxford Dictionary of Saints*, fifth edn (Oxford University Press, 2003)。其他参考资料包括 Goody, *The Culture of Flowers*; Beverly Seaton, 'Towards a Historical Semiotics of Literary Flower Personifi cation' in *Poetics Today,* vol. 10, no. 4 (Winter 1989), pp. 679–701; Eithne Wilkins, *The Rose-Garden Game, The Symbolic Background to the European Prayer-beads* (London, VictorGollancz, 1969); Harvey, *Mediaeval Gardens*; Eliza Allen Starr, *Patron Saints* (1871, republished 2003 by Kessinger Publishing, Whitefi sh, Montana), p. 100; Alcuin, 'Farewell to his cell', in Frederick Brittain, *The Penguin Book of Latin Verse* (Harmondsworth, Penguin, 1962), pp. 137–8; Strabo, *Hortulus*, pp. 61–3; 以及 Barbara Seward, *The Symbolic Rose* (New York, Columbia University Press, 1960), pp. 43 and 51。

有关 Islam 玫瑰的资料请参见 Annemarie Schimmel, *And Muhammad is His Messenger: The Veneration of the Prophet in Islamic Piety* (Lahore, Vanguard, 1987), pp. 159–75; 波斯诗歌中的玫瑰可参见 Annemarie Schimmel, *A Two-Colored Brocade: The Imagery of Persian Poetry* (Chapel Hill, University of North Carolina Press, 1992), pp. 169–76。

对我在讨论都铎式玫瑰时很具启发性的作品是 S. B. Chrimes, *Lancastrians, Yorkists and Henry VII,* second edn (London, Macmillan, 1966), pp. xi–xiv。还可参见 Mortimer Levine, *Tudor Dynastic Problems 1460–1571* (London, George Allen & Unwin, 1973); 以及 W. J. Petchey, *Armorial Bearings of the Sovereigns of England* (London, Bedford Square Press, 1977), pp. 18–19。对 Gerard 的引用出自 Thomas Johnson 所作的 *Herball* 修订版本；有关 Robert Devereux 以及 Elizabeth 一世女王的多花蔷薇的更多内

容请参见 Potter, *The Rose*, pp. 139–43。 其他有关政治玫瑰的参考资料包括美国总统 Ronald Reagan 的“宣言 5574”，1986 年 11 月 21 日递交于联邦公报局 ( 请参见 Pub.L.99-449, Oct 7, 1986, 100 Stat.1128); http://www.lours.org, ‘le poing et la rose’; 有关新工党红玫瑰的内容请参见 Bob Franklin, *Packaging Politics, Political Communications in Britain's Media Democracy* (London, Edward Arnold, 1994), pp. 132–3。

有关黑玫瑰的参考资料包括：Homer, *Iliad*, trans. A. T. Murray and revised by William F. Wyatt (2 vols, Cambridge, Mass., Harvard University Press, 1999), vol. 2, p. 507; Percy E. Newberry, ‘On the vegetable remains discovered in the Cemetery of Hawara’, in W. M. Flinders Petrie, *Hawara, Biahmu, and Arsinoe* (London, Field & Tuer, 1889), pp. 46–53; Frederick Stuart Church's painting of ‘Silence’, in David Bernard Dearinger (ed.), *Paintings and Sculpture in the Collection of the National Academy of Design,* vol. 1, *1826–1925* (Manchester, Vermont, Hudson Hills Press, 2004), pp. 104–5; C. G. Jung, *Mysterium Coniuncionis,* vol. 14 of *The Collected Works of C. G. Jung*, trans. R. F. C Hull, second edn (London, Routledge & Kegan Paul, 1970), pp. 305–7; 以 及 C. G. Jung, *The Practice of Psychotherapy*, in *The Collected Works,* vol. 16, pp. 244–5; William Blake, ‘The sick rose’ from Songs of Experience, in Blake, *Poems and Prophecies*, p. 27; Huysmans, *Against Nature,* p. 72; Georges Bataille, ‘The Language of Flowers’, in *Visions of Excess: Selected Writings, 1927–1939*, ed. Allan Stoekl, trans. Stoekl et al., in *Theory and History of Literature*, vol. 14 (Manchester, Manchester University Press, 1985), pp. 10–14; Gertrude Stein, ‘Sacred Emily’, in *Geography and Plays* (Boston, Mass., Four Seas Co, 1922), p. 187; 以及 Umberto Eco, *Refl ections on the Name of the Rose,* trans. William Weaver (London, Secker & Warburg, 1985), pp. 1–3。

有关“玫瑰十字会”玫瑰的内容请参见：Potter, *The Rose*, pp. 112–28 and pp. 474–6。背景信息的大部分内容出自 Frances A. Yates, *The Rosicrucian Enlightenment* (London, Routledge & Kegan Paul, 1972), 由 Christopher McIntosh, *The Rosicrucians: The History, Mythology, and Rituals of an Esoteric Order* (San Francisco, Weiser Books, 1998) 作为补充。还可参见 Johann Valentin Andreae,

*The Chymical Wedding of Christian Rosenkreutz,* trans. Edward Foxcroft (London, Minerva Books, n.d.); 以及 Richard Ellmann, *Yeats: The Man and the Masks* (London, Faber & Faber, 1961)。

Peter Harkness 在 'Ancestry & Kinship of the Rose', Royal National Rose Society, *Rose Annual 2005*, pp. 72–3 总结了针对彻罗基玫瑰传播所作的研究；Gerd Krüssmann 在 *Roses*,trans. Gerd Krüssmann and Nigel Raban (London, B. T. Batsford, 1982), p. 46 中讨论了彻罗基玫瑰。 Rilke 的悼文出自 George C. Schoolfi eld, *Rilke's Last Year* (Lawrence, University of Kansas Libraries, 1966), pp. 16–17。

## 第六章 郁金香

本章的题词出自：Zbigniew Herbert, 'The Bitter Smell of Tulips' in *Still Life with a Bridle, Essays and Apocryphas* (London, Jonathan Cape, 1993), pp. 41-65。 Michael Pollan 在 *The Botany of Desire: A Plant's-Eye View of the World* (New York, Random House, 2001), pp. 59–110 中写到了郁金香。我除了参阅了更为现代的郁金香作品之外，还参考了以下几位早期的作者 :Pierre Belon, *Les Observations de Plusieurs Singularitez et Choses Memorables* (Paris, 1553), pp. 206v.–7r.; *A Treatise on Tulips by Carolus Clusius of Arras*, trans. W. Van Dijk (Haarlem, Associated Bulb Growers of Holland, 1951); Gerard, *The Herball*, pp. 116–20; Charles de la Chesnée Monstereul, *Le Floriste Francois: traittant de l'origine des tulippes* (Caen, 1654), pp.13–14; 以 及 Alexandre Dumas, *The Black Tulip,* trans. Robin Buss (London, Penguin, 2003), p. 43。有关物种分布的内容，我参阅了 Richard Wilford, *Tulips: Species and Hybrids for the Gardener* (Oregon, Timber Press, 2006), pp. 13–14; J. Esteban Hernandez Bermajo and Expiracion Garcia Sanchez, 'Tulips: an ornamental crop in the Andalusian Middle Ages', *Economic Botany*, vol. 63, no. 1 (2009), pp. 60–6; L. W. D. Van Raamsdonk et al., 'The systematics of the genus *Tulipa* L.', *Acta Horticulturae*, vol. 430, no. 2 (1997), pp. 821–8; 以及位于 Kew 的皇家园艺协会的 Mark Nesbitt 博士。

有关奥斯曼郁金香背景的大部分内容出自：Turhan Baytop, 'The tulip in

Istanbul during the Ottoman period', in Michiel Roding and Hans Theunissen, *The Tulip: A Symbol of Two Nations* (Utrecht and Istanbul, M. Th. Houtsma Stichting and Turco-Dutch Friendship Association, 1993), pp. 51–6。还可参见 :Yanni Petsopoulos (ed.), *Tulips, Arabesques & Turbans: Decorative Arts from the Ottoman Empire* (London, Alexandria Press, 1982); Nurhan Atasoy and Julian Raby, *Iznik: The Pottery of Ottoman Turkey* (London, Alexandria Press/Thames and Hudson, 1989); John Harvey, 'Turkey as a source of garden plants', *Garden History*, vol. 4, no. 3 (Autumn 1976), pp. 21–42; Walter G. Andrews, Najaat Black and Mehmet Kalpakli, *Ottoman Lyric Poetry: An Anthology* (Austin, University of Texas Press, 1997); 以及 C.-H. de Fouchécour, *La Description*

*de la Nature dans la Poesie Lyrique Persane du XIe Siecle* (Paris, Librairie D. Klincksieck, 1969), pp. 73–6。托钵僧牧师的故事出自 Yildiz Demiriz, 'Tulips in Ottoman Turkish culture and art', in Roding and Theunissen, *The Tulip*, p. 57。有关针对郁金香宗教意义的讨论请参见 Annemarie Schimmel, 'The celestial garden in Islam', in Elizabeth B. Macdougall and Richard Ettinghausen (eds), *The Islamic Garden* (Washington DC, Dumbarton Oaks, 1976), p. 25; 有关 Süleyman the Magnifi cent 的郁金香刺绣的内容请参见 Anna Pavord, *The Tulip* (London, Bloomsbury, 1999), p. 35; 她可能参阅了 Arthur Baker, 'The cult of the tulip in Turkey', *Journal of the Royal Horticultural Society,* vol. 56 (1931), pp. 234–44。

De Busbecq 的郁金香字母出现在 *The Turkish Letters of Ogier Ghiselin de Busbecq,* trans. Edward Seymour Forster (Oxford, Clarendon Press, 1927), pp. 24–5; 议员 Herwart 对红色郁金香的描述出现在 Valerius Cordius, *Annotationes in Pedaci Dioscorides* (Strasbourg, 1561), fol. 213, r. and v. A partial translation of the latter appears in W. S. Murray, 'The introduction of the tulip, and the tulipomania', *Journal of the Royal Horticultural Society*, vol. 35 (1909), Part I, pp. 18–30。还可参见 Sam Segal, 'Tulips portrayed: the tulip trade in Holland in the 17th century', in Roding and Theunissen, *The Tulip*, pp. 9–24; 以及 Anne Goldgar's painstaking cataloguing of early botanical writings on the tulip, in *Tulipmania: Money, Honor, and Knowledge in the Dutch Golden Age* (Chicago, University of Chicago Press,

2007)。 Clusius 所作的 *A Treatise on Tulips* 有效地集合了他在郁金香方面的写作内容，使得我能够追踪到欧洲对郁金香的引进。

John Rea 在 *Complete Florilege* (London, 1665), p. 51 中写到了碎色郁金香。有关郁金香碎色的内容请参见 Elise L. Dekker, 'Characterization of potyviruses from tulip and lily which cause fl ower-breaking', *Journal of General Virology*, vol. 74 (1993), pp. 881–7; 其他写到了这种现象的作者包括 :Philip Miller, *The Gardeners and Florists Dictionary, or a Complete System of Horticulture* (2 vols, London, 1724), 以 及 *The Gardeners Dictionary*; Parkinson, *Paradisi in Sole*, pp. 62–3; 以及 Henry van Oosten, *The Dutch Gardner: or, the Compleat Florist*, trans. from the Dutch (London, 1703), pp. 65–6。 Richard Hakluyt 参考 Clusius 的郁金香的内容出现在 *The Principal Navigations, Voyages, Traffi ques and Discoveries of the English Nation*, 由 牧 师 Richard Hakluyt 收 集， 由 Edmund Goldsmid 编辑 , vol. 5, *Central and Southern Europe* (Edinburgh, E. & G. Goldsmid, 1887), pp. 300–301。有关 Clusius 针对郁金香贸易商业化的忧虑的内容请参见 Goldgar, *Tulipmania*, pp. 58–9。

有关 17 世纪群芳谱中郁金香的内容，我参见了以下作品：Lee Hendrix and Thea Vignau-Wilberg, *Nature Illuminated: Flora and Fauna from the Court of the Emperor Rudolf II* (London, Thames and Hudson, *c.*1997); Blunt and Stearn, *The Art of Botanical Illustration*; Aymonin, *The Besler Flori legium*, pp. 114–17; Pierre Vallet, *Le Jardin du Roy Tres Chrestien Henry IV* (Paris, 1608), 在 1623 年为 Louis XIII 国王做出修改 ; Crispin de Passe, *Hortus Floridus, A Garden of Flowers* (Utrecht, 1615)。

列在综合参考资料中的 Gerard, Parkinson 以及 Thomas Johnson 的作品描述了引入英国的郁金香日益增长的数量。有关更多 Lime Street 社区的内容请参见 Margaret Willes, *The Making of the English Gardener* (New Haven, Yale University Press, 2011), pp. 88–9 and *passim*。有关 Tradescants 的郁金香的内容出现在 Jennifer Potter, *Strange Blooms: The Curious Lives and Adventures of the John Tradescants* (London, Atlantic Books, 2006), 尤其是 p. 304; 有关他们完整的植物清单请参见 Prudence Leith-Ross, *The John Tradescants: Gardeners to the Rose and Lily Queen* (London, Peter Owen, revised edn 2006), pp. 213–17, 235 and 304–5; 有关 Alexander Marshal 郁金香画作的内容请参见 Leith-Ross, *The Florilegium of Alexander Marshal*。我在写作 Thomas Hanmer 爵士时的参考资料包括 Willes, *The Making of the English Gardener*, pp. 256–9; *The Garden Book of Sir Thomas Hanmer Bart* (London, Gerald Howe, 1933); John Evelyn, 'Elysium Britannicum', f. 286, 由 Leith-Ross 引 用 , *The Florilegium of Alexander Marshal*, pp. 96–7; 以及 John Rea's *Flora*。

有关法国郁金香狂热的内容请参见：Pavord, *The Tulip*, pp. 82–101; La Chesnée Monstereul, *Le Floriste Francois*, pp. 18–19; Potter, *Strange Blooms*, pp. 159–60; E. S. de Beer (ed.), *The Diary of John Evelyn* (London, Everyman's Library, 2006), pp. 72–3 (1–6 April 1644) and pp. 269–70 (21 May 1651); 以及 Pierre Morin, *Remarques Necessaires pour la Culture des Fleurs* (Paris, 1658), pp. 181–98。

对荷兰郁金香狂热的概述出现在 Pavord, *The Tulip*; Mike Dash, *Tulipomania: The Story of the World's Most Coveted Flower and the Extraordinary Passions it Aroused* (London, Victor Gollancz, 1999); Deborah Moggach, *Tulip Fever: A Novel* (London, Heinemann, 1999); Sam Segal, ' Tulips Portrayed', in Roding and Theunissen, *The Tulip*; 最为详尽地要数 Goldgar, *Tulipmania*。首次对郁金香狂热 ( 夸张但却有趣 ) 的英语描述出现在 Charles Mackay's *Memoirs of Extraordinary Popular Delusions* (3 vols, London, Richard Bentley, 1841), vol. 1, pp. 139–53。我参阅的其他作品包括 Peter Mundy, *The Travels of Peter Mundy,* vol. 4, ed. Lieut. Col. Sir Richard Carnac Temple (London, Hakluyt Society, 1925), 2nd series, no. 55, pp. 60–81; Roland Barthes, 'The world as object', in Norman Bryson (ed.), *Calligram: Essays in New Art History from France* (Cambridge University Press, 1988), pp. 106–15; Roemer Visscher, *Sinnenpoppen* (The Hague, 1949), 1614 年原版 ; Paul Taylor, *Dutch Flower Painting 1600–1720* (New Haven, Yale University Press, 1995); Dr Frans Willemse, *The Mystery of the Tulip Painter* (Lisse, Museum de Zwarte Tulp, 2005); 以及 James Sowerby, *Flora Luxurians; or, The Florist's Delight No. 3* (London, 1791)。

我在写作土耳其的"郁金香时代"时 , 除了引用的综合作品之外 , 主要的参考资料包括：I. Mélikoff, 'Lale Devri', *Encyclopaedia of Islam,* second edn, ed. P. Bearman et al., Brill Online, 2011 年 9 月 30 日参阅于大不列颠图书馆 ;

Salzmann, 'The age of tulips'; Baytop, 'The tulip in Istanbul'; Tahsin Öz, 'Ciraghan', *Encyclopaedia of Islam*, second edn, ed. P. Bearman et al., Brill Online, 2011 年 9 月 30 日参阅于大不列颠图书馆 ; Philip Mansel, *Constantinople: City of the World's Desire 1453–1924* (London, John Murray, 1995), p. 182; 以及 Baker, 'The cult of the tulip in Turkey', p. 244。

Thomas Johnson 对郁金香的赞美出现在他修订版的 Gerard's *Herball*, pp. 137–46; 引用的圣经内容出自 t Matthew 6: 28–9 中。有关花卉之间讨论的内容出自 *Antheologia, or The Speech of Flowers* (London, 1655), pp. 5–13。有关花商团体的故事请参见 Ruth Duthie, *Florists' Flowers and Societies* (Princes Risborough, Shire, 1988)。其他参阅的资料包括 A. D. Hall, 'The English or fl orist's tulip', *Journal of the Royal Horticultural Society*, vol. 27 (1902), Part I, pp. 142–62; J. W. Bentley, *The English Tulip and its History*, 1897 年 5 月 12 日在皇家郁金香协会的"郁金香大会"上所作的讲座 (London, Barr & Sons, 1897); James Douglas, *Hardy Florists' Flowers: Their Cultivation and Management* (London, 1880), pp. 44–55; *Gardeners' Chronicle* (15 May 1897), p. 327; Miller, *The Gardeners and Florists Dictionary*; George Glenny, *The Standard of Perfection for the Properties of Flowers and Plants*, second edn (London, Houlston and Stoneman, 1847); The Wakefi eld and North of England Tulip Society, *The English Florists' Tulip* (Bradford, 1997); Robinson, *The English Flower Garden*; 以及 Sacheverell Sitwell, *Old Fashioned Flowers* (London, Country Life, 1939), pp. 73–88。

引用的郁金香诗歌为：'La Tulipe', in Théophile Gautier, *Poesies Completes* (3 vols, Paris, A. G. Nizet, 1970), vol. 3, p. 189; 'Tulips', in Sylvia Plath, *Ariel* (London, Faber and Faber, 1965), pp. 20–3; 以及 James Fenton, *Yellow Tulips: Poems 1968–2011* (London, Faber and Faber, 2012), p. 140。有关如今郁金香贸易的信息出自 Maarten Benschop et al., 'The Global Flower Bulb Industry: Production, Utilization, Research', Wiley Online Library (参阅于 2011 年 10 月 28 日), pp. 7–8, and 30–33; 以及 J. C. M. Buschman, 'Globalisation – flower – flower bulbs – bulb flowers', *Acta Horticulturae*,vol. 1, no. 673 (2005), pp. 27–33。

## 第七章　兰　花

本章的题词出自：Raymond Chandler, *The Big Sleep* (London, Hamish Hamilton, 1939), p. 16。最为全面地讲述了兰花历史的作品要数 Merle A. Reinikka, *A History of the Orchid* (Portland, Oregon, Timber Press, 1995)。我参阅的其他有关兰花引进的资料包括 John Lindley, *Sertum Orchidaceum: A Wreath of the Most Beautiful Orchidaceous Flowers* (London, James Ridgway & Sons, 1838), plate XXXIII; Shiu-ying Hu, 'Orchids in the life and culture of the Chinese people', *The Chung Chi Journal*, vol. 10, nos 1 & 2 (October 1971), pp. 1–26; 以及 Oakes Ames, 'The origin of the term orchis', *American Orchid Society Bulletin*, vol. 11 (1942–3), pp. 146–7。

有关兰花的植物信息的大部分内容出自：Wilma and Brian Rittershausen, *The Amazing World of Orchids* (London, Quadrille, 2009)。有关新发现的夜晚开花的兰花的内容请参见 Ian Sample, 'Found in the forest, the only nocturnal orchid', *Guardian*, 22 November 2011, 兰花的数量出自 http://www.kew.org/science-research-data/directory/teams/monocots-III-orchids/index.htm, 参阅于 2013 年 4 月 11 日。有关更多兰花分类的内容请参见 Mark W. Chase, 'Classifi cation of Orchidaceae in the Age of DNA data', *Curtis's Botanical Magazine*, vol. 22, no. 1, pp. 2–7 (2005); 还可参见 K. W. Dixon et al., 'The Western Australian fully subterranean orchid *Rhizanthella gardneri*', in *Orchid Biology, Reviews and Perspectives, V*, ed. Joseph Arditti (Portland, Timber Press, 1990), pp. 37–62。

以下作品对我写作中国兰花时很有帮助：Hu, 'Orchids', p. 19; Hui-Lin Li, *The Garden Flowers of China* (New York, Ronald Press, 1959); Sing-chi Chen and Tsin Tang, 'A general review of the orchid fl ora of China', *Orchid Biology, Reviews and Perspectives, II,* ed. Joseph Arditti (Ithaca, Comstock Pub. Associates, 1982), pp. 59–67; Catherine Paganini, 'Perfect men and true friends, the orchid in Chinese culture', *American Orchid Society Bulletin* (December 1991), pp. 1176–83; 以及 Helmut Brinker, *Zen in the Art of Painting*, trans. George Campbell (London, Arkana, 1987), pp. 117–22。Su Shih 以及 Huang T'ing-chien 的诗歌被引用于 Richard M. Barnhart, *Peach Blossom Spring:*

*Gardens and Flowers in Chinese Paintings* (New York, Metropolitan Museum of Art, *c.*1983), pp. 55–6。以下作品对书中中国艺术的内容也很有启发性 :Ching-I Tu (ed.), *Classics and Interpretations: The Hermeneutic Traditions in Chinese Culture* (New Brunswick, NJ, Transaction Publishers, 2000), pp. 283–4, 网上查阅；以及 *The Mustard Seed Garden Manual of Painting*, a facsimile of the 1887–8 Shanghai edn, trans. Mai-mai Sze (Princeton, NJ, Bollingen Foundation/Princeton University Press, 1977)。

有关日本兰花的内容主要出自：Kashioka and Ogisu, *Illustrated History*, pp. 85–94。我还参考了 Alfred Koehn, *The Art of Japanese Flower Arrangement* (Japan, J. L. Thomson & Co., 1933); 以及 Conder, *The Flowers of Japan*, pp. 133–4。

有关西方眼中兰花的内容请参见：Theophrastus, *Enquiry into Plants*, vol. 2, pp. 309–11 (from Book 9, Chapter 18); Jerry Stannard, 'The herbal as medical document', *Bulletin of the History of Medicine*, vol. 43, no. 3 (1969), pp. 212–20; 以及 Chalmers L. Gemmill, MD, 'The missing passage in Hort's translation of Theophrastus', *Bulletin of the New York Academy of Medicine*, vol. 49, no. 2 (February 1973), pp. 127–9。John Goodyer 的翻译出现在 Gunther (ed.), *The Greek Herbal of Dioscorides*, p. 373。其他有关药用兰花的参考资料包括：Langham, *The Garden of Health*, pp. 450–1; 以及 Gerard, *The Herball*, pp. 156–76; Luigi Berliocchi, *The Orchid in Lore and Legend*, trans. Leonore Rosen and Anita Weston, ed. Mark Griffi ths (Portland, Timber Press, 2004); Dioscorides, *De Materia Medica*, pp. 522–4; Li, *The Garden Flowers of China*, pp. 14–15; Chen and Tang, 'Orchid fl ora of China', p. 43; 以及 Hu, 'Orchids', p. 15。

以下作品更为完整地探究了西方人眼中的兰花：Martha W. Hoffman Lewis, 'Power and passion: the orchid in literature', in *Orchid Biology V*, pp. 207–49; Margaret B. Freeman, *The Unicorn Tapestries* (New York, The Metropolitan Museum of Art, 1976), pp. 143–53; Reinikka, *A History of the Orchid*, p. 5; 以及 Leonard J. Lawler, 'Ethnobotany of the Orchidaceae', *Orchid Biology, Reviews and Perspectives, III*, ed. Joseph Arditti (Ithaca, New York, Comstock Pub. Associates, 1984), pp. 27–149。还可参见 Geoffrey Hadley, 'Orchid Mycorrhiza', *Orchid Biology, II*, pp. 83–118; Parkinson, *Theatrum*

*Botanicum*, pp. 1341–62; Miller, *The Gardeners Dictionary*, entry for 'Orchis'; Caroli Linnaei, *Species Plantarum* (2 vols, Stockholm, 1753), vol. 2, pp. 939–54; 以及 Erasmus Darwin, *The Botanic Garden; A Poem, in Two Parts. Part II, containing the Loves of the Plants* (London, 1791)。

Charles Darwin 在 *On the Various Contrivances by which British and Foreign Orchids are Fertilised by Insects, and on the Good Effects of Inter crossing* (London, John Murray, 1862); John Ruskin 在 *Proserpina*, vol. 1, pp. 202–205 中写到了兰花。还可参见 M. M. Mahood, 'Ruskin's flowers of evil', in *The Poet as Botanist* (Cambridge University Press, 2008), pp. 147–82; 以及 Michael Pollan's introduction to Christian Ziegler, *Deceptive Beauties: The World of Wild Orchids* (Chicago, University of Chicago Press, *c.*2011), p. 22。

有关兰科植物民族植物学的完整内容请参见：Lawler, 'Ethnobotany of the Orchidaceae', in *Orchid Biology III*, pp. 27–149; 有关香草和阿兹特克人的内容请参见 *The Badianus Manuscript (Codex Barberini, Latin 241)*, ed. and trans. Emily Walcott Emmart (Baltimore, The Johns Hopkins University Press, 1940); 香草出现在 104 号印版中。有关香草的内容还可以参见 Michael Lorant, 'The story of vanilla', *Orchid Review*, vol. 92, no. 1094 (December 1984), pp. 404–5; Javier De la Cruz et al., 'Vanilla: Post-Harvest Operations, 16.6.2009', 出自 www.fao.org (Food and Agriculture Organization of the United Nations), 参阅于 2012 年 3 月 7 日；Flückiger and Hanbury, *Pharmacographia*, pp. 595–8; *The Voyages and Adventures of Capt. William Dampier* (2 vols, London, 1776), vol. 1, pp. 368–70; 以及 Miller, *The Gardeners Dictionary* (1768 edn)。

我在讨论到其他异域的兰花时参考了一些资料：Reinikka, *A History of the Orchid*, pp. 16–18; Dan H. Nicolson et al., *An Interpretation of Van Rheede's Hortus Malabaricus* (Königstein, Koeltz Scientifi c Books, 1988), pp. 297–303; E. M. Beekman (ed. and trans.), *Rumphius' Orchids: Orchid Texts from the Ambonese Herbal by Georgius Everhardus Rumphius* (New Haven, Yale University Press, 2003); Paulus Hermannus, *Paradisus Batavus* (Lugduni Batavorum, 1698), p. 207 (misnumbered 187); J. Martyn' s *Historia Plantarum Rariorum* (London, 1728–37); John Hill, *Hortus Kewensis* (London,

1768), pp. 346–8; William Aiton, *Hortus Kewensis; or, a Catalogue of the Plants Cultivated in the Royal Botanic Garden at Kew* (3 vols, London, George Nicol, 1789), vol. 3, pp. 294–304; William Townsend Aiton, *Hortus Kewensis* (5 vols, London, 1810–13), vol. 5, pp. 188–220; 以及 *Gardeners' Chronicle* (8 October 1859), p. 807。

有关 Swainson 的故事 *Cattleya* 请参见 William Jackson Hooker 爵士的 *Exotic Flora* (3 vols, Edinburgh, William Blackwood, 1812–27), vol. 2 (1825), tab. 157; John Lindley, *Collectanea Botanica* (London, 1821), no. 7, plate 33; 以下作品中还包括这个故事的其他版本 :Frederick Boyle, *About Orchids: A Chat* (London, Chapman & Hall, 1893), 以及 Reinikka, *A History of the Orchid*, pp. 23–5。

我在写作欧洲对兰花日渐着迷的内容时参考资料包括：John Lindley's 'History, introduction, natural habitats, and cultivation of orchideous epiphytes', *Paxton's Magazine of Botany and Register of Flowering Plants*, vol. 1 (London, 1834), 有关 Paxton 对兰花数量所作的脚注请参见 p. 263; John Lindley, *The Genera and Species of Orchidaceous Plants* (London, Ridgways, 1830–40); the Duke of Devonshire's death notice in *Gar deners' Chronicle* (23 January 1858), pp. 51–2; *Paxton's Magazine of Botany*, vol. 1, pp. 14–15; Lindley, *Sertum Orchidaceum*, especially plates I, III, VIII and XXXIII; 'New and beautiful orchideae', in *Paxton's Magazine of Botany*, vol. 1, pp. 14–15; Reinikka, *A History of Orchids*, pp. 169–73; Brent Elliott, 'The Royal Horti cultural Society and its orchids: a social history', *Occasional Papers from the RHS Lindley Library*, no. 2, 2010; 以及 James Bateman, *The Orchidaceae of Mexico and Guatemala* (London, 1837–43)。还可参见 James Bateman's much more manageable *A Second Century of Orchidaceous Plants* (London, L. Reeve & Co., 1867)。有关兰花拍卖的内容，我参考了 R. M. Hamilton (ed.), *Orchid Auction Sales in England 1842–1850* (Richmond, British Columbia, 1999); Donal P. McCracken, 'Robert Plant (1818–1858): a Victorian plant hunter in Natal, Zululand, Mauritius and the Seychelles', *South African Journal of Science*, vol. 107, no. 3–4 (March/April 2011); 以及 Benjamin Samuel Williams, *The Orchid-Grower's Manual* (London, Chapman and Hall, 1852)。还可参见 James Bateman, *Address on George Skinner 1867*, Orchid History Reference

Papers no. 7. ed. R. M. Hamilton (Richmond, British Columbia, 1992)。

有关 Veitch 家族苗圃的不错的参考资料为 James H. Veitch, *Hortus Veitchii: A History* (London, James Veitch & Sons, Chelsea, 1906); 还可参见 'Royal Exotic Nursery, King's Road, Chelsea', *Gardeners' Chronicle* (15 October 1859), pp. 831–2。 Joseph Dalton Hooker 在 *Himalayan Journals* (2 vols, London, 1854), vol. 2, pp. 319–23 中讲述了 *Vanda coerulea* 的故事。有关濒危的兜兰的内容请参见 *Paxton's Magazine of Botany*, vol. 4 (1837), pp. 247–8; 以及 'Police on petal patrol to protect UK's rarest wild flower', *Daily Mail*, 7 May 2010。

有关 Sander 的兰花苗圃的非常不错的当代参考资料为 Frederick Boyle, *The Woodlands Orchids* (London, Macmillan and Co., 1901); 还可参见 Arthur Swinson, *Frederick Sander: The Orchid King, The Record of a Passion* (London, Hodder and Stoughton, 1970); 以及 Henry Frederick Conrad Sander, *Reichenbachia. Orchids Illustrated and Described* (2 vols, London, H. Sotheran & Co., 1888–90), 以及 the *Second Series* (2 vols, London, H. Sotheran & Co., 1892–4)。Sander 献给 Victoria 女王的花束报道于 *London Illustrated News* (25 June 1887), p. 711, 以及 'The Queen's jubilee bouquet', *Maitland Mercury & Hunter River General Advertiser* of New South Wales (4 August 1887)。

有关兰花社会力量的内容我参考了 Jeremiah Colman 爵士 , *Hybridization of Orchids: The Experience of an Amateur* ( 印刷目的为私人使用 [1932]) ; 以及 'Mrs Pankhurst on Recent Developments', *Morning Post* (11 February 1913) 获得 Kew 的女权主义者的信息。有关当下保护兰花的内容请参见 Royal Horticultural Society, *Conservation and Environment Guidelines, Bringing Plants in from the Wild* (Wisley, RHS Science Departments, January 2002)。有关 CITES 的附录 1 中删除 *Vanda coerulea* 的内容请参见 www.kew.org/plants-fungi/Vanda-coerulea.htm, 参阅于 2013 年 4 月 4 日。

以下是我在写作西方文学中的兰花时的参考资料：William Shakespeare, *Hamlet*, Act IV, Scene 7; Ellacombe, *The Plant-Lore and Garden-Craft of Shakespeare*, pp. 157–9, 'Long Purples' 条目 ; Mahood, *The Poet as Botanist*, pp. 112–46; Lewis, 'Power and passion' in *Orchid Biology V*, pp. 207–49; Huysmans, *Against Nature*, pp. 72–81; Marcel Proust, 'Un amour de Swann', in *Du Cote de*

*Chez Swann: A la Recherche du Temps Perdu* (Paris, Le Livre de Poche, 1966), p. 277; Goody, *The Culture of Flowers*, p. 298; H. G. Wells, 'The Flowering of the Strange Orchid', in *The Time Machine and the Wonderful Visit and Other Stories, The Works of H. G. Wells, Atlantic Edition*, vol. 1 (London, T. Fisher Unwin, 1924), pp. 308–19; 'The League of Frightened Men', in Rex Stout, *Full House: A Nero Wolfe Omnibus* (New York, Viking Press, 1955), pp. 3–212; James Hadley Chase, *No Orchids for Miss Blandish* (Berne, Alfred Scherz, 1946); 'Orchids', in *The Collected Poems of Theodore Roethke* (Garden City, NY, Doubleday, 1966), p. 39; 以及 Jean Rhys, *Wide Sargasso Sea* (London, Penguin, 1968), p. 17。

最后，有关兰花持久魅力的内容我参考了 Susan Orlean, *The Orchid Thief* (London, Vintage, 2000); Eric Hansen, *Orchid Fever* (London, Methuen, 2000); Tom Hart Dyke and Paul Winder, *The Cloud Garden* (London, Bantam Press, 2003); 以及 Reginald Farrer, *My Rock-Garden* (London, Edward Arnold, 1907), p. 279。

新知
文库

01《证据：历史上最具争议的法医学案例》[美]科林·埃文斯 著　毕小青 译
02《香料传奇：一部由诱惑衍生的历史》[澳]杰克·特纳 著　周子平 译
03《查理曼大帝的桌布：一部开胃的宴会史》[英]尼科拉·弗莱彻 著　李响 译
04《改变西方世界的26个字母》[英]约翰·曼 著　江正文 译
05《破解古埃及：一场激烈的智力竞争》[英]莱斯利·罗伊·亚京斯 著　黄中宪 译
06《狗智慧：它们在想什么》[加]斯坦利·科伦 著　江天帆、马云霏 译
07《狗故事：人类历史上狗的爪印》[加]斯坦利·科伦 著　江天帆 译
08《血液的故事》[美]比尔·海斯 著　郎可华 译　张铁梅 校
09《君主制的历史》[美]布伦达·拉尔夫·刘易斯 著　荣予、方力维 译
10《人类基因的历史地图》[美]史蒂夫·奥尔森 著　霍达文 译
11《隐疾：名人与人格障碍》[德]博尔温·班德洛 著　麦湛雄 译
12《逼近的瘟疫》[美]劳里·加勒特 著　杨岐鸣、杨宁 译
13《颜色的故事》[英]维多利亚·芬利 著　姚芸竹 译
14《我不是杀人犯》[法]弗雷德里克·肖索依 著　孟晖 译
15《说谎：揭穿商业、政治与婚姻中的骗局》[美]保罗·埃克曼 著　邓伯宸 译　徐国强 校
16《蛛丝马迹：犯罪现场专家讲述的故事》[美]康妮·弗莱彻 著　毕小青 译
17《战争的果实：军事冲突如何加速科技创新》[美]迈克尔·怀特 著　卢欣渝 译
18《口述：最早发现北美洲的中国移民》[加]保罗·夏亚松 著　暴永宁 译
19《私密的神话：梦之解析》[英]安东尼·史蒂文斯 著　薛绚 译
20《生物武器：从国家赞助的研制计划到当代生物恐怖活动》[美]珍妮·吉耶曼 著　周子平 译
21《疯狂实验史》[瑞士]雷托·U.施奈德 著　许阳 译
22《智商测试：一段闪光的历史，一个失色的点子》[美]斯蒂芬·默多克 著　卢欣渝 译
23《第三帝国的艺术博物馆：希特勒与"林茨特别任务"》[德]哈恩斯－克里斯蒂安·罗尔 著　孙书柱、刘英兰 译
24《茶：嗜好、开拓与帝国》[英]罗伊·莫克塞姆 著　毕小青 译
25《路西法效应：好人是如何变成恶魔的》[美]菲利普·津巴多 著　孙佩妏、陈雅馨 译
26《阿司匹林传奇》[英]迪尔米德·杰弗里斯 著　暴永宁、王惠 译

27 《美味欺诈：食品造假与打假的历史》[英] 比·威尔逊 著 周继岚 译

28 《英国人的言行潜规则》[英]凯特·福克斯 著 姚芸竹 译

29 《战争的文化》[以] 马丁·范克勒韦尔德 著 李阳 译

30 《大背叛：科学中的欺诈》[美] 霍勒斯·弗里兰·贾德森 著 张铁梅、徐国强 译

31 《多重宇宙：一个世界太少了？》[德] 托比阿斯·胡阿特、马克斯·劳讷 著 车云 译

32 《现代医学的偶然发现》[美] 默顿·迈耶斯 著 周子平 译

33 《咖啡机中的间谍：个人隐私的终结》[英] 吉隆·奥哈拉、奈杰尔·沙德博尔特 著 毕小青 译

34 《洞穴奇案》[美] 彼得·萨伯 著 陈福勇、张世泰 译

35 《权力的餐桌：从古希腊宴会到爱丽舍宫》[法]让－马克·阿尔贝 著 刘可有、刘惠杰 译

36 《致命元素：毒药的历史》[英]约翰·埃姆斯利 著 毕小青 译

37 《神祇、陵墓与学者：考古学传奇》[德]C. W. 策拉姆 著 张芸、孟薇 译

38 《谋杀手段：用刑侦科学破解致命罪案》[德]马克·贝内克 著 李响 译

39 《为什么不杀光？种族大屠杀的反思》[美] 丹尼尔·希罗、克拉克·麦考利 著 薛绚 译

40 《伊索尔德的魔汤：春药的文化史》[德] 克劳迪娅·米勒－埃贝林、克里斯蒂安·拉奇 著 王泰智、沈惠珠 译

41 《错引耶稣：〈圣经〉传抄、更改的内幕》[美] 巴特·埃尔曼 著 黄恩邻 译

42 《百变小红帽：一则童话中的性、道德及演变》[美] 凯瑟琳·奥兰丝汀 著 杨淑智 译

43 《穆斯林发现欧洲：天下大国的视野转换》[英] 伯纳德·刘易斯 著 李中文 译

44 《烟火撩人：香烟的历史》[法] 迪迪埃·努里松 著 陈睿、李欣 译

45 《菜单中的秘密：爱丽舍宫的飨宴》[日] 西川惠 著 尤可欣 译

46 《气候创造历史》[瑞士] 许靖华 著 甘锡安 译

47 《特权：哈佛与统治阶层的教育》[美] 罗斯·格雷戈里·多塞特 著 珍栎 译

48 《死亡晚餐派对：真实医学探案故事集》[美] 乔纳森·埃德罗 著 江孟蓉 译

49 《重返人类演化现场》[美] 奇普·沃尔特 著 蔡承志 译

50 《破窗效应：失序世界的关键影响力》[美] 乔治·凯林、凯瑟琳·科尔斯 著 陈智文 译

51 《违童之愿：冷战时期美国儿童医学实验秘史》[美] 艾伦·M. 霍恩布鲁姆、朱迪斯·L. 纽曼、格雷戈里·J. 多贝尔 著 丁立松 译

52 《活着有多久：关于死亡的科学和哲学》[加] 理查德·贝利沃、丹尼斯·金格拉斯 著 白紫阳 译

53 《疯狂实验史Ⅱ》[瑞士] 雷托·U. 施奈德 著 郭鑫、姚敏多 译

54 《猿形毕露：从猩猩看人类的权力、暴力、爱与性》[美] 弗朗斯·德瓦尔 著 陈信宏 译

55 《正常的另一面：美貌、信任与养育的生物学》[美] 乔丹·斯莫勒 著 郑嬿 译

56《奇妙的尘埃》[美]汉娜·霍姆斯 著 陈芝仪 译

57《卡路里与束身衣：跨越两千年的节食史》[英]路易丝·福克斯克罗夫特 著 王以勤 译

58《哈希的故事：世界上最具暴利的毒品业内幕》[英]温斯利·克拉克森 著 珍栎 译

59《黑色盛宴：嗜血动物的奇异生活》[美]比尔·舒特 著 帕特里曼·J. 温 绘图 赵越 译

60《城市的故事》[美]约翰·里德 著 郝笑丛 译

61《树荫的温柔：亘古人类激情之源》[法]阿兰·科尔班 著 苜蓿 译

62《水果猎人：关于自然、冒险、商业与痴迷的故事》[加]亚当·李斯·格尔纳 著 于是 译

63《囚徒、情人与间谍：古今隐形墨水的故事》[美]克里斯蒂·马克拉奇斯 著 张哲、师小涵 译

64《欧洲王室另类史》[美]迈克尔·法夸尔 著 康怡 译

65《致命药瘾：让人沉迷的食品和药物》[美]辛西娅·库恩等 著 林慧珍、关莹 译

66《拉丁文帝国》[法]弗朗索瓦·瓦克 著 陈绮文 译

67《欲望之石：权力、谎言与爱情交织的钻石梦》[美]汤姆·佐尔纳 著 麦慧芬 译

68《女人的起源》[英]伊莲·摩根 著 刘筠 译

69《蒙娜丽莎传奇：新发现破解终极谜团》[美]让－皮埃尔·伊斯鲍茨、克里斯托弗·希斯·布朗 著 陈薇薇 译

70《无人读过的书：哥白尼〈天体运行论〉追寻记》[美]欧文·金格里奇 著 王今、徐国强 译

71《人类时代：被我们改变的世界》[美]黛安娜·阿克曼 著 伍秋玉、澄影、王丹 译

72《大气：万物的起源》[英]加布里埃尔·沃克 著 蔡承志 译

73《碳时代：文明与毁灭》[美]埃里克·罗斯顿 著 吴妍仪 译

74《一念之差：关于风险的故事与数字》[英]迈克尔·布拉斯兰德、戴维·施皮格哈尔特 著 威治 译

75《脂肪：文化与物质性》[美]克里斯托弗·E. 福思、艾莉森·利奇 编著 李黎、丁立松 译

76《笑的科学：解开笑与幽默感背后的大脑谜团》[美]斯科特·威姆斯 著 刘书维 译

77《黑丝路：从里海到伦敦的石油溯源之旅》[英]詹姆斯·马里奥特、米卡·米尼奥－帕卢埃洛 著 黄煜文 译

78《通向世界尽头：跨西伯利亚大铁路的故事》[英]克里斯蒂安·沃尔玛 著 李阳 译

79《生命的关键决定：从医生做主到患者赋权》[美]彼得·于贝尔 著 张琼懿 译

80《艺术侦探：找寻失踪艺术瑰宝的故事》[英]菲利普·莫尔德 著 李欣 译

81《共病时代：动物疾病与人类健康的惊人联系》[美]芭芭拉·纳特森－霍洛威茨、凯瑟琳·鲍尔斯 著 陈筱婉 译

82《巴黎浪漫吗？——关于法国人的传闻与真相》[英]皮乌·玛丽·伊特韦尔 著 李阳 译

83 《时尚与恋物主义：紧身褡、束腰术及其他体形塑造法》[美]戴维·孔兹 著　珍栎 译

84 《上穷碧落：热气球的故事》[英]理查德·霍姆斯 著　暴永宁 译

85 《贵族：历史与传承》[法]埃里克·芒雄–里高 著　彭禄娴 译

86 《纸影寻踪：旷世发明的传奇之旅》[英]亚历山大·门罗 著　史先涛 译

87 《吃的大冒险：烹饪猎人笔记》[美]罗布·沃乐什 著　薛绚 译

88 《南极洲：一片神秘的大陆》[英]加布里埃尔·沃克 著　蒋功艳、岳玉庆 译

89 《民间传说与日本人的心灵》[日]河合隼雄 著　范作申 译

90 《象牙维京人：刘易斯棋中的北欧历史与神话》[美]南希·玛丽·布朗 著　赵越 译

91 《食物的心机：过敏的历史》[英]马修·史密斯 著　伊玉岩 译

92 《当世界又老又穷：全球老龄化大冲击》[美]泰德·菲什曼 著　黄煜文 译

93 《神话与日本人的心灵》[日]河合隼雄 著　王华 译

94 《度量世界：探索绝对度量衡体系的历史》[美]罗伯特·P. 克里斯 著　卢欣渝 译

95 《绿色宝藏：英国皇家植物园史话》[英]凯茜·威利斯、卡罗琳·弗里 著　珍栎 译

96 《牛顿与伪币制造者：科学巨匠鲜为人知的侦探生涯》[美]托马斯·利文森 著　周子平 译

97 《音乐如何可能？》[法]弗朗西斯·沃尔夫 著　白紫阳 译

98 《改变世界的七种花》[英]詹妮弗·波特 著　赵丽洁、刘佳 译

99 《伦敦的崛起：五个人重塑一座城》[英]利奥·霍利斯 著　宋美莹 译

100 《来自中国的礼物：大熊猫与人类相遇的一百年》[英]亨利·尼科尔斯 著　黄建强 译